珠江三角洲地区环境保护一体化战略研究

Study on Environmental Protection Gleichschaltung Strategy of the Pearl River Delta Region

吴舜泽　万 军　等著

中国环境科学出版社·北京

图书在版编目（CIP）数据

珠江三角洲地区环境保护一体化战略研究/吴舜泽，万军等著. —北京：中国环境科学出版社，2011
ISBN 978-7-5111-0646-9

Ⅰ. ①珠… Ⅱ. ①吴…②万… Ⅲ. ①珠江三角洲—环境保护—研究 Ⅳ. ①X-12

中国版本图书馆 CIP 数据核字（2011）第 132823 号

责任编辑 陈金华
责任校对 扣志红
封面设计 玄石至上

出版发行 中国环境科学出版社
（100062 北京东城区广渠门内大街 16 号）
网 址：http://www.cesp.com.cn
联系电话：010-67112765（总编室）
发行热线：010-67125803，010-67113405（传真）
印 刷 北京中科印刷有限公司
经 销 各地新华书店
版 次 2011 年 9 月第 1 版
印 次 2011 年 9 月第 1 次印刷
开 本 787×1092 1/16
印 张 14
字 数 330 千字
定 价 45.00 元

《珠江三角洲地区环境保护一体化战略研究》技术组

组　长

吴舜泽　环境保护部环境规划院　副院长，研究员

副组长

万　军　环境保护部环境规划院　副主任，副研究员

张永波　广东省环境科学研究院　主任，高工

主要成员

蒋洪强　环境保护部环境规划院　副主任，研究员

周劲松　环境保护部环境规划院　副研究员

余向勇　环境保护部环境规划院　副研究员

孙亚梅　环境保护部环境规划院　博士

王　倩　环境保护部环境规划院　助理研究员

逯元堂　环境保护部环境规划院　副主任，博士

王明旭　广东省环境科学研究院　工程师

廖程浩　广东省环境科学研究院　工程师

张　晖　广东省环境科学研究院　工程师

龚春生　广东省环境科学研究院　博士

张宏锋　广东省环境科学研究院　博士

叶　脉　广东省环境科学研究院　工程师

周广杰　广东省环境科学研究院　工程师

余香英　广东省环境科学研究院　工程师

刘剑筠　广东省环境科学研究院　工程师

甘云霞　广东省环境科学研究院　工程师

李　新　环境保护部环境规划院　助理研究员

马　欣　环境保护部环境规划院　研究生

王丹君　环境保护部环境规划院　研究生

孔　亮　环境保护部环境规划院　研究生

前　言

珠江三角洲地区，是我国改革开放的先行地区，是我国经济发展的三大引擎之一，区域经济经过 30 年的长足发展，人民群众物质文化生活水平有了显著提高，城镇化处于全国领先水平，环境保护也取得积极成效，区域环境状况保持基本稳定，总体上珠江三角洲地区基本上建成了小康社会，开始向率先实现现代化的宏伟目标迈进。

目前，国际金融危机的影响和珠江三角洲地区结构性问题交织在一起，许多深层次的问题开始出现，土地资源开发强度高、能源资源保障能力弱、环境污染问题比较突出、资源利用效率不高、城乡区域发展不均衡等问题开始凸显出来。随着经济快速增长，区域污染态势正在发生深刻转型，区域协调、有序、持续发展面临重大挑战。

在此背景下，如何进一步改善人民群众的生活质量，提升区域发展竞争力，就需要在环境上下工夫，再造环境新优势，促进区域新发展。必须与时俱进、转变思路、开拓创新、主动促进，以环境再造促进区域产业重组、提升区域可持续发展能力。

广东省委、省政府深刻意识到环境保护对下一阶段珠江三角洲地区产业结构战略性调整和发展方式转型的重要性，将环境保护一体化提升到推进区域科学发展的基础地位，将环境保护一体化规划作为五个落实《珠江三角洲地区改革发展规划纲要》的一体化规划之一，与城乡规划一体化、产业布局一体化、基础设施建设一体化和公共服务一体化相互衔接，同步制定实施，共同推进珠江三角洲继续快速、协调、有序、可持续发展。

广东省环境保护厅将珠江三角洲地区环境保护一体化规划编制作为年度重点工作，成立了由李清厅长为组长、王子葵书记和李晖副厅长为副组长的规划编制领导小组，委托环境保护部环境规划院作为技术单位，规划财务处周国英处长、黄国锋副处长全面协调，协同各处室、相关机构，共同推进规划的研究编制。

环境保护部环境规划院在对珠江三角洲地区环境问题长期跟踪研究的基础上，联合广东省环境科学研究院，经过一年零四个月的艰苦努力，完成了规划的研究编制工作，形成了《珠江三角洲地区环境保护一体化战略研究报告》。在此基础上，编制了《珠江三角洲环境保护一体化规划（2009—2020）》（以下简称《规划》），2010 年 7 月，由广东省人民政府办公厅正式印发。

经过研究我们认为，珠江三角洲环境保护一体化关键要发挥环境优化经济发展的综合作用，促进区域产业再造；力图城乡区域统筹、污染联防联控，建立环保新秩序；力图先行先试，探索环境保护一体化的体制机制与政策。本书从推进区域环境保护一体化入手，统筹构建八大体系，实现环境管理机制、政策“两创新”，产业调控、环境监管“两统一”，大气污染防治、水环境保护“两联合”，生态保育、环境基础设施建设“两共同”，着力于环境优化经济发展、不断改善环境质量、维护环境安全，为区域经济发展一体化提供环境保障。

在规划研究编制本书编写过程中，得到广东省环境保护厅主要领导、各处室、各部门的大力支持，在调研、研讨、意见征集等过程中得到珠江三角洲各地区政府、环保局的积极配合，在此表示诚挚的感谢。

作　者

2010 年 11 月 28 日

目　　录

第 1 章 现状与问题

1.1 区域概况与发展历程

珠江三角洲地区（以下简称珠三角地区）位于广东省的中南部、珠江下游，面向南中国海，毗邻港澳，是我国改革开放的先行地区和重要的经济中心区域，也是我国经济最发达的地区之一。改革开放 30 年来，珠三角地区不仅迅速地改变了自身面貌，推动广东实现了历史性跨越，而且在体制改革中发挥了“试验田”的作用，为国家改革开放和区域可持续发展提供了实践经验。目前，珠三角地区已经成为具有重要国际影响的制造业基地，是国内市场化程度最高、产业配套能力最强、对外开放水平最高的地区之一，与长江三角洲地区和环渤海地区并称为全国三大经济引擎。

1.1.1 自然与社会经济概况

1.1.1.1 自然地理概况

珠江三角洲地区包括广州、深圳、珠海、佛山、东莞、江门、中山、惠州、肇庆 9 个城市，总面积 54 744 km^2，2008 年末常住人口 4 771.77 万。

珠江三角洲是由珠江水系的西江、北江、东江及其支流潭江、绥江、增江带来的泥沙在珠江口河口湾内堆积而成的复合型三角洲，是我国南亚热带最大的冲积平原。三角洲内有 1/5 的面积为星罗棋布的丘陵、台地、残丘，海岸线长达 1 059 km，岛屿众多，珠江分八大口门出海，形成所谓“三江汇合，八口分流”的独特地貌特征。区域内河网纵横，水资源丰富，但时空分布极不平衡。珠江三角洲地区年均河川径流总量为 3 360 亿 m^3，其中西江 2 380 亿 m^3，北江 394 亿 m^3，东江 238 亿 m^3，三角洲河网 348 亿 m^3。径流年内分配极不均匀，汛期 4—9 月约占年径流总量的 80%，6—8 月三个月占年径流量的 50%以上。在 200 余条主行洪河道之间套有密集的小河涌，是世界上最为复杂多变的河网区之一，不仅具有年、季、月、周的周期性变化，又有流态多变、流向不一的随机变化特点，水位多变，一些感潮河段受潮汐影响较大。

珠江三角洲大部分地区位于北回归线以南，地处南亚热带，属亚热带海洋季风气候，雨量充沛，热量充足，气候温暖，多年平均降雨量达 1 800 mm，年日照为 2 000 h，四季分布较均匀，多年平均气温约为 21.1～22.4℃。影响珠江三角洲地区的天气系统主要有冷高压型、低压槽型和副热带高压。从全年来看，冷高压影响型天气出现频率最多，其次是脊后槽前和低压影响型天气，副热带高压脊影响型天气最少。早、晚和凌晨月平均混合层高度一般在 200～500 m 范围内波动，中午在 500～1 000 m 范围内波动，沿海地区混合层高度较高，而东北部和西北部一些地区的混合层高度较低。1—3 月和 10—12 月主要是受冬季风影响，盛行东北风为主；4 月和 8—9 月为过渡季节，4 月份以偏北风为主，是冬季风向夏季风过渡时期，8—9 月份流场较为凌乱；5—7 月为夏季风盛行时期，以偏东南风为主要特征，部分时候为西南风。风速分布各月都具有沿海风速较大、并向内陆地区逐渐减小的特征。

区域内地带性植被主要为亚热带季风常绿阔叶林，由于人类活动频繁，区域内原始植被几乎破坏殆尽，大部分为人工林，且林地面积偏小。土地利用以林地为主，其次是耕地、水域和居民点及工矿用地，2007 年珠江三角洲土地面积共 52 447 km^2，其中森林面积共 255.06 万 hm^2，森林覆盖率达 48.6%，耕地面积共 59.74 万 hm^2，占总面积的 11.4%[①]。

1.1.1.2 经济社会状况

珠江三角洲是我国经济最发达的地区之一。“十五”时期，珠三角 GDP 年均增长率为 15.58%，高于全省其他区域，也分别高出全省（13.2%）和全国（9.5%）增长速度。2007 年，区域 GDP 达到 25 415 亿元，占广东省 GDP 总量的 81.7%，占全国 GDP 总量的 10.2%，GDP 增长速度达 16.2%，高于 11.9%的全国平均水平。2008 年，虽然区域经济发展受到了国际金融危机的影响，GDP 总量仍达 29 745.58 亿元，占全省 GDP 总量 35 696.46 亿元的 83.3%，占全国 GDP 总量份额近 10%[②]。

改革开放以来，珠江三角洲经济发展很大程度上依靠劳动密集型产业的发展，而劳动密集型加工制造业以及外向型经济的快速发展，促使大量人口向珠江三角洲迁移聚集。2000 年第五次人口普查资料显示，珠江三角洲地区流动人口为 2 152 万，占全省流动人口的 82%，是全国吸引外来劳动力最多的地区之一。目前，珠江三角洲人口增长已经由改革开放前的高出生、低死亡、少流入、多流出的自然增长主导型模式，转变为低出生、低死亡、多流入、少流出的机械增长主导型模式。在大量劳动力向珠江三角洲集聚的同时，也加速了各种生产要素（生产资料、资金、技术、人才）向该地区的集聚，大大推动了珠江三角洲地区城市化进程。2008 年，珠江三角洲常住人口达 4 771.77 万，占广东省总人口的 50%，人口密度达 872 人/km^2。按照城镇人口占常住人口的比例划分，2008 年珠江三角洲城市化率为 68.93%[③]，比 21 世纪初的水平有所提高[④]。但总体而言，珠江三角洲的城市化进程仍落后于其经济发展水平和工业化水平，城市化水平仍有较大的提升空间。

1.1.2 珠三角城市群发展历程

珠江三角洲地区从单个自然地理单元走向一个发展迅猛、联系紧密的世界级城市群，只用了 30 余年时间，总体而言，其发展历程大致包括 4 个阶段：

第一阶段，改革开放前的农业经济为主的发展阶段。从新中国成立之后到改革开放之前，珠江三角洲区域整体以农业发展为主，主要投入为农田水利基本建设，工业发展缓慢，

① 数据来源：《长江和珠江三角洲及港澳特别行政区统计年鉴 2008》。
② 数据来源：《中国统计年鉴 2009》《广东省统计年鉴 2009》《长江和珠江三角洲及港澳特别行政区统计年鉴 2008》。
③ 数据来源：《广东省统计年鉴 2009》。
④ 数据来源：《珠江三角洲环境保护规划（2004—2020 年）》。

经济水平较低，地区之间缺乏紧密的经济联系和区域协作关系，处于自发的无序发展阶段。

第二阶段，改革开放至 1994 年的探索起飞阶段。十一届三中全会以后，珠江三角洲地区作为改革开放的前哨，经济和城镇化蓬勃发展，成为我国经济发展的热土。1985 年 2 月国务院批准设立珠江三角洲经济开发区，包括佛山、江门、中山、东莞 4 个市区，以及番禺、增城、南海、顺德、高明、新会、开平、恩平、台山、鹤山、宝安和斗门 12 个县。此后，广东省又先后于 1986 年和 1987 年对珠三角开发区范围进行了调整与扩大。经过 17 年的发展，实现了经济腾飞，成为全国最发达的地区之一。在此期间，珠三角经济区逐渐发展壮大，区域综合发展规划也逐步展开，但该阶段区域规划大多以综合发展规划为主，尤其强调经济发展。规划的重点是如何在改革开放政策的引导下，充分发挥地区优势，实现经济的快速发展。总体而言，区域内各个城市尚属于各自为政状态，在发展定位、区域布局、产业结构调整、城镇和基础设施建设、环境保护等方面，缺乏区域整体性考虑和协调规划，区域内各城市追求各自利益的最大化，普遍缺乏相互之间的协调和配合。

第三阶段，1994 年至 21 世纪初的发展提升与调整阶段。1994 年广东省委、省政府正式宣布建立珠江三角洲经济区，其范围包括广州、深圳、珠海、东莞、中山、佛山、江门共 7 个省辖市，以及惠州市区和所辖惠阳、惠东、博罗 3 县，肇庆市的端州区、鼎湖区和四会、高要两县，面积为 4.17 万 km^2。随后又进一步提出粤港澳合作的大珠三角战略，珠三角经济社会发展水平得到大幅提升的同时，珠三角 9 大城市逐渐发展形成特征明显的区域城市群。特别是 2000 年以后，珠江三角洲地区面对国际分工格局的重新调整，进一步抓住机遇，找准产业定位，发挥区域优势，积极发展高新技术产业，推动了产业结构的优化升级，优化了城镇群发展。在此发展阶段，珠三角区域内合作有所改善，在注重提升区域经济实力的基础上，进行了综合和专项规划，对大珠三角区域合作和协调进行了有益的探索。

第四阶段，2003 年以来，随着科学发展观的理念逐步形成并深入贯彻落实，珠江三角洲地区城市群发展进入新阶段。2003—2004 年，广东省委、省政府组织编制了珠江三角洲城镇体系规划、九大产业规划、珠江三角洲城市化专题规划、珠江三角洲信息化专题规划、珠江三角洲高新技术产业带专题规划、珠江三角洲基础设施专题规划、珠江三角洲开放型经济密集区专题规划以及珠江三角洲环境保护专题规划等一批区域性规划，从统筹区域发展，加强城市间协作的角度，制订区域发展及环境保护方案，促进了城市之间的合作交流及城市群的整体发展。2008 年 12 月国家发改委出台了《珠江三角洲地区改革发展规划纲要》，广州、深圳、珠海、佛山、江门、东莞、中山、惠州和肇庆市 9 市全部被纳入珠江三角洲范围，总面积约 54 744 km^2，从而实现了在国家层面上对珠江三角洲地区一体化发展的统筹规划。2009 年，广东省人民政府出台了《关于加快推进珠江三角洲区域经济一体化的指导意见》，从基础设施、产业发展、环保生态、城市规划、公共服务五大方面为珠三角一体化发展勾画出蓝图。

“大珠三角”概念基本形成于 20 世纪 90 年代后期，近年来，在珠三角城市群一体化加速发展的同时，大珠三角区域“粤、港、澳”之间的合作与发展同样取得良好进展。早于 2005 年，粤港之间就开展了“粤港珠江三角洲空气监控系统”，对粤港珠三角空气进行联合监测和共同发布。2006 年广东省住房和城乡建设厅、香港发展局和澳门运输工务司三方首次合作，启动了策略性区域规划研究《大珠江三角洲城镇群协调发展规划研究》，近期已完成研究报告。作为我国首个跨不同制度边界的空间协调研究，提出将由香港、澳门和珠江三角洲 9 市组成的“大珠三角”地区建设成世界上最繁荣、最具活力的经济中心和世界级的城镇群，同时提出将珠三角建设成为世界级的先进制造业和现代服务业基地及全国重要的经济中心的分区目标。2009 年 9 月粤港澳三地在广州成立了合作促进会，推动了三地民间合作从分散、局部、自发的合作阶段向全方位、多层次、多形式的合作阶段转变。此外，“大珠三角”的交通枢纽工程“港珠澳大桥”已于 2009 年 10 月获国务院批准通过并将于 2009 年 12 月动工，通过轨道交通和高速公路为主的基础设施建设，区域整体的可持续发展能力和竞争力有望不断增强。随着“珠三角规划纲要”进一步落实，粤港澳三地政府“大珠三角”合作的深入开展将进一步推动珠三角区域的一体化进程。

1.2 环境保护工作成绩

随着社会经济发展水平提高和人民环境意识的增强，珠江三角洲地区的环境保护日益得到人们的重视，广东省委、省政府以及珠江三角洲各级政府逐步加大了环境保护力度，通过一系列的环保重点工程的实施与展开、环保法律法规上的制定与创新，以及各项环境监管制度的不断完善，保证了区域环境质量的基本稳定，环境治理取得明显成效，积累了宝贵的经验。

1.2.1 加大工程投入，大力开展环境保护治理

1.2.1.1 落实重点工程建设，多管齐下落实污染减排

（1）为实现“十一五”主要污染物减排目标，广东省明确提出了以严格准入控制新增污染物和以工程、结构、监管、政策等措施来削减排放量“双轨并行”的污染减排新思路，坚持不懈地推进重点工程建设，以重点工程建设为基础，落实工程减排，通过大力推进治污设施的建设力度，促进 COD 减排。2006 年新增污水处理能力 92 万 t/d，2007 年新增污水处理能力 150 万 t/d，2008 年新增污水处理能力 200 万 t/d，“十一五”以来，珠三角地区已建成 135 座污水处理厂，污水处理能力达 765 万 t/d，促进了珠江广州河段等流经城区河流水质进一步改善。目前，除广州、深圳外，各城市饮用水水源地水质均达标。

（2）通过结构调整和产业升级，促进污染减排。“十一五”以来，广东省共关闭小火电机组 834 万 kW，淘汰落后钢铁产能 700 万 t 以上，淘汰落后水泥产能 3 500 万 t 以上，淘汰落后造纸产能 30 万 t 以上，有力地推动广东省产业结构调整和优化升级。其中佛山市禅城、南海、顺德对陶瓷企业关停工作力度大，2007 年全市已关停陶瓷企业 120 家，关停水泥企业 9 家，关停小熔铸企业 144 家。此外，还加强了对低矮工业污染源的整治工作。佛山市完成陶瓷企业喷雾塔脱硫、除尘深化治理工作。佛山大沥镇对熔铸企业落实有效废气治理措施，罗村镇对 41 家玻璃和陶瓷生产企业进行全面整治。2006 年佛山还关闭 44 台超标排放且不能安装脱硫装置的工业锅炉，88 台大于 10 蒸 t 的锅炉上了脱硫装置，36 台小于 2 蒸 t 的锅炉改造为烧燃气。佛山市全面开展了陶瓷行业的调整搬迁和改造提升，对非金属矿物制品、有色金属冶炼及压延加工、造纸等行业实施限批。深圳市对龙岗河、坪

山河两河流域进行了流域限批，对宝安区松岗镇江碧工业区实现了区域限批，收到了良好的成效。2007 年，珠三角地区 9 个地级以上城市空气质量均达到国家二级标准。

1.2.1.2 加强重点流域整治，推进水环境保护

着重开展了珠江广州河段、深圳河、淡水河、石马河、佛山水道、前山河、江门河、南江河、枫江、练江、小东江等河道的综合整治工程，其中多数流域位于珠江三角洲区域，有力地推进了珠江三角洲的水环境保护工作。截至 2008 年 12 月，共开展城市河段和河涌综合整治工程 600 多项，已基本完成 450 项，其中，列入《广东省珠江水环境综合整治方案》的 15 项综合整治工程，已经完成及基本完成 12 项，占 80%，完成投资约 106.9 亿元，占总投资（159 亿元）的 67%。目前整治工作整体效果良好。

1.2.1.3 推进生态示范创建，推动地方积极开展环境保护

珠三角各市把创建环境保护模范城市和生态市作为加强环境保护的重要平台，所有地市都完成了生态市建设规划的编制工作。深圳市委、市政府制定了《深圳生态市建设规划》并将其纳入了深圳城市总体规划。深圳市从 2005 年起将占全市土地近一半的面积划入基本生态控制线，实施“铁线”保护，市政府成立了生态创建领导小组，积极开展多层次的生态创建活动，以区域为单元，以社区为“细胞”，明确提出了“国家生态区”“国家生态工业示范园区”“深圳市环境优美街道”“绿色社区”四大创建主题，构建生态创建大格局，在全国率先提出开展创建“深圳市环境优美街道”，成为全国唯一的试点城市。东莞市自 2003 年以来先后投入近 2 000 万元编制实施了 11 项环境保护规划，并在规划引导下开展了大规模的环境建设。珠三角地区的珠海市、中山市、深圳市龙岗区等已被国家命名为国家级生态示范区。目前已有广州、深圳、珠海、中山、惠州、江门和肇庆 7 个城市获得“国家环境保护模范城市”称号，2008 年 6 月，佛山市创建“国家环境保护模范城市”通过国家验收。深圳市盐田区创建国家生态示范区通过国家考核验收。珠三角地区建成林业自然保护区 55 个，自然保护区面积占国土面积的 4.77%；建立各类森林公园 183 处，总面积达 35.7 万 hm^2。

1.2.2 环境管理机制不断创新，执法监督不断完善

1.2.2.1 制定多项法规、制度，创新环境管理机制

多年来，广东省一直十分注重依法强化环境生态管理，切实加大环境保护和生态建设立法和执法力度，积极引导环境保护和生态建设工作走上规范化、法制化轨道。

（1）加强环境生态立法。近年来，广东省制定了《广东省环境保护条例》《广东省固体废物污染环境防治条例》《广东省饮用水源水质保护条例》《广东省跨行政区域河流交接断面水质保护管理条例》《广东省采石取土管理规定》《广东省湿地保护条例》《广东省封山育林条例》等 20 多部地方性环境生态法规。针对珠三角的环境问题，广东省人大在 1998 年就颁布了《广东省珠江三角洲水质保护条例》，2009 年 2 月省政府常务会议通过了《广东省珠江三角洲大气污染防治办法》。

（2）积极创新环境经济政策。2009 年，广东省先后出台了新的区域性污水处理费标准以及《关于燃煤发电机组脱硫电价及脱硫设施运行管理问题的通知》，同时积极推行“绿色信贷”和“绿色证券”制度，2008 年全省环保部门向银行移交了 1 448 家企业的违法信

息 2 000 多条，促使企业投入 1 亿多元实施整改。

（3）健全环境管理制度。广东省委、省政府办公厅印发实施新修订的《广东省环境保护责任考核办法》及其指标体系，省环保局出台了《广东省环境保护局行政审批监督检查暂行规定》和《广东省环境保护局行政处罚案件审理办法》，施行重点污染源环保信用等级评价制度，2008 年全年完成 272 家企业的环保信用评价，并通过媒体公开重点污染源信用信息。深化粤港澳环保合作和泛珠三角区域环保合作，完善《泛珠三角区域跨界环境污染纠纷行政处理办法》。

与此同时，珠三角各市也积极在环境管理机制上进行创新，出台了一系列相应的政府规章，为加强环境保护和生态建设提供了强有力的制度保障。深圳市自 1992 年以来，运用特区立法权和较大城市立法权，先后颁布实施了 38 部地方性环境生态法规和规章，初步形成了与国家法律相配套、覆盖多领域的地方环境生态法规体系。《深圳经济特区环境保护条例（修订草案）》已于 2009 年 3 月通过市政府常务会议审议。《珠海市环境保护条例》业已经珠海市人大常委会通过、广东省人大常委会批准，并于 2009 年 5 月 1 日起施行。

（4）编制环保规划，发挥规划和环境准入的龙头作用。近 10 年来，广东省陆续编制和实施了《广东省城市饮用水水源地安全保障规划》《广东省碧水工程计划》《广东省蓝天工程计划》《广东省海洋功能区划》《广东省海洋环境保护规划》以及全省主要江河水质保护规划和污染防治规划。特别是自 2003 年起，广东省政府与国家环保总局联合编制了《珠江三角洲环境保护规划》和《广东省环境保护规划》，两大规划均通过省人大审议并由省政府组织实施，按照珠三角环境优先、东西两翼在发展中保护、山区保护与发展并重的原则，认真落实规划提出的分区控制要求。将规划作为项目审批的重要依据，严格环保准入，对不符合产业政策、不符合规划、不符合重要生态功能区要求、不符合清洁生产要求、达不到排放标准和总量控制目标的项目，一律不予批准建设。提高电力、钢铁、石化等高耗能、高污染项目的准入门槛。

1.2.2.2 强化监管能力，加大环境执法力度

广东省环保局成立了省环境监察分局和省环境监控中心。建成了我国首个与国际接轨的实时区域性空气监控网络——“粤港珠江三角洲区域空气监控网络”，21 个地级以上市建成了 123 个空气质量自动监测站，全省建成 39 个水质自动监测站，基本实现了对区域环境质量的实时监控。广东省积极探索建立了泛珠三角区域环保合作机制，共同编制了《珠江流域水污染防治规划》，建立了泛珠三角水环境监测网络，环境监管能力得到加强。

广东省环保部门联合监察部门对 10 多个重点区域环境问题和 300 多家污染严重企业进行挂牌督办，推动督促环境难点问题的解决。2000 年以来，广东省共取缔关闭二级饮用水水源保护区内新、扩建项目 364 个，整改二级饮用水水源保护区内未达标排放的企业 99 个，全面清查威胁饮用水源水质安全的污染隐患。2003 年以来，广东省共出动环境执法人员 95 万多人次，检查企业 42 万多家，查处违法案件 2.3 万多宗，关停企业 8 500 多家。广东省建立环保与监察等多部门联合环境执法机制，50 多名责任人被追究了党纪政纪责任，2 名责任人被判刑。广东省水利部门开展了水法规和水土保持法规专项执法行动。中国海监广东省总队开展了“海盾”执法行动。深圳市以实行排污许可证制度为核心，建立“一罚二谈三吊证”制度，并创立了公开忏悔和承诺制度，2007 年媒体曝光严重违法企业

158 家，责令公开忏悔企业 18 家，对违法排污单位起到了很好的教育作用和威慑效果。

1.2.2.3 加强区域环境保护协作，逐步探索开展环境保护一体化

随着珠三角社会经济一体化进程加快，区域环境保护协作也开始逐步取得明显进展。2004 年，广东省颁布了我国第一个城市群区域环保规划《珠江三角洲环境保护规划》，强调了区域环境协同保护管理的总体要求和重点任务，统筹制订了区域生态分级控制方案。2006 年，广东省颁布了《广东省跨行政区域河流交接断面水质保护管理条例》，明确了跨界水体上下游协调监管的要求。2009 年，广东省颁布了《广东省珠江三角洲大气污染防治办法》，提出要从区域角度，协同解决区域大气环境污染问题。2008 年年底，国务院审议通过和正式批发了国家发改委上报的《珠江三角洲地区改革与发展规划纲要》，将区域统筹开展环境保护与生态建设作为实现区域发展战略的重要支撑。2009 年，广东省颁布了《关于加快推进珠江三角洲区域经济一体化的指导意见》，要求制定基础设施、产业布局、城乡规划、环境保护、公共服务 5 个一体化规划，为区域环境保护一体化发展提供战略思路和行动指南。

此外，珠三角区域内的部分城市之间积极谋求合作，推动了区域环境问题的联合治理。深圳、东莞、惠州三市建立了联席会议制度并签订了《深圳市、东莞市、惠州市界河及跨界河综合治理计划》及《推进珠江口东岸地区紧密合作框架协议》；广州、佛山共同制定了《广州、佛山跨市水污染综合整治方案》、《广佛同城化建设环境保护合作 2009 年工作计划》；珠海、中山、江门共同签订了《推进珠中江区域紧密合作框架协议》并建立了 3 市联席会议制度。珠三角区域内城市间的相互交流与合作推动了整个区域的发展，加快了突出环境问题的解决进程。

1.2.3 区域环境质量基本保持稳定

1.2.3.1 干流水质总体状况良好

珠江三角洲水环境状况依赖于流入径流的 80%（超过 2 500 亿 m^3/a），处于Ⅱ类良好水质这一边界条件区域，总体而言，区域内水质多年来整体保持稳定，且水源达标率呈上升趋势。1990—2008 年间，珠江三角洲地区大江大河的干流水道（包括西江干流水道、西海水道、磨刀门水道、潭江等）水质保持良好，有可比数据的 1999—2008 年间，区域内江河水质总体保持稳定，江段水质优良率和水质劣于Ⅴ类比例均略有上升，但变化幅度不大。《2008 年广东省环境质量公报》数据显示，区域内主要江河水质总体稳定，全省 59 个省控江段中，珠江三角洲的主要干流水道水质优良。

2001—2008 年间，珠三角区域饮用水源水质达标情况良好，区域总达标率呈上升趋势，自 2003 年出现区域最低达标点后即稳步上升，并于 2005 年开始稳定在 85%以上。区域内水源地水质以Ⅱ～Ⅲ类为主，珠海、佛山、江门、肇庆、惠州、东莞、中山 7 市达标情况较好，基本保持稳定达标；广州、深圳部分水源地不达标，包括广州的西部水源、深圳的罗田水库和石岩水库等，但达标率仍呈显著上升趋势。2002—2008 年，珠江口海域功能区水质达标情况良好，总体呈显著上升趋势。其中，惠州、江门多年均保持完全达标，珠海、东莞、中山达标率呈显著上升趋势，尤其 2007 年、2008 年两年均全部达标，深圳达标情况稍差，达标率偏低，但仍呈上升趋势。

1.2.3.2 环境空气质量维持稳定

从历年常规监测的统计结果来看，珠江三角洲地区的环境空气质量基本保持稳定，且维持在较低的污染水平。1980—2008 年间，珠江三角洲地区二氧化硫年平均质量浓度范围在 0.029～0.053 mg/m^{3}之间，均达到国家二级标准，30 年间呈缓慢下降趋势；二氧化氮年平均质量浓度范围在 0.018～0.049 mg/m^{3}之间，均达到国家二级标准，其中 1980—1992 年、2000—2002 年和 2005 年达到国家一级标准，1980—2002 年间呈明显上升趋势，2002 年后基本保持稳定；可吸入颗粒物年平均质量浓度范围在 0.062～0.168 mg/m^{3}之间，1990—2002 年，可吸入颗粒物质量浓度较高，超标情况较为严重，2001 年以后，可吸入颗粒物明显下降，年均值一直保持在二级标准以下，呈明显下降趋势。

1.2.3.3 固废安全处置基本得到保障

"十一五"以来，珠三角地区固体废物增长趋势明显，到 2008 年整个区域工业固体废物产生量达 2 227 万 t，给固体废物的处理处置带来沉重压力。但近年来，基于环保能力建设的加速和基础设施建设投入的增加，固体废物处置能力逐年增强。珠三角地区的工业固体废物综合利用率保持了总体稳定并呈现一定的上升趋势，"十五"期间利用率均值为 78.5%～84.5%，到 2008 年，珠三角区域工业固体废物综合利用率达到 87%。基于污染源普查数据，珠三角地区已建成垃圾处理场 91 个，危险废物处置厂 6 个，共有危险废物持证经营单位 108 家，设计处理规模达 254 万 t。此外，珠三角地区的生活垃圾处理处置设施也较为完善，当前珠三角地区的无害化填埋与焚烧处置率在全省四大区域中最高，分别达 48.94%与 27.94%，广州、深圳、中山等市的生活垃圾无害化填埋处置率接近或高于 50%，深圳、珠海、东莞与中山市的垃圾焚烧处置率均高于 30%，其中中山市达 50.1%，居全省最高。

1.3 珠三角环境保护一体化面临的主要问题

改革开放 30 年来，珠三角和许多经济高速发展的国家与地区相似，在经济迅速崛起的同时，也付出了沉重的资源环境代价，区域环境发展走的基本上是边污染、边治理，甚至是先污染、后治理的传统工业化路子，经济快速增长一度建立在牺牲资源环境的代价之上。经济的高速发展所伴随的大量人口涌入、迅速发展的城市化进程和不断增大的交通运输需求都给区域环境带来了沉重压力，水质、大气、固体废物等多方面的环境问题日益显现。整体而言，在当前珠三角区域一体化和城乡一体化发展加速的形势下，珠三角地区环境污染特征正在发生重要转变，区域性、复合型、压缩型环境问题开始凸显，政策、机制等方面的制约因素也日益突出，限制了珠三角地区可持续发展。

1.3.1 区域性的环境问题日渐突出

1.3.1.1 产业布局与结构不合理，阻碍经济与环境协调发展

当前珠三角的产业总体分布以珠江口为中心，其沿岸各市如广州、深圳、东莞、中山、佛山等产业发展比较发达，而离珠江口较远的城市如江门、肇庆等产业发展则较弱，总体分布不均衡，产业结构问题突出。当前珠三角地区 9 个城市中工业结构相似系数大多超过

90%，工业产值 47%以上集中在同样的少数几个行业。广东省的“双转移”（产业转移、劳动力转移）重大决策实施以来，加快了珠三角产业升级步伐，有力推动了“二元结构”难题的破题。但总体而言，珠三角的产业优化调整与升级仍有较大提升空间。虽然目前珠三角相关城市与广东山区及东西两翼已完成众多的产业转移合作协议，但由于珠三角传统产业技术层次低，受运输等刚性成本约束大，传统产业的外迁并非一帆风顺。与此同时，由于珠三角城市群之间长期以来缺乏有效的合作机制，产业布局上普遍存在区域分工不清晰、产业布局分散、资源利用率差、层次低、关联度不足、聚集效应弱、能耗高、效率低等问题。

1.3.1.2 跨界水污染矛盾尖锐，区域供排水格局不合理

珠三角地区区域之间相互影响，跨市河流边界断面水质达标率不足一半，如深圳和惠州、东莞，广州和佛山、东莞、中山和珠海，佛山和肇庆等均存在突出的双边或多边跨市（区）污染问题。《2008 年广东省环境质量公报》数据显示，平洲水道平洲、龙岗河西湖村、坪山河上垟、观澜河企坪等跨市河流断面水质不达标，主要超标项目为氨氮、总磷和耗氧有机物。跨界水污染由于涉及上下游问题，往往牵涉多个城市，目前城市群之间水污染联合防治机制的缺乏导致跨界水污染矛盾尖锐，跨界水污染问题亟待解决。同时，由于珠三角地区河网错综复杂，区域供水和排水交错分布，供排水格局不合理，水质性缺水问题尖锐，缺乏区域性的供排水统一规划和协调发展。

1.3.1.3 大气污染呈区域性特征，复合型污染加剧

由于城市群的扩张，导致城市之间距离缩小，高速公路密集，机动车保有量急剧增长，导致整个珠三角城市群大气环境自净能力整体下降，污染物在区域内各城市之间浓度差别不大，通过大气在城市间输送和相互影响，并进一步在输送、转化过程中发生耦合作用，形成了典型的区域污染格局。《2008 年广东省环境质量公报》结果显示，2008 年珠三角区域空气质量整体达到国家二级标准，但酸雨情况严重，除珠海外，广州、深圳、佛山、江门、肇庆、惠州、东莞、中山等市的酸雨频率超过 50%，属于重酸雨区城市，全省重酸雨区主要集中在珠三角地区。通过采用区域空气质量综合指数（RAQI）对粤港珠三角地区城市大气质量进行评价的结果表明，臭氧污染、颗粒物细粒子污染在珠三角地区已经凸显，并呈现出“三高一严重”（区域空气综合污染水平较高、臭氧（O_3）污染水平高、细粒子（$PM_{2.5}$）污染水平高和霾污染状况严重）和“两型一性”（复合型、压缩型、区域性）的污染特征，大气复合污染呈加剧趋势。

1.3.1.4 绿色空间破碎严重，生态安全格局亟待维护

珠三角是三面环山的平原，森林资源主要集中在肇庆、惠州、江门和广州。山地丘陵地区森林覆盖率接近 65%，但由于新中国成立前后曾多次对森林进行过度采伐，自然森林植被遭到破坏，天然林少，次生林比例较高，生态公益林的比例仅占 22%，森林生态系统的服务功能整体偏弱。

珠三角地区是目前全国城镇连绵程度最高、城镇化水平最高和经济要素最密集的地区。城市规模的不断扩大，使城市间距离愈来愈近，逐渐形成同城化，造成城市间绿色空间的消失及绿色廊道的严重萎缩现象。此外，珠三角区域生态发展不平衡，区域内各类用地的生态功能缺乏有效的监管和保护，导致城市群缺乏控制性生态屏障，生态保护带、生

态隔离带、绿道等建设滞后，城乡生态安全结构不完整，不能对城镇的无序发展和污染扩散形成有效控制，生态安全格局需要从珠三角区域的层次进行优化和合理布局。

1.3.1.5 污泥等新型环境问题凸显，缺乏区域协调处置机制

珠三角地区环境保护工作当前总体上还处于清还旧账阶段，城镇污水、大气污染物排放量大、稳定达标排放比例低、生活垃圾收集处理体系不完善、固体废物产生量快速增长等传统环境问题同样尚未得到妥善解决。与此同时，随着经济社会发展水平的提高，污泥等新型环境问题开始凸显。首先，在原有类型固体废物未能得到安全有效处置的情况下，污水厂污泥的产生量快速增长，给固体废物的管理工作带来巨大挑战。依据广东省污染源普查数据，珠三角地区污水设计处理能力达 10 926 242 t/d，相应的污泥产生量达 1 493 519 t 之多。2008 年年底，珠三角区域已建成污水处理厂 135 座，随着污水处理设施的大量建设运行，全省污水厂污泥产量会呈现爆发式增长的趋势，污泥处置压力势必进一步加大。其次，珠三角地区危险废物的产生量日益增大，2008 年危险废物产量达 75.9 t 并呈现上升趋势，但与此同时，区域内危险废物处置设施的建设工作进展却相对滞后，危险废物处理处置企业与危险废物产生源之间的地域分布上也存在不协调的现象，给危险废物的处理处置和转运等工作带来困难。除此之外，汞污染问题、POPs 问题、温室气体减排等新型环境问题都将成为珠三角地区重大环境问题，影响到区域可持续发展。

1.3.2 政策机制体制与环保一体化形势不相适应

1.3.2.1 环境保护区域协调机制不健全

珠三角地区随着区域一体化和城乡一体化进程加快，城镇间的距离越来越小，城乡差别也越来越小，各地区的环境质量受到周边地区的影响越来越大，污染已呈现明显的区域特征，大气的复合污染、城市之间的跨界水污染、区域给排水格局问题、区域生态格局的完善及生态固体废物处理处置等均需要城市之间的协调与步伐统一。但由于目前区域环保协调机制不健全，缺乏区域性的区域环境管理机构以及区域环境联合执法与监管机制，各市在环境保护与生态建设方面基本上是各自为政，特别是在经济发展和项目布局时，对相邻地区的环境影响考虑不足，造成跨区域污染问题突出，区域之间的环境纠纷和矛盾不断；各市之间协调联动解决环境污染问题的主动性和积极性不强，在解决流域和区域性环境污染问题时难以发挥协同效应。

1.3.2.2 环境监管能力不能适应繁杂的区域性环境保护要求

珠三角地区环境监管能力建设尽管处于较先进的水平，但区域环境监管任务繁重，环境监管力量薄弱。一方面，统计的企业超过 4 万家，污染源超过 20 万个，而环保系统工作人员仅 5 394 人，特别是县、镇级环保机构普遍存在人员不足和素质不高的问题，难以承担繁重的监管任务；另一方面，珠三角地区复杂的水网环境和城镇成片发展、乡村工业化发展也大大增加了环境监测的难度，仅覆盖主要城镇的大气环境监测体系和江河干流、交接断面的水环境监测体系远远不能适应区域环境监测需要。

1.3.2.3 环境政策不能满足区域城乡一体化的环境管理要求

珠三角地区环境保护和生态建设的体制机制与当前的形势任务要求仍不相适应。①环境保护统筹协调机制不健全，大部分市尚未建立环境与发展综合决策机制，更没有建立区

域层面上的环境经济综合决策机制。②有利于节能减排和环境保护的价格、财税、金融等环境经济政策不健全，缺乏区域性的排污权有偿使用与交易标准，水资源费、污水处理费、排污费征收标准和生态公益林补偿标准普遍偏低，生态补偿机制尚未真正建立，排污收费标准及环境服务价格规范等有待完善。③环境责任没有强有力的经济约束作为保障，如跨界断面水质达标考核仅限于行政手段，缺乏必要的经济激励和约束机制。④多数环境保护政策限于城镇地区，对于城乡一体化的珠三角地区造成政策空白，城镇化和工业化高度发展的乡村地区缺乏必要的管控政策。

1.3.2.4 环境基础设施未能共建共享，增加了环境保护成本

一方面，珠三角城镇密集，本来毗邻的城市和乡镇可以共同投资建设污水和垃圾处理设施，却各自为政，在规划建设环境基础设施时，局限于本地本区域，造成设施建设过于零散；重复建设，造成了资源的严重浪费。另一方面，污水和垃圾处理设施有一个最佳的规模效益，珠三角的污水和垃圾处理设施规模偏小，导致投资效率低。如珠海的垃圾焚烧厂建设在城市的北部，而紧邻的中山市坦州区的垃圾却不能就近焚烧，必须自建垃圾填埋厂，而珠海垃圾焚烧厂处理后的垃圾也同样不能进入坦州垃圾填埋场填埋，需要再建垃圾填埋场，造成了资源的严重浪费。

1.4 环境保护一体化是区域可持续发展的必然选择

当前形势下，珠三角的环境保护和生态建设总体上还处于历史欠账阶段，环境生态问题已经是珠三角地区可持续发展的短板之一，随着区域经济和城乡建设一体化发展，已对珠三角再创新优势产生严重影响，环境的“瓶颈”作用也日益突出。这些问题都必须在区域层面上统筹考虑，协同解决。未来 10 年，是实施《珠三角地区改革发展规划纲要（2008—2020 年）》、全面建设小康社会和率先基本实现现代化的关键时期，也是珠三角地区实现经济结构战略性调整、构建区域经济新格局的战略机遇期。区域能源资源保障能力薄弱、区域性环境污染问题突出、资源环境约束凸显、国际环境压力加大等问题构成区域协调、有序、持续发展的重大挑战，需要打破行政区划限制、加强部门联合、创新体制机制、加快推进环境保护一体化，以环境再造促进区域产业重组、提升区域可持续发展能力，增强新优势、更上一层楼。珠三角环境保护一体化是广东省委、省政府确定的五个一体化之一，对于推进调整优化珠三角产业布局、共同建立大气复合污染综合防治体系、推进区域流域水污染联防联治、创新珠三角环境政策和体制机制有着十分重要的意义，是实践科学发展、改善环境质量的有效手段，更是实现珠三角地区可持续发展的必然选择。

1.4.1 探索科学发展模式的有效途径

科学发展必须要统筹区域、统筹城乡，促进人与自然和谐，实现全面协调可持续发展。珠三角是我国经济发展最为活跃的地区之一，也是我国全面建设小康社会和率先实现社会主义现代化的关键区域。但长期以来，由于对环境保护与生态建设的认识不足，珠三角地区一直延续着“先污染、后治理”或“边污染、边治理”的思路，区域发展不平衡，环境保护不同步，发展与保护各自为政，环境保护与生态建设严重滞后于经济快速发展速度，

已经严重威胁到珠三角地区社会经济的可持续发展。因此，从统筹区域和城乡发展角度看，统筹加强珠三角地区的环境保护与生态建设，促进区域和城乡协调发展，促进经济与环境的协调发展，是实践科学发展观，实现可持续发展的重要内容。

1.4.2 构建和谐社会的重要举措

环境保护一体化是构建和谐社会的重要举措。当前环境质量状况与人民群众改善环境的迫切愿望之间的矛盾日益突出，不同区域环境保护水平，环境基础设施以及环境信息等差异悬殊，人民群众享有的环境权益和环境公共服务差异悬殊，不利于社会公平，也不利于和谐社会建设。社会公众、新闻媒体、专家学者等要求解决环境问题的呼声日益强烈，对环境污染问题评论报道日益增多。群众环境信访和投诉呈上升趋势，因环保引起的群体性事件有所上升，影响到社会的和谐稳定。同时，港澳地区公众对珠三角地区改善环境质量的期望比较高，增加了珠三角环保工作的压力。环境问题已成为影响社会和谐稳定的重要因素。因此，加强珠三角地区环境保护与生态建设，是构建和谐社会的主要举措。

1.4.3 持续提高区域竞争力的必然要求

环境保护一体化是优化经济发展模式的重要抓手。珠三角地区是全国人口、产业最为密集的区域，然而产业布局与产业结构总体仍不合理，不同城市产业同构问题明显，粗放型、高投入、高排放、低效率企业目前在珠三角地区经济发展中仍占据较为重要的地位，环境资源被低效利用，这也直接导致珠三角地区污染物排放总量的居高不下。从区域环境保护整体性考虑，基于环境基础，优化区域发展布局，转变经济发展方式，促进产业结构的调整与优化升级，发展循环经济，推行清洁生产，不仅是解决珠三角环境污染问题的根本出路，也是进一步促进可持续发展、提升国际竞争力的重要抓手。

1.4.4 破解区域环境难题的关键环节

环境保护一体化是实现区域协调发展的切入点。珠三角地区所辖行政单元较多，在经济发展和环境保护中均存在条块分割、布局混乱、协调困难、缺乏全局考虑等方面的问题，珠三角地区城市间跨界问题突出，相互影响明显，因此，打破珠三角现有行政区域，将珠三角地区作为一个整体，统筹开展环境保护和生态建设，确定不同区域的生态功能定位和环境保护目标，不仅是解决珠三角环境污染问题的有效途径，也是创新环境保护经济政策、实现区域协调发展的切入点。

第 2 章　总体要求与发展目标

2.1 总体思路

2.1.1 规划定位

珠三角地区是我国改革开放的“试验田”，是我国经济发展的三大引擎之一，是世界重要的制造业基地。当前国内外经济形势发生深刻的变化，珠三角地区正处于经济结构转型和发展方式转变的关键时期，进一步发展既面临严峻考验，也孕育着重大机遇。珠三角地区已经开始进入工业化后期阶段，处于世界制造业基地升级的关键时期，城市化从生产型城市向创造型城市发展的转折关头。

珠三角地区自然条件优越，长期以来，环境是珠三角地区快速发展的基础和优势，但改革开放后的较长一段时期内，普遍存在重经济建设、轻环境保护的现象，经济快速增长一度建立在牺牲资源环境代价之上，环境保护和生态建设投入不足，环境污染未得到有效治理。经过 30 年来的快速高强度发展，环境逐渐从优势向劣势转变，开始成为区域可持续发展的“短板”。现阶段珠三角生态环境保护工作还处于还历史欠账阶段，环境污染和生态破坏的总体态势未能从根本上得到有效遏制，生态环境状况堪忧，区域性、复合型环境污染是影响大珠三角优质生活圈的重大问题，经济发展的资源环境巨大代价构成了珠三角地区可持续发展的主要障碍。

随着社会经济的发展，珠三角各个城市的环境保护工作得到了不同程度的加强，环境综合整治和环境基础设施建设都取得比较明显的进展。但是随着区域经济一体化、城乡一体化的发展加快，区域性的环境问题日益成为环境问题的焦点和难点，包括跨区域供水安全保障、跨界河流水污染防治、区域性复合型大气污染控制、区域生态安全格局的维护、区域协调的产业准入与工业污染防治等，已经成为困扰珠三角地区经济一体化发展的重大问题，需要建立一体化的环境保护管理机制，在区域层面上统筹解决，优化区域发展，改善环境质量，保障环境安全。因此，需要研究编制《珠江三角洲环境保护一体化规划》（以下简称《规划》）。《规划》定位为：战略性、综合性、区域性、协调性、中长期规划。

《规划》根据珠三角地区探索科学发展新模式、形成区域经济发展新格局、建立可持续发展新优势的整体需求，着力于以环境重建促进产业重组，保障环境安全，建设宜居城乡，统筹设计规划战略目标和重点任务，是珠三角推进经济一体化，促进经济结构战略性调整，实现科学发展的重要基础和有机组成部分，是与珠三角发展战略紧密融合的战略性环保规划。

《规划》涵盖产业发展的环境调控，水、大气突出环境问题防治，城乡和区域环境保护，一体化的环境管理体制、机制、政策设计和监控网络建设，规划范围跨珠三角地区 9 个地市，属于一个基本完整的自然地域单元和区域经济单元，是我国具有典型意义的综合性和区域性规划。《规划》跨三个五年计划期，着眼于珠三角建成全面小康社会和率先基本实现现代化，属于中长期规划。

《规划》重点着力于构建需要在区域层面上统筹设计的环境保护基础框架，着力于解决城市间需要协调联合应对的突出环境问题，着力于构建区域环境协调的长效保护机制，《规划》不包揽和替代各地市的环境保护工作安排，各地市在各自职责范围内强化环境保护工作是《规划》的基础和前提，《规划》重点在于区域层面和城市之间的环境保护统筹协调。

2.1.2 基本思路

珠三角 9 个城市在自然环境条件、社会经济发展基础、发展阶段等方面差异明显，面临的环境问题和环境保护基础各不相同，环境保护一体化不是等同化、同质化、一城化，不是把所有环境问题都放在一体化的框架下解决。一体化的关键是针对需要在区域层面上统筹解决的突出环境问题，打破行政区划的壁垒，加强体制、机制和能力建设，完善创新法规政策，在珠三角地区形成有利于环境保护和经济社会资源合理配置的体制环境，有效提高环境保护效率，降低环境保护的成本。

要充分体现“科学发展，先行先试”的要求，根据珠三角自然环境基础和社会经济发展特征，针对突出环境问题，按照“珠三角一盘棋”的思路，设计环境保护一体化的总体架构和重点任务。要充分考虑区域自然环境特征和生态格局的特征，统筹引导区域发展布局，确立环境保护的区域战略；要充分考虑区域社会经济发展基础和产业结构特征，提出切合实际的优化产业发展、防控环境污染的策略；要充分考虑老百姓的切身需求和反映强烈的问题，把解决突出的跨界问题和区域性环境问题放在重要位置；要充分考虑环境问题的区域性和复杂性，提高联合监测、执法和预警能力。

继承和完善《珠三角环境保护规划纲要》《广东省环境保护规划纲要》的基本思路和要求，保持规划的持续性、完整性，对于上述规划明确的分区引导方案、重点领域的治理方案、各领域各地市各部门的环境保护任务作为一体化规划的重要支撑。在此基础上，针对珠三角城市化水平高，城市建设区连片发展，水网河系纵横交错、环境污染负荷重，区域性复合型污染问题突出的基本情况，着力于从五大方面推进区域环境保护一体化工作：①统一从源头控制环境污染，优化区域发展布局，优化区域给排水格局，从源头控制重污染行业、企业进入，建立工业污染全防全控机制，降低污染负荷；②环境污染一体化防治，集中力量解决突出的跨界水体污染防治问题，解决区域性复合型大气污染问题，改善环境质量；③生态安全格局统一构建，维护区域生态安全，城乡区域环境基础设施共建共享，推进环境基本公共服务均等化；④环境统一监测监管，强化环境监测监管能力，建立覆盖整个区域和城乡的环境监测监管网络；⑤建立一体化的体制、机制、政策保障，支撑区域环境一体化管理。

充分考虑环境保护一体化的长期性、阶段性和艰巨性，明确分阶段推进的思路和当前重点突破的领域。近期构建一体化环境管理的框架，打好布局基础，集中力量解决突出的环境问题，中期进一步完善区域环境一体化监管体制和机制，建立起全防全控、联防联治、联防联控、同保共育的环境污染防治和生态保护体系，努力改善环境质量。远期进一步完善和提高一体化管理水平。

2.1.3 规划依据

（1）珠江三角洲环境保护规划纲要（2004—2020 年）（粤府[2005]16 号）

（2）广东省环境保护规划纲要（2006—2020 年）（粤府[2006]35 号）

（3）中共广东省委广东省人民政府关于争当实践科学发展观排头兵的决定（2008 年 6 月 19 日）

（4）珠江三角洲地区改革发展规划纲要（2008—2020 年）

（5）关于加快推进珠江三角洲区域经济一体化的指导意见（粤府办[2009]38 号）

2.2 指导思想与基本原则

2.2.1 指导思想

以邓小平理论和“三个代表”重要思想为指导，深入贯彻落实科学发展观，坚持改革创新、先行先试，坚持以人为本、环境优先，以创新体制机制和政策措施为先导，以环境优化经济发展为主线，以解决跨界水污染和区域性大气复合污染为突破口，以构建生态安全格局和共建环境基础设施为支撑，以统一环境监管为手段，努力推进区域环境保护一体化，改善区域环境质量，维护区域环境安全，增强区域可持续发展能力，为珠三角地区率先建成全面小康社会和基本实现现代化提供环境保障。

2.2.2 基本原则

民生优先、科学发展。优先解决老百姓切身利益相关的大气灰霾、水体黑臭等环境问题，维护人民群众健康和环境权益，增进人民福祉。坚持环境与发展综合决策，以环境承载力为基础，调整发展节奏，优化发展布局，转变发展方式，促进经济社会可持续发展，提高区域竞争力和发展水平。

统筹兼顾、重点突破。按照区域经济一体化要求，坚持区域统筹、流域统筹、海陆统筹、城乡统筹、环境与发展统筹，形成区域环境管理的新模式。分阶段分步骤，突出重点，以点带面，着眼有限目标，抓住主要污染物，针对重点地区、重点行业和跨界环境问题，集中力量，率先突破。

联防联治、协同推进。按照流域、区域环境管理的整体性和系统性要求，打破行政分割，建立跨界水污染和区域大气复合污染联防联治机制。针对需要协同解决的环境问题，深化广佛肇、深莞惠、珠中江 3 个经济圈的内部合作，加强协调、分工合作、集中资源、攻坚克难、共同推进环保一体化进程。

政府主导，市场运作。强化环境保护政府意志，明确规划控制，做到目标、任务与投入、政策相匹配。综合运用法律、经济、技术、行政等综合手段，加强法制建设，强化规划控制，利用市场机制，鼓励公众参与，率先建立政府、企业、公民各负其责、高效运行的环境管理机制。

创新机制、先行先试。充分发挥珠三角地区改革开放试验区的锐气与创新精神，勇于实践，先行先试，完善法制，健全标准，大胆探索区域环保一体化的新体制、新机制、新政策、新模式，走出一条具有珠三角地区特色的区域环境保护新道路。

2.3 规划时段与目标指标

2.3.1 规划时段

规划分为 3 个时段，近期（2010—2012 年），中期（2013—2015 年），远期（2016—2020 年）。

规划基础数据以 2008 年为基准，部分缺乏的数据以最近年份数据做补充。

2.3.2 规划目标

到 2012 年，区域环境保护一体化体制机制初步建立；跨界水污染综合整治取得突破性进展，地级市跨界水体达标率超过 80%，城镇污水处理率超过 80%；理顺供排水格局，集中式饮用水源水质达标率超过 95%；多种大气污染物联合减排初见成效，空气质量有所改善；区域生态安全格局基本形成，环境安全得到基本保障。

到 2015 年，区域环境保护一体化体制机制基本完善；跨界水污染与重点河涌污染问题得到初步解决，流域水环境综合整治取得显著成效，城镇污水处理率超过 85%，集中式饮用水源水质达标率达到 100%；空气质量得到有效改善，灰霾天数明显下降；区域生态安全格局得到稳固，环境安全保障能力得到大幅提升。

到 2020 年，建立高效的区域环境保护一体化体制机制政策体系，环境污染得到有效控制，环境质量达到或接近世界先进水平，生态系统步入良性循环，率先建立资源节约型和环境友好型社会，建成生态文明示范区。

表 2-1 规划指标

序号	指标	规划目标		
		2012 年	2015 年	2020 年
1	空气质量优于二级标准的天数/d	355	355	355
2	集中式饮用水源水质达标率/%	95	100	100
3	跨市交接断面水质达标率/%	＞80	90	100
4	城镇污水集中处理率/%	80	85	＞90
5	工业废水排放达标率/%	90	95	100
6	工业用水重复利用率/%	55	65	80
7	城镇生活垃圾无害化处理率/%	85	90	100
8	城市人均公共绿地面积/（m^2/人）	13	14	15
9	自然保护区面积覆盖率/%	6.4	6.6	6.8

2.4 重点任务与路线图

2.4.1 统筹构建八大体系，推进区域环境保护一体化

珠三角区域内各市继续强化本市范围内的环境保护工作，是推进区域环境一体化的基础，在此基础上，针对需要珠三角各市协同解决的区域性环境问题，统筹建立八大体系，推进珠三角环保一体化：

- ❖ 建立全防全控的产业环境调控体系，优化经济发展。
- ❖ 建立齐防共治的跨界污染综合防治体系，统筹优化给排水格局。
- ❖ 建立联防联控的大气复合污染综合防治体系，控制区域污染。
- ❖ 建立同保共育的生态安全体系，构筑区域生态格局。
- ❖ 建立共建共享的基础设施体系，实现城乡区域环境同治。
- ❖ 建立协同联动的环境监管体系，搭建一体化平台。
- ❖ 建立统筹协调的环境管理体制，突破一体化瓶颈。
- ❖ 建立先行先试的环境政策体系，持续综合推进一体化。

2.4.1.1 强化产业环境调控，全面优化经济发展

立足于统一建立环境污染源头控制机制，充分发挥环境保护对产业的调控作用，充分利用总量控制的倒逼传导机制，严格落实生态分区控制要求，统一协调重大建设项目布局，实施更严格行业和区域污染物排放标准，加快淘汰落后产能，提升工业污染治理水平，积极发展低碳经济，促进区域产业结构和布局优化调整。

（1）以分区控制为基础，调整产业布局。以《珠江三角洲环境保护规划纲要》和《广东省环境保护规划纲要》确定的分级控制要求为基础，结合主体功能区规划和环境容量要求，引导珠三角的产业布局优化调整。在自然保护区、水源保护区、风景名胜区、森林公园、生态极敏感区和生态功能极重要区等需要严格控制的地区，实行强制性保护，严格控制与保护无关的建设活动，禁止新建污染企业，逐步清理区域内现有污染源。在水源涵养区、水土保持区和南部海岸生态防护带等重要生态功能区，实施限制开发，加强污染企业的清理和整顿，严格限制可能损害主导生态服务功能的产业发展，限制大规模的开发建设活动。平原城镇和农业发展区要转变发展方式，不断提高环境保护要求，提高环境资源利用效率，推进产业入园，努力提升传统优势产业，加快发展高新技术产业和现代服务业，形成与环境相协调的产业发展格局。

继续抓好化学制浆、电镀、印染、鞣革、危险废物处置五类重污染行业的统一规划、统一定点。电镀行业原则上每个地级以上市设 1～2 个定点基地，不得在城区、水源保护区、风景名胜区以及特殊保护区域设定点基地。化学制浆除沿海地区设立定点基地和现有定点基地外，其他地区不再设点。化工、建材、冶金、发酵、一般工业固体废物处置等行业按照“入园管理、集中治污”的原则合理布局。

加强产业转移的规划引导，防止污染转移。以《广东省产业转移区域布局总体规划》为指引，充分考虑环境容量、资源环境承载能力等因素，建立产业转移协同机制，统筹产

业转移的区域布局。加强产业转入地的资源节约和环境保护，推进转移产业集中发展、集中监管、集中治污。严格按照规划和环评要求进行土地开发和产业引入，积极配套污染治理设施，实现环保基础设施与园区同时规划、同时建设、同时投入运营。加大环境监管和执法力度，杜绝企业偷排漏排行为，防止产业转移造成新的环境污染。

（2）以发展绿色经济和低碳经济为导向，提升产业竞争力。以节能减排为硬抓手，积极引导低投入、低消耗、低排放和高效率的现代产业发展，加快产业结构的优化调整与升级步伐。大力发展节能、降耗、减污、增效的先进制造业，提高先进制造业在工业中的比重。大力发展金融、现代物流、会展、旅游、文化、传播媒体、信息服务等市场潜力大、能耗低、污染少的现代服务业，积极发展生产服务业，促进服务业与工业的协调发展。做大做强高新技术产业，加快珠三角地区高技术产业发展步伐，进一步提高服务业和高技术产业在经济中的比重和水平。改造提升优势传统产业，推行绿色制造，大力发展绿色经济、循环经济，促进节能环保产业发展。

积极落实国家应对气候变化战略，大力发展低碳经济，提高碳生产力，建设国家低碳经济试验区。优化能源结构，建设高效、清洁、低碳的能源供应体系，积极开发新能源和可再生能源。到 2020 年，建成供应能力强、结构优、效率高的现代能源保障体系。加快工业、建筑、交通等领域的节能降耗技术改造，提高能源利用效率，到 2020 年单位地区生产总值能耗下降到 0.57 t 标煤，单位 GDP 二氧化碳排放比 2005 年下降 40%～45%。实行用水总量控制和定额管理，到 2020 年，工业用水重复利用率达到 80%。积极引导公众选择合理健康的消费模式，促进可持续消费，推动全民参与节能减排工作。深圳、珠海等城市要率先试点，加快建设低碳经济示范城市。

（3）以制度和标准建设为切入点，严格环境准入。依法全面推进规划环评。积极建立环保与发改、规划、国土、经贸、建设、交通、水利、农业、林业、旅游、海洋渔业等部门的联动机制，推动规划环评早期介入，与规划编制互动。近期重点抓好石化、钢铁、水泥、火电等行业发展规划的环境影响评价，没有通过规划环评的，其建设项目不予受理。将流域、区域污染物排放总量指标作为审批项目环评的前置条件，对新增污染排放项目实施严格的总量前置审核。建立区域、流域、相关城市环境影响评价审批信息通报制度。

建立污染物产生和排放强度“双约束”制度。率先研究建立印染、造纸、皮革、电镀、食品、饮料、建材等重点行业的单位产值（产品产量）污染物产生和排放强度的综合评价体系，并进行定期统计、评估和发布，逐步建立与污染物产生与排放强度评估结果相关联的“准入”、“标杆”管理制度，强化企业污染防治的倒逼传导机制，逐步减少污染物产生量和资源能源消耗量，提升产业水平。

实施更严格的排放标准。对工业锅炉、建材、石化、印染、电镀等重污染行业以及淡水河等重点流域制定实施更为严格的污染物排放标准。2010 年底前，出台广东省工业锅炉、水泥、石化等行业大气污染物排放标准，以及表面涂装、包装印刷等典型行业的挥发性有机化合物排放标准。① 2011 年底前出台广东省印染行业水污染物排放标准；制定淡水河等重污染流域的流域排放标准，全面收严流域水体污染物排放浓度限值。电镀行业自

① 已出台广东省地方标准《锅炉大气污染物排放标准》（DB 44/765—2010）、《水泥工业大气污染物排放标准》（DB 44/818—2010）、《家具制造行业挥发性有机物排放标准》（DB 44/814—2010）、《印刷行业挥发性有机物排放标准》（DB 44/802—2010）。

2012 年开始执行《电镀污染物排放标准》（GB 21900—2008）中水污染物特别排放限值要求。

（4）以结构调整为主线，淘汰落后产能。定期统一发布淘汰、限制生产、限制进口产品、工艺目录，统一更新强制淘汰和限制高排放、高消耗的落后生产能力、工艺、设备和产品目录，研究制订实施珠三角淘汰落后产能分地区、分年度的具体工作方案。鼓励各地结合自身实际，不断提高淘汰标准、扩大淘汰产品和工艺范围，继续全力推进结构减排，促进产业结构调整。

建立和形成党政领导，发改、环保、工商、经贸、税务、公安等多个职能部门参与的部门联动机制，加强淘汰落后产能的行政权威，综合运用价格、环保、土地、市场准入制度和安全生产等多种手段予以推进。积极制定落后产能退出的财政奖励、转型后土地使用权及出让、贷款贴息、税收优惠、生产配额和排污权交易等经济激励或补偿政策，鼓励重污染企业主动退出。

（5）以全防全控为手段，全面提升工业污染防治水平。坚持执法监管与社会监督并重，进一步提高污染源稳定达标排放水平。建立和完善在线监控系统，构建对重点污染源的监管、监测、监察联动工作链，开展环保执法专项行动，严厉打击各类环境违法排污行为，强化不能稳定达标排放企业的深度治理。到 2010 年底重点污染源实行在线实时监测，到 2012 年工业废水稳定排放达标率为 90%以上，到 2020 年工业废水排放全部稳定达标。建立企业特征污染物监测报告制度，重金属排放企业等要建立特征污染物日监测制度并每月向环保部门报告，向社会发布年度环境报告书，落实企业环境责任。继续实施企业环保信用管理，定期开展污染源排放情况的评估，并向社会公告，鼓励有奖举报，充分发挥社会监督作用。

大力推进清洁生产，率先建立珠三角清洁生产试验区，强化对重点行业的强制性清洁生产审核。设立引导奖励资金，培育一批“广东省清洁生产企业”和高标准、规范化的清洁生产示范企业。到 2012 年，开展清洁生产审核的企业数量占规模以上企业的比例达到 10%，2015 年提高到 50%，2020 年提高到 90%。

2.4.1.2 优化给排水格局，齐防共治跨界水污染

以保护饮用水源为重点，优化水环境功能区划，系统分离取水排水河系，加强水源地环境风险监管，确保区域持续性供水安全。加强上下游协调，落实保护与治理责任，集中力量，综合治理，优先解决跨界水污染。

（1）调整水环境功能区划，逐步分离取排水河系。以《珠江三角洲环境保护规划》水环境安全格局为基础，以保护饮用水源为重点，科学调整和优化水环境功能区划，优化区域取排水格局，统筹区域水资源保护，保障区域水源安全。

进一步优化调整取水排水格局，实现高、低用水环境功能之间的有序协调。根据珠三角水资源分布状况及取水口规划分布情况，划定珠三角西江、北江、东江等 5 条主要供水通道，供水通道严禁新建排污口，严格监控影响供水通道水质的支流和污染源。根据珠三角地区河道主要特点、水环境功能区划、工业和人口分布及主要取排水口布局，划定东莞运河等 11 条主要排水通道，所有污染源必须稳定达标排放，实行严格的污染物排放总量控制，确保排水通道满足水环境功能区划水质控制目标。

结合区域取排水河系分离、容量利用以及发展需求，优化调整珠三角地表水环境功能区划。优先保护西江、北江、东江干流及河网区主要干流水道等饮用水源河道，控制目标不低于Ⅱ类。其他河流根据规划使用功能和水环境质量现状，水质控制目标一般不低于水质现状；对个别社会经济发展规划需要排水的河段，在不影响邻近功能区达标的前提下，经过科学论证后，划出适当长度河段合理调整水质控制保护目标；对水质现状严重超标而环境功能要求不能降低的河段，维持较严格的水质保护目标，并制订分期达标方案。通过严格执行水环境功能区划，引导区域产业发展、城镇建设和土地利用等经济开发格局的优化调整。

到 2012 年，基本实现区域河系取水、排水的协调，珠三角水系干流、一级支流水质维持优良水平，主要地表水和近岸海域环境质量基本达到功能目标要求，流经城市河段有机污染明显改善。到 2015 年，主要地表水和近岸海域质量达到功能目标要求，流经城市河段和城镇内河涌水质明显改善。到 2020 年，珠三角水环境安全格局基本形成，珠三角水系主干、支流水质维持优良水平，各自然水系生态功能良好。

（2）严格保护饮用水源，防范水源地环境风险。按照供排水格局调整方案，适度集中建立饮用水源保护区，依法科学保护饮用水源。制定严格的保护措施，依法征用饮用水源一级保护区内的土地，用于涵养饮用水源；严禁在饮用水源保护区内进行法律法规禁止的各项开发活动和排污行为；依法清理饮用水源保护区内的排污口。加快备用水源和供水应急机制建设，完善应急预案。在东江、西江等地联合共建饮用水源保护区，建立异地取水补偿机制，支持输出地区的水环境保护。到 2012 年，集中饮用水源水质达标率达到 95%以上，2015 年达到 100%。

开展饮用水源地环境风险排查和环境整治。对威胁饮用水源的重点污染源予以整治、搬迁、关闭，加强重点排污企业监督管理，严厉打击违法排污行为。水陆统筹，积极防治面源污染。加大入库河流治理和管控力度，积极采取措施削减入河（库）污染负荷，强化侧流入河河涌的污染整治。加强水源地水质全分析，强化饮用水源水库藻类污染防治，加强重金属、持久性有机污染物等有毒有害物质的监控，全面提高预警能力。

（3）加强流域统筹，构建跨界水体综合防治体系。以珠三角一体化为契机，打破行政区划壁垒，强化跨界河流断面水质目标管理和考核，综合运用行政、经济、法律、公众参与等多种手段，逐步建立健全信息通报、环境准入、结构调整、企业监管、截流治污、河道整治、生态修复一体化的跨界河流污染综合防治体系。

完善跨界河流交接断面水质目标管理和考核制度。合理设置跨界河流交接断面，明确水质控制目标，分清落实责任。将跨界河流交接断面水质保护管理纳入环境保护责任考核范围，健全监测、评估、考核、公示、奖惩制度。交接断面水质未达到控制目标的，实施区域限批，停止审批在责任区域内增加超标水污染物排放的建设项目；责任方与相邻地区协商提出解决方案，明确时限，组织实施，确保水质达标交接。

建立跨界河流水污染综合防治体系。跨界河流相邻地区加强河流水质、项目审批、规划实施等方面的信息通报，联合制定并实施严格的水污染物排放标准、产业准入和结构调整政策，实行水污染物排放的行业标杆管理和企业末位淘汰机制。联合制定跨界河流综合整治和生态修复规划，联合执法，共享污染源监控信息，严控污染物新增量，大力削减污染物存量，联合开展河道综合整治，逐步恢复河流生态系统。到 2012 年，跨市河流交接断面水质达标率达到 80%以上，2015 年提高到 90%以上。

（4）突出重点，优先解决重大跨界水污染。以淡水河、观澜河（石马河）、广佛内河涌（西南涌、佛山水道）、独水河等水体污染严重的跨界河流为突破口，齐防共治，集中力量，全力推进，到 2020 年，淡水河、观澜河（石马河）跨界断面、佛山水道、西南涌、独水河入北江断面水质达Ⅳ类标准，其中重金属指标达到III类标准。

❖ 深惠统筹，治理淡水河跨界污染：综合治理，优先解决城镇生活污染。2012 年前建设城镇污水处理厂 11 座，新增污水处理能力 80 万 t/d，采用高效污水脱氮除磷工艺，完成龙岗河坪地、横岗与坪山河及支流等截污干管工程；清淤疏浚，引水扩容，综合治理面源。2015 年前，污水处理厂全面提升脱氮除磷水平。到 2020 年，新增城镇污水处理能力 110 万 t/d，污水截排率达到 95%。

  严格监管，促进产业结构调整。流域内深惠两市禁止新扩建电镀、线路板、制革、印染、养殖建设项目，暂停审批电氧化、化工（现有定点基地除外）、食品加工以及含酸洗、磷化、表面处理工艺项目，对于截污管网不完善的区域，暂停审批餐饮、桑拿、洗车等污水排放的三产项目。污染企业执行从严排放限值，实现全部重点污染源在线监控，重点企业稳定达标排放，关停清退超标排放企业。2015 年前，清退万元产值排水量高于 50 m^3 的企业，全面清退畜禽养殖企业。2020 年前，万元产值排水量高于 20 m^3 的企业一律清退。

❖ 深莞联动，治理观澜河（石马河）跨界污染：重点提升城镇污水处理水平，治理面源。2012 年底前，流域内干流与重要支流完成截污，重点推进龙华、华为、观澜、平湖、鹅公岭等污水处理厂升级改造，强化脱氮除磷功能，污水截排率和集中处理达到 80%。对于截排范围外的污废水进行分散处理，确保出水达到一级 A 标准。分阶段清除流域内干流和大小支流河道两岸 1000m 范围内生活垃圾堆和工业垃圾堆，清除河道污染底泥并妥善处置。对流域内非供水水库进行调度，增加枯水期清洁基流。

  优化产业布局，调整产业结构，减少工业污染负荷。根据流域功能区划，生态控制红线内，禁止新增土地开发面积，敏感区域实行退工还林、退农还林，逐步恢复流域的自然下垫面。对禁止、限制开发区和截排范围外的区域实行禁批，对重污染行业实行禁批，对耗水型和劳动密集型项目实行限批。清退流域内电镀、印染、制革等重污染型和劳动密集型产业，造纸与化肥企业执行广东省《水污染物排放限值》（DB 44/26—2001）一级标准，不达标企业搬迁或关停。重点污染源、污水处理厂安装在线监测装置，加强监控，杜绝违法排污。

❖ 广佛同城，共治内河涌污染：开展河道综合整治。加大巴江河、九曲河、白岭涌、汾江河、花地河、牛肚湾涌、秀水涌、石井河、滘口涌、芦苞涌、西南涌、雅瑶水道、水口水道、白坭河、流溪河、五眼桥涌等整治力度，同步截污，疏浚底泥，防治面源，加大河涌曝气增氧，引水扩容，开展生物原位修复，因地制宜开展生态修复，逐步改善广佛内河涌水质。

  加大工业企业和畜禽养殖污染治理力度。区域内工业废水排放执行广东省《水污染物排放限值》一级标准，不达标企业一律关停、搬迁。畜禽禁养区内养殖场完成关停转迁。

加大城镇污水截污管网和处理设施建设力度。西南涌提升南海里水镇与官窑截污和污水处理水平，加快石井、三水乐平镇、西南街区、三水农场污水收集与处理设施建设。佛山水道新建、扩建污水处理厂4座，脱氮除磷深度处理，处理能力达到84.5万 m^3/d。

❖ 综合治理，解决独水河污染：严格实施产业结构调整与准入政策。流域内漂染、电镀重点污染行业必须达到清洁生产要求。不能稳定达到广东省地方水污染排放一级标准的企业，一律关停或搬迁至配有工业污水处理设施的工业园区。禁批皮革、漂染、电镀、食品制造（发酵）等重污染行业、排放一类污染物以及废水排放大的项目。搬迁或关闭敏感区域内的养殖场。

加快城镇污水处理设施建设。2012年底前建成处理能力4万t/d以上的城镇污水厂，完善城镇截污管网。2015年底前新增污水处理能力12万t/d，并进行深度处理。

2.4.1.3 全面推进联防联控，加快解决区域大气复合污染

全面实施珠三角清洁空气行动计划，从注重重点行业减排向全面防控转变，从单因子治理向多污染因子综合控制转变，多手段联合推进，稳步提升脱硫成效，全面推进降氮脱硝，协同控制VOCs和 NO_x，大幅减少颗粒物，逐步解决地区污染光化学烟雾、酸雨和灰霾污染。

（1）控制VOCs和氮氧化物，协同应对光化学烟雾。全面实施生产企业的VOCs排放控制。加大石化、化工及含挥发性有机化合物产品制造企业和印刷、制鞋、家具制造、汽车制造、纺织印染等行业清洁生产和污染治理力度，逐步淘汰挥发性有机化合物含量高的产品生产和使用，严控生产过程中逃逸性有机气体的排放。建立工业企业有机溶剂使用量申报与核查制度，纳入重点管理企业名录企业使用溶剂必须符合环境标志产品技术要求。制定典型行业挥发性有机物排放标准和控制技术规范，强化典型行业有机废气污染治理示范项目建设，完成不符合技术规范企业的技术改造。

加强商用及家用溶剂产品VOCs控制。严格管理干洗行业的干洗溶剂使用，推广使用低挥发性有机物含量溶剂，提高干洗业用溶剂冷凝回收率。逐步实施产品卷标制度和挥发性有机化合物含量限值管理，制定商业消费品的含低挥发有机物的分级认证制度。制订鼓励市民使用低挥发性有机物含量产品的宣传教育计划，倡导消费低挥发性有机物产品。

加强饮食服务业油烟污染治理。制定油烟治理设施运行管理机制并实施有效监管。新建饮食服务经营场所必须统一规划，使用管道煤气、天然气、电等清洁能源，已建饮食服务经营场所要限期完成清洁能源使用改造。未安装油烟治理设施的必须安装油烟治理设施。

加强机动车和非道路移动源排放控制。提高新车准入标准，珠三角汽车提前实施国家第四阶段排放标准，对不符合相应标准的汽车和摩托车，不予办理登记手续。全面推行环保标志管理制度，规范机动车环保标志发放和管理工作，有条件的城市要公布并实施车辆限行方案，逐步淘汰高排放车辆。珠三角所有城市逐步建立机动车排气定期检测制度，完

成机动车工况法排气检测线建设工作。加强机动车排气污染道路抽检和停放地抽检，重点加强高排放车辆尾气监管。加强非道路移动源治理，控制飞机及机场相关机械车辆、建筑机械、船舶排气污染。全面推广使用“粤III”车用成品油，争取 2010 年开始珠三角逐步供应“粤IV”车用成品油，降低机动车排气污染。2010 年 9 月 30 日前，完成全部加油站、油罐车和储油库的油气回收综合治理并完成验收，逾期未完成治理任务的，一律依法停止营业。建立机动车排气监督管理信息网络体系。加速建设城际快速轨道交通系统，打造方便、快捷、环保的区域交通运输体系。

（2）全力推进脱硫脱硝，降低区域酸雨频率。继续加强火电脱硫大气污染治理。珠三角地区不再规划布点新建燃煤燃油电厂。在完成《广东省小火电机组关停实施方案》基础上，逐步关停区域内所有 100 MW 以下（含 100 MW）的常规燃煤火电机组。推进燃油电厂油改气或脱硫工程。严格火电厂烟气在线监控管理，使火电厂脱硫设施运行效率稳定达到 85%以上。

全面推进现役燃煤火电厂降氮脱硝工程。2012 年底前，区域内所有 300 MW 以上（含 300 MW）的燃煤机组必须加装烟气脱硝装置；2013 年底前，完成区域内所有 300 MW 以下常规燃煤火电机组的降氮脱硝改造。改造后，100 MW 以上机组氮氧化物排放质量浓度限值为 200 mg/m^3，100 MW 以下（含 100 MW）热电联产机组氮氧化物排放质量浓度限值为 400 mg/m^3。2015 年前，完成 25 MW 以下的热电联产燃煤机组的降氮脱硝改造。

加大工业锅炉治理力度。2012 年底前，力争淘汰所有 4 蒸 t/h（含 4 蒸 t/h）以下和使用 8 年以上的 10 蒸 t/h 以下燃煤、燃重油和燃木材工业锅炉（含生活锅炉与导热油炉）。使用不足 8 年的 10 蒸 t/h 以下、全部 10 蒸 t/h 及以上工业锅炉，应改燃天然气等清洁能源或建设高效脱硫除尘、降氮脱硝设施，达到《广东省锅炉大气污染物排放标准》排放限值要求。积极推进实施集中供热或改燃清洁能源，1 蒸 t/h 以下锅炉鼓励使用电锅炉。锅炉总出力在 10 t/h（含 10 t/h）以上燃煤、燃重油企业，2012 年必须安装烟气在线自动监测装置，与当地人民政府环境保护主管部门联网，并保证其正常运行。

（3）突出抓好重点行业，减少颗粒物排放。强化建材行业污染治理。区域内禁止新建水泥（山区县除外）、平板玻璃生产线，严格控制新建陶瓷生产企业，限制建材企业在珠三角区域内部搬迁转移。加快推进淘汰能耗高，污染严重的老式生产工艺，2010 年底前完成全部立窑工艺水泥厂、垂直引上普通平板玻璃生产线和平拉工艺（含格法）平板玻璃生产线等落后产能的淘汰任务。区域所有保留水泥、陶瓷、平板玻璃制造企业需安装废气治理设备，达到从严的排放限值要求。对于不达标的要限期治理，经限期治理后安全生产、环保等仍不达标企业一律实施关停。

加强城市扬尘全过程控制。各市扬尘污染控制区应达到建成区面积的 80%以上，使扬尘污染得到有效控制。严格落实施工工地围蔽和清运余泥渣土、喷水降尘等措施，努力做到“六个 100%”。加强市区内裸露土地的绿化或铺装，落实路面保洁、洒水防尘制度，减少道路扬尘污染。加强料堆站场扬尘污染控制，储存、堆放煤炭、煤矸石、煤渣、煤灰、砂石、灰土等易产生扬尘物料的场所，要建成封闭设施、喷淋设施以及表层凝结设施等。

2.4.1.4 同保共育生态安全体系，构筑区域生态格局

从珠三角区域自然环境和经济发展整体布局出发，优先保护“生态高地”，统筹规划

区域绿地和区域“绿道”，实施生态同保共育，合力构筑整体连接的生态安全体系，维护区域生态安全。

（1）优化区域生态格局。统一规划，优先保护，形成外围环状连绵山体和南部沿海湿地的“一环一带”珠三角生态屏障，以东江、北江、西江干流为基础的河流湿地廊道体系，维护和修复生态价值高、生态服务功能重要的“生态高地”，构建起区域生态安全体系的基本框架。

在中部平原城市群连绵发展区，依托自然山体、河流、农田湿地等绿色区域，统一规划建设大型区域绿地，保留绿色开敞空间，通过河网水系、道路防护林带和农田林网联系起来，形成区域绿地系统，控制区域城镇开发连片发展。优先保护乡土物种和自然生境，加强沿城、沿路、沿海防护林带建设，形成以山体、河流、滩涂湿地、农田等自然绿色要素为基质、城镇镶嵌其间的区域生态格局，创造良好的人居环境。

（2）维护区域生态安全体系。强化珠三角周边环状连绵山体保护。将珠三角地区外围以莲花山脉、罗浮山脉、九连山脉、青云山脉等山脉余脉以及罗壳山、七星岩、天露山等山体为主的环状山体纳入限制开发区域，限制大规模开山取土采矿等开发活动和城镇建设，合理规划部分城镇点状开发布局，避免在山体结合部等敏感地带的大规模开发。加强水土流失治理和矿山环境治理恢复，优先开展天然林保护和生态公益林建设，生态公益林比例占林业用地比例提高到70%以上。引导区域因地制宜地发展生态农业和生态林业，限制大规模速生商品林基地建设，严格限制河流水库等水源涵养区畜禽养殖，加强生态监管，将环状连绵山体区域建设成珠三角地区的重要生态功能区。

加强珠江水系生态廊道保护。结合水源保护区规划和区域绿地系统建设，将西江、北江、东江干流和主要支流纳入管控区，严格控制主要江河道的截流设施建设，严格控制污水排放和垃圾堆放，加强重污染河涌整治。完善沿岸防护林和水源涵养林体系，90%以上江河干流和主要支流要建立乔木为主、乔灌结合的防护林带体系。结合防洪体系、沿江景观带建设，因地制宜恢复岸线的自然形态，在河流入海和河流交汇的地方恢复自然湿地，形成山海相连、纵横交织、河海通畅的网络化生态廊道体系。

加强南部沿海近岸海域和海陆交错带生态保护。落实近岸海域环境功能区划，加强近岸海域岸线开发、近岸海域养殖、排海倾废环境管理以及海岸、海岛生态保护。加强川山群岛、大亚湾等自然保护区建设，完善沿海防护林带，逐步恢复珠江口、大鹏湾、广海湾等沿海地带红树林。控制滩涂围垦、填海和岛屿采沙，综合整治八大口门。到 2012 年，重点地区滨海湿地占用和退化问题得到遏制；到 2015 年，逐步形成良好的海洋生态环境；到 2020 年，海洋生态系统达到稳定状态。

（3）提升自然保护区建设水平。优化自然保护区结构。加大对珍稀物种、栖息地和典型生态系统、地质遗迹的抢救性保护，以红树林生态系统保护恢复为重点，加强海岸带湿地保护区建设。近期自然保护区占区域陆地面积的比例达到 6.4%，到 2015 年达到 6.5%以上，到 2020 年达到 6.8%以上，建立起适应区域生物多样性保护需要的自然保护区体系。

提高自然保护区建设管理水平。强化自然保护区基础设施建设，增加珍稀濒危野生动植物和湿地类型自然保护区的管护、科研、监测、信息能力建设经费，增强自然保护区管理能力。加强自然保护区人员的配置，提高管理人员素质。2012 年国家级、省级自然保护区要达到国家标准化建设水平，2015 年地市级以上保护区建设达到国家标准化建设水平要求。引导自然保护区内及周边地区群众积极参与自然保护区管护，开展社区共管，选择典型区域开展自然保护区生态补偿试点工作。

（4）建设区域绿地和区域“绿道”。合理布局区域绿地，严格区域绿地环境管护。将东江下游—增城基塘农田绿地、北江和西江干道之间连片基塘农田绿地、新会—斗门农田绿地、深—莞—惠和博罗县城之间山地绿核区、中山珠海之间以五桂山—凤凰山为中心的山地绿核、广州北部城市连绵带中以白云山—帽峰山—万亩果园—大夫山为中心的城市绿核、江门新会之间以圭峰山—白水带—东湖公园连绵带为中心的城市绿核区、肇庆端州区鼎湖区和高要之间的栏河山区等大型自然板块纳入区域绿地保护范围，进行重点保护。除维护或改善原生体系的必需设施外，严格限制区域绿地内其他开发建设行为，逐步迁出不符合功能要求的各类设施，禁止大规模的城镇建设和工业开发活动，强化对乡土物种和生物多样性的保护。

结合区域生态廊道和区域绿地，建设绿道网络。统筹规划，由线到面，逐步建设以湾区绿道、东江绿道、西江绿道、广佛肇水乡绿道、深—莞—惠创新园区网络绿道和珠中江生态休闲绿道为骨干的区域绿道主体框架，引导和促进城市规划建设城市绿道和社区绿道，建立区域绿地、绿道、城市绿地系统一体化的区域绿地系统。到 2020 年，将城市人均公共绿地面积提高到 15 m^2。

2.4.1.5 区域环境同治，建设宜居宜人城乡

以城带乡、区域统筹，加快环保公共基础设施建设，鼓励基础设施共建共享，加强农村环境保护，逐步实现城乡之间、区域之间环境基本公共服务均等化，建设宜居城乡，深化粤港澳环保合作，促进区域环境同治。

（1）大力促进环境基本公共服务均等化。各级政府要将污水及垃圾等环境治理服务、环境监测与评估服务、环境监管服务、环境应急服务、环境信息知情服务等作为基本公共服务的重要领域，加大投入，全面推进乡（镇）、村环境公共基础设施建设和监管能力建设，积极推动各项环境基础设施、环境保护组织管理体系向农村延伸和辐射，做到全覆盖，使不同地区、不同阶层逐步享有基本均等的环境公共服务。

加快推进城镇污水处理及再生利用设施建设。距离城镇较近的村庄，生活污水尽可能就近纳入城镇收集、处理网络，合理确定服务的内容和配套的标准。加快推进县城、镇级生活垃圾处理设施和分类收集、转运系统建设，城镇垃圾处理设施建设要考虑周边农村地区垃圾收集处理的需求，逐步完善农村生活垃圾收集系统。至 2012 年，珠三角实现生活垃圾无害化处理率达 85%，2015 年达到 90%以上，2020 年达到 100%。

（2）统筹区域，推进环境基础设施共建共享。强化危险废物的区域集中处置。充分发挥广州、深圳、惠州危险废物处理处置中心的区域服务功能，全面深化危险废物环境管理制度，消除危险废物跨行政区域转移障碍。推广和应用广东省固体废物信息管理系统，建立面向固体废物的管理者、产生者、利用处置者和公众的信息交流与沟通平台，完善区域内危险废物数据和信息交换体系以及事故应急网络，全面实现网上环境管理、信息化服务和在线实时监控。

推进污泥处理处置设施共建共享，发挥规模效益。现有污水处理厂应结合升级达标改造，同步建成污泥稳定化处理工程。鼓励日处理能力 10 万 t 以下的污水处理厂联合建立区域性污泥处置处理中心。按照严控废物管理要求，对污泥转移、处置实行计划备案和转移联单管理。

推进污水、生活垃圾处理设施共建共享。鼓励相邻区域打破行政区限制，共同规划，共建共享污水处理设施，实现管网互连互通。适当调整行政区边界已建污水处理厂配套管网规划，以满足周边处理需要。鼓励相邻地区统筹规划、合理布局，共建生活垃圾处理厂。按照区域共享的原则，适当调整边界区污水处理厂和垃圾处理厂规模，使之辐射周边邻近区域。基本统一相邻地区污水、垃圾处理收费标准，鼓励整合兼并，培育大型骨干环保产业集团，为环境基础设施共建共享创造条件。

（3）统筹城乡，加强农村环境保护。编制珠三角农村环境保护规划，逐步建立乡镇环保规划协调、评估、考核机制，制定农村环境保护工作指引和技术规范。分类指导，实施农村环境清洁工程，加强农村环境基础设施建设，广州、深圳、东莞、佛山、中山、珠海等市逐步按市辖区的标准，统一开展农村环境基础设施建设，江门、惠州、肇庆等市因地制宜加强农村垃圾、污水收集处理系统建设，农村生活废水、废弃物和人畜粪便实现无害化处理或统一处理。加强农村饮用水源保护，切实保障农村饮水安全。

重点控制禽畜、水产养殖污染，积极防治农业面源污染。在城镇密集区、主要江河干流两岸 1 km 范围内、大中型水库汇水区和水源保护区禁止发展规模化畜禽养殖，控制珠三角地区的养殖总量，加强规模化畜禽养殖场的环境监管，控制污染物排放总量。推广节肥节药技术和配方施肥技术，调整优化用肥结构，减少农药用量。限制水产养殖投饵强度。

加强土壤污染防治。建立健全土壤环境监测体系，开展土壤环境例行监测，在水源地、粮食蔬菜等农产品基地、土壤污染严重地区加大土壤环境监测密度。建立完善土壤环境监管政策，探索建立土地使用的土壤环境质量评估与备案制度。建立污染土壤风险评估和环境现场评估制度，加强被污染工业场地的环境监管，禁止未经评估和无害化治理的污染场地进行土地流转和二次开发。造成土壤环境污染的工矿企业需缴纳土壤环境治理修复金。加大政府投入，加强控制持久性有机污染物、重金属等对土壤的污染，开展修复示范，到 2012 年，各市分别启动 2～3 处典型污染土壤场地的修复试点。

（4）深化粤港澳合作，打造绿色优质生活圈。以珠三角环保一体化为契机，深化粤港澳现有合作，开辟新的合作领域，创新合作机制，共同打造大珠三角绿色优质生活圈。

深化现有合作，提升区域整体环境质量水平。加强东江水质保护和竹银水源系统建设合作，保障港澳供水安全。继续加强大气污染防治的合作，增加 $PM_{2.5}$ 和 O_3 监测项目，增加区域空气质量监控网络子站数量，把澳门纳入区域空气监测网络，研究制订并实施第二阶段粤港空气质量联合行动方案。深化深圳湾水污染控制联合实施方案，加强珠江口污染防治和生态保护的合作。联合建立区域性生态保护地带、构建生态走廊，提高大珠三角地区生态保育水平，优先关注珠江口湿地圈工程、珠江口红树林、海洋（海底污泥）生态保护。

开拓合作新领域，稳步推进区域环境保护合作持续深化。强化清洁生产领域的合作，积极推进港资企业在粤实施清洁生产项目，全面推动粤港企业清洁生产方面的合作。加大粤港环保技术和环保产业合作的力度。全面拓宽和深化粤港两地公众参与合作，联合开展粤港澳地区环境宣教，共同举办环保展览等活动。进一步加大环境科研合作力度。

创新合作机制，加强三地互通联动。进一步完善合作小组沟通机制，更加有效地发挥粤港持续发展与环保合作小组的协调作用，强化与澳门的区域合作，建立粤港澳环保合作协调组织。加强三方的互通和联动机制建设，提高区域联动水平。

2.4.1.6 强化区域协同联动，搭建环境监管一体化平台

以推进区域环境监测网络一体化、统一区域环境监察执法、强化区域环境预警应急响应联动、实现区域环境信息共享为着力点，系统提升区域环境监管水平，率先搭建标准统一、上下联动、横向联合、协同有序、运转高效、执行有力的环境监管一体化平台。

（1）环境监测一体化。优化完善区域环境质量监测网络，推进区域环境质量监测网络一体化。优化升级珠三角区域大气监控网络，将珠三角所有城市站全部纳入区域大气监控网，将 $PM_{2.5}$、臭氧、一氧化碳等区域特征污染物转为例行监测指标，率先建立符合珠三角空气污染特征的区域空气质量标准，加强大气能见度、温室气体浓度监测。完善珠三角水质自动监控网络，将珠三角地区现有水质自动站全部实现与省联网；加强饮用水水源地水质全指标分析监测和流域特征污染物监测，扩大省控断面的覆盖范围，完善跨行政区河流交接断面水质监测站，加强对跨界水环境的实时监控。推进生态、土壤、地下水、核与辐射环境质量监测网络建设，实现监测点位的全面化与监测领域的全覆盖。

强化区域联合监测，推进区域监测能力建设一体化。配强配精省环境监测中心，重点提升广州、深圳两个区域站，全面推进珠三角地区二级、三级环境监测站标准化达标建设，在有条件的镇设立环境监测分站，构建珠三角地区一体化环境监测网络。在淡水河等跨界断面建立同步监测机制，在广佛水源地等跨区域调水水源区和重大区域性环境问题发生地区等实行联合监测。

统一方法标准，推进监测质量管理一体化。建立健全环境监测质量管理制度，加强环境监测全程序质量控制，统一环境监测技术体系，强化区域环境监测数据与评价结果的可比性，完善区域环境质量评价体系。

（2）环境监察执法统一化。加快推进各级环境监察机构标准化建设进程，提高环境监察队伍的执法能力，逐步健全环境执法监督体系。建立跨区域的联合执法机制，联合查处跨区域的环境问题和污染纠纷，重点打击交接断面周边和交叉区域内的环境违法行为以及非法转移危险废物行为，联合调查处理重大环境信访案件，完善案件移交移送机制。统一区域环保执法尺度，建立统一的环保行政案件办理制度，规范环境执法程序、执法文书。统一环境执法着装。

（3）环境预警应急响应联动化。加强区域环境风险防范。建立各类环境要素的环境风险评价指标体系，开展区域环境风险区划，制订环境风险管理方案和环境应急监测管理制度。加大对环境敏感地区和环境风险源的监管力度，从源头上消除污染事故隐患。

提升区域环境监测预警与应急能力。建立应急监测、预报、预警移动平台及空气质量预报预警平台。强化环境监测数据应用与综合分析预警，加强重要环境敏感区域污染监控预警，建设完善辐射环境预警监控系统、核与辐射应急处理系统、核应急指挥系统，提升监测预警能力。建成梯度合理、协同作战、响应快速的区域环境应急监测网络。健全珠三

角环境事故应急处理的协调联动机制，对区域应急监测实行统一指挥协调、资源统一调配、数据统一管理，建成突发性事故应急监测体系。加强人员培训，定期开展区域环境突发事件的应急演练，建立畅通的环境事故通报渠道，强化应急响应能力。

（4）环境信息共享化。建立珠三角污染源动态管理信息系统，继续推进和完善重点在线监测监控系统，全部实现与环保部门的联网。推进珠三角环境管理信息系统、污染源综合管理信息系统、环境监测信息系统、环境污染应急系统建设，建立完善区域性环境信息资源网络，并与有关部门实现信息接口兼容，实现城市间、部门间信息资源共享。逐步建立区域环境信息标准化体系，提高信息共享水平。逐步建立完善珠三角重点污染源信息、水环境信息、重大项目环评信息的披露机制，搭建珠三角环境信息统一对外发布的网络和平台。

2.4.1.7 统筹协调环保体制机制，突破一体化瓶颈

建立和完善环境与发展综合决策机制，设立区域一体化的环境管理机构，明确政府环境权责，深化区域环境合作，构建与区域经济社会一体化发展相适应、与区域环境系统内在需求相适应的体制机制。

（1）健全环境与发展综合决策机制。将环境保护一体化作为区域经济一体化发展的基础，优先推进，确保珠三角经济一体化有序、持续推进。探索实行重大决策、政策的环境影响评价，大力推进规划环境影响评价，将环境作为重大决策制定的基本依据，确定区域开发和重大建设活动的环境准入条件和环境保护要求，充分发挥环境保护优化经济发展的作用。对未按期完成污染物总量削减目标的地区、未按规定完成规划环评的工业园区、排水管网不配套且城市污水负荷率达不到要求的地区、水体污染严重达不到规划目标的流域，实施区域、流域限批。建立健全信息发布机制，及时、准确公布环境与发展综合决策信息，推进公众参与综合决策，保障公众对综合决策的知情权、参与权与监督权。

（2）设立区域一体化环境管理机构。设立珠三角环境保护高层议事协调机构。成立由省长挂帅，各地级以上市市长、省政府有关职能部门主要负责人组成的珠三角地区环境与发展综合决策委员会，统筹协调环保一体化工作，研究审议并协调解决区域内经济发展和环境保护面临的重大问题，在广东省环境保护厅设立秘书处。在环境与发展综合决策委员会下，设立由主管副省长牵头的珠江三角洲区域大气污染防治委员会和珠江三角洲流域水污染防治委员会，设立专家咨询委员会。

在省环保厅设立珠三角地区环境监察分局，加强珠三角地区环境保护工作的统筹规划，监督各市政府统一环境保护政策和标准，监督各地对环境法律、法规、规划、标准、政策的执行，协调处理跨区域和流域重大环境问题，强化区域环境监察执法。完善珠三角地区环境执法监察管理模式，实行市以下环境监察执法垂直管理。加强乡镇环境保护管理机构，在珠三角地区乡镇设立独立建制的环保管理机构，作为其所在县（市、区）的派出机构。

（3）落实政府环保目标责任制。坚持党政“一把手”亲自抓、负总责和行政首长环保目标责任制，强化地方政府环境目标责任考核，不断提高环保考核在地方政绩综合考核中的权重，对关键环保目标指标考核实行“一票否决”制。完善各级政府实施环境保护相关规划和计划的评估机制，定期向同级人大报告各种环境保护相关规划和计划的执行情

况。建立和完善地方政府对环境质量负责的制度措施，主动作为，大力调控，建立强势环境政府。

建立环境保护责任追究制度，对因决策失误、未正确履行职责、监管工作不到位等问题，造成人民群众利益受到侵害、生态破坏严重、环境质量明显恶化等严重后果的，依法追究有关领导、部门及人员的责任。

（4）完善区域环境合作机制。充分发挥综合决策委员会、联席会议制度、城市联盟、产业联盟、区域行业组织、民间组织等协调机构的作用，建立完善区域环境合作机制、区域协调机制、信息共享机制。统一规划、统一管理、统一标准、统一监测、统一评估，实现珠三角地区环境信息互通共享、防治重点协同一致、治理行动同步推进、技术措施吻合匹配、实施效应最大最优，探索有特色的区域环境保护新道路。

在 3 个经济圈建设合作框架下，深化广—佛—肇、深—莞—惠、珠—中—江的环保合作。签订环保合作协议，建立环保合作联席会议制度，做好城市之间环保规划的衔接，加强城市间环境应急预警联动，加强重大项目环评审批协调，联合开展城市圈的水源保护，集中解决跨界河流污染治理、危险废物集中处理等突出环境问题。

2.4.1.8 先行先试环境政策法规，持续综合推进一体化

不断完善环保法规，充分发挥环境经济政策的驱动作用，拓展环保投融资渠道，建立开放有序的环保产业市场，大胆创新、积极探索、综合推进，构建长效机制，推动环保一体化更上一层楼，为全国环境保护创造新鲜经验。

（1）健全环境法规。扩展社会享有的环境权益，强化环境保护的责任。修订广东省环境保护条例，进一步明确各级政府在环境保护工作中的责任，建立和完善排污许可证制度和排污权有偿使用和交易制度等，修订东江水质保护条例和珠江三角洲水质保护条例。制定珠江三角洲大气污染防治条例、广东省排污许可监督管理条例、广东省生态保护监督管理条例、广东省土壤环境污染防治管理办法、广东省电磁辐射环境管理办法等环境法规。

（2）创新区域环境经济政策。建立跨界断面水质管理的补偿与赔偿政策。对跨界断面水质未达到阶段目标或规划目标的，按照“类别差距越大赔偿额度越大，污染越重赔偿额度越大”和“地表水有偿使用功能”原则，污染方向受污染方支付赔偿金，优于水质目标的，由受益方向保护方给予补偿，并向社会公布。近期在深惠淡水河、深莞观澜河（石马河）以及广佛内河涌等河流启动实施。

建立排污权有偿取得与交易制度。全面实施排污许可证制度。积极开展排污权交易试点工作，率先在火电等行业开展 SO_2、NO_x 排污权有偿取得与交易试点，在淡水河等重污染流域开展 COD 排污权有偿取得与交易试点，试行排污许可证与排污配额权证两证合一，探索“配额有偿分配+排污收费+超配额加倍收费”的新模式。建立排污量核定系统，构建排污交易管理平台，设立排污权有偿使用与交易管理中心。

理顺资源环境价格体系，努力形成资源使用价格、环境恢复价格、污染物处置价格和环境服务价格“四位一体”的资源环境价格体系。加快推进矿产、电、油、气、水等资源性产品价格体系改革，建立能够反映能源稀缺程度和环境成本等完全成本的价格形成机制。继续深化差别电价政策，加大钢铁、水泥等重污染行业的差别电价实施力度。认真贯

彻国家脱硫加价政策，加强脱硫设施运行和电价管理，对脱硫效率未达到规定标准的，严格按要求扣减脱硫电价；2010年出台脱硝电价政策，探索建立电厂布袋除尘改造的价格激励政策，推进电厂脱硫、脱硝、除尘“一费制”。提高污水处理收费标准，涵盖污泥处理费用。将 SO_2、NO_x、COD 的排污收费标准在目前的基础上提高一倍。全面落实城镇生活垃圾处理收费制度和危险废物处置收费制度。

加快出台和实施绿色保险、绿色信贷、绿色贸易等环境经济政策，开展污染责任保险试点，建立环境损害赔偿政策机制，逐步建立完善水泥、造纸、漂染等行业的落后产能的退出机制，开展工商注册登记环保前置审批。

（3）完善区域环保投入机制。设立珠三角地区共同的区域性环保专项基金。在各地市原有治污投入的基础上，由省级财政设立引导资金，珠三角 9 个地市按上年度 GDP 或者财政收入的一定比例提取财政资金，共同建立珠三角区域环境保护专项基金，用于区域性环境管理、环境基础设施建设、协调监管能力建设、生态补偿，以及区域性环境问题控制技术攻关研究等方面，实施以奖代补，以奖促治，提高环境绩效。

拓宽地市财政环保投入渠道。在各地市原有环保资金渠道的基础上，将年度财政增收部分的一定比例用于环境保护，提高环境基本公共服务水平。发挥财政资金带动作用，激励社会资金投入环境保护。

（4）构建区域环境科研平台。充分利用“大珠三角”以及国家有关机构环境科研力量，建立珠三角地区一体化环境科研合作、交流平台，进一步强化科技支撑。统一区域环保人才政策，建立和完善环保人才的合作对话机制、交流考察机制、挂职锻炼与学习培训机制，切实推进区域环保人才合作培养与开发，以环保人才区域合作推动珠三角环保一体化进程。加大对环境科学研究的财政支持力度，成立区域环境质量专家委员会，加强区域污染防治基础性和综合决策研究，举办区域科技合作论坛，开展珠三角地区区域性大气环境污染控制、跨界水污染防治、湿地生态恢复、重金属污染防治、持久性有机污染物问题、低碳经济发展以及相关环境政策研究，推动环境科研自主创新能力建设，加快环境科技成果应用转化，加大对区域新型环境问题的防控。

（5）培育一体化环保产业市场。搭建一体化的环保技术服务市场。打破环评、环保工程设计和运营、环保咨询等领域的地方保护壁垒，废除有悖于市场化、社会化的制度和做法，创造条件让建设单位自主选择环保技术服务和咨询单位。在环境服务价格方面，进一步完善环境监测专业服务收费和建设项目环境影响咨询收费政策，规范市场秩序。加强环保产业合作，在环保产业领域内的投融资、市场拓展、技术配合、资格互认、环保技术应用等多个层面开展广泛合作。建立“统一、开放、公平、有序”的环保技术服务市场，促进环保产业的健康发展。

推进环境监测社会化。以排放重金属、有毒有害物质等的企业定期环境信息公开为切入点，选择典型地市开展试点，鼓励专业化社会性监测机构参与环境监测，确定社会化监测机构的服务领域，加强对社会性环境监测机构的管理，逐步推进珠三角区域一般性委托环境监测由社会化机构承担。

大力实施治污设施建设运营社会化。鼓励企业以参股、承包、托管等多种方式参与城市垃圾、污水处理等基础设施和企业治污设施的建设与运营管理，逐步实现环保设施建设与运营分离，建立健全“治污集约化、产权股份化、队伍专业化、运行市场化、管理企业化”的治污设施运行机制。

2.4.2 行动路线图

珠江三角洲环境保护一体化进程分为 3 个阶段：

第一阶段，主要明确一体化环境保护格局，初步建立一体化监测体系和管理能力，针对突出环境问题进行攻关，重点解决突出的跨界水污染问题，保障广州亚运会空气质量安全和水环境安全，探索建立跨界水污染考核与补偿赔偿机制，探索建立大气污染联防联控机制，鼓励各地环境基础设施共建共享。重点搭建基础格局，在政策机制方面取得突破。

第二阶段，建立覆盖区域和城乡的环境监管体系，建立起区域一体化的产业调整机制，区域性的环境问题得到初步解决，形成完整跨界水体污染的控制体系和技术路线，基本上建立起区域大气污染控制的联动机制。法规、政策体系基本完善，基本形成区域环境保护一体化格局。

第三阶段，产业环境调控机制完善，区域性水体污染和大气污染得到有效控制，区域生态安全体系稳固，环境监测监管体系健全，各项区域环境协调管理政策基本完善，区域环境保护一体化体系全面建成。

表 2-2　珠江三角洲环境保护一体化行动路线图

重点领域	主要任务	近期行动	中期行动	远期行动
建立全防全控的产业环境调控体系	建立区域环境功能分区，开展产业布局与结构调整，淘汰落后产能，强化风险防范，发展绿色经济和低碳经济，不断提高产业清洁生产水平，建立重污染企业退出补偿机制	针对重点区域和重点流域，淘汰重污染行业和企业。强化分区管理，清理禁止开发区域内污染企业，建立重大项目审批的信息通报制度	强化产业污染控制，绿色经济、循环经济、低碳经济初具规模	建立与环境相协调的产业格局，建成清洁、低碳、高效的新型经济体系
建立齐防共治的跨界污染综合防治体系	建立跨界水体断面达标管理制度，建立联合监测、评估、考核、公示机制，建立补偿和赔偿机制，联合开展流域产业结构调整、环境污染治理、环境基础设施建设和水体生态修复	调整给水、排水格局，确定跨界断面清单，在重点关注的流域建立跨界断面水质保护的补偿与赔偿机制	启动县区跨界断面达标管理，全面建立跨界断面水质保护补偿与赔偿机制，建立异地取水补偿机制	建立完善的地级市、县区跨界断面达标管理机制，基本解决跨界水污染问题
建立联防联控的大气复合污染综合防治体系	明确大气污染敏感区限制要求，建立大气污染重能耗高的企业、行业淘汰机制，提高脱硫除尘水平，开展降氮脱硝，重视 VOCs 排放控制，大气监测数据联网与信息共享	将臭氧纳入空气质量评价体系，制定臭氧 8 h 空气质量标准，建立印刷包装行业 VOCs 排放标准	实施氮氧化物区域总量控制，建立 $PM_{2.5}$ 空气质量标准，制定胶带制造、家具制造、制鞋等典型行业的 VOCs 行业排放标准	将 $PM_{2.5}$、能见度等指标纳入区域空气质量评价管理

重点领域	主要任务	近期行动	中期行动	远期行动
建立同保共育的生态安全体系	确定区域生态安全格局，制订生态安全体系建设方案，建立分工协作的保护机制，共同维护区域生态安全体系，建立生态补偿机制	完善生态分级控制区，确定生态保护优先对象，重点治理区域，启动生态补偿试点	完善区域绿地系统，启动生态保护配额交易试点	建成区域生态安全体系，建立一体化的生态保护机制和生态监测评估体系
建立共建共享的基础设施体系	发挥区域危险废物处理中心的作用，开展危险废物、医疗废物跨区域联合处理，估计污水处理厂污泥联合处理，鼓励建立污水、垃圾等设施共建共享	完善管理制度和政策机制，建立跨区域的危险废物、医疗废物联合处理系统，联合建立污泥处理系统	建立污水处理厂污泥的联合处理系统和联合处理配套政策；建立污水、垃圾联合处理的激励政策	建立和完善污水处理厂、垃圾处理场的共建共享机制
建立协同联动的环境监管体系	构建一体化的环境监测、执法体系，联合执法，同步监测，联合监测、信息公开	建立跨地市界断面监测网络，完善区域大气环境监测网络	建立跨区县河流断面监测网络，建立新型大气环境监测评估网络体系，建立联合监测、执法和预警体系	建成一体化的环境监测体系、统一化的环境执法体系、联动化的环境应急系统和共享化的环境信息系统
建立统筹协调的环境管理体制	建立综合决策机制，建立珠三角环境监察分局，完善落实环境目标责任制，建立三个城市圈环境协调机制	建立珠三角环境监察分局，建立三个城市圈环境保护协调机制	深化区域环境协作	建成完善的环境与发展综合决策机制，建立协调一体的区域环境管理机构，政府环境权责明确，深化区域环境合作
建立先行先试的政策体系	健全环境法律法规，完善环境经济政策，拓展投资渠道，建立一体化的科研体系和统一的环境市场			

2.4.3 实施重点工程，强化规划实施保障

2.4.3.1 实施重大工程，落实规划重点任务

针对珠三角环境保护一体化需要解决的突出问题，重点实施五大工程，即跨界河流及内河涌综合治理工程、区域大气复合污染联防联控工程、区域生态同保共育工程、环境监管一体化平台建设工程、区域环境基础设施建设工程，总投资约为 1 970 亿元，其中 2012 年底前投资约为 920 亿元。

2.4.3.2 强化组织领导，保障规划实施

加强组织领导。珠三角各市和省直有关部门要充分认识规划实施的重要性、紧迫性和艰巨性，切实加强对规划实施工作的组织领导，积极采取强有力措施，以实施环保一体化规划为契机，从解决当前突出的环境问题入手，大力推进规划实施。建立各市之间、省直部门之间的沟通协调机制，定期召开协调会，研究解决推进珠江三角洲环保一体化过程中所遇到的重大问题，高效、协同、有序推进规划实施。省环保部门要成立珠三角环保一体化办公室，负责组织协调规划实施，监督落实规划目标、任务和措施，评估和考核规划实

施情况。

分解落实任务。珠三角各市和省直有关部门要按照确定规划的各项任务和要求，组织制订具体的规划实施方案，细化分解各项工作任务，明确落实责任。各地级以上市将一体化规划任务和要求纳入本辖区“十二五”规划，对规划所列的项目优先安排，列入年度重点建设投资项目。

强化评估考核。建立规划实施的评估和考核制度，强化对规划实施情况的跟踪考核，把主要任务和目标纳入地方政府政绩考核和环保责任考核，分年度对分解落实的各项任务和目标进行考核，考核结果纳入珠三角各地和省直部门领导干部考核内容，并向社会公布。开展规划实施阶段性滚动评估，根据评估结果及环保一体化发展的需求变化，适度调整规划目标和任务。

第3章　统筹给排水格局，保障饮水安全

区域环保一体化建设突破了过去环保历史阶段的局限，注重于区域全面的协调可持续发展。区域环境同治，作为区域环保一体化的重要体现之一，能统筹考虑区域内给排水格局，优化水环境功能区划，防控供水水源风险，保障区域城乡的饮水水质安全。

具体来说，区域环境同治立足于区域空间的整体性，深入剖析环境问题产生的深层次原因，打破行政区划造成的制约藩篱，从珠三角地区独特的“汇三江源、分八门入海”的自然河网特征以及相关水系水文情况出发，以地区社会经济发展、取排水需求及水环境现状为依据，分离取水排水河系，优化水环境功能区划，完善环保政策措施，防控区域供水水源风险，推动实现水环境与水资源的科学合理配置，以此推进区域产业在布局、种类、规模等方面的相互协调与互为依托。

3.1 制约环境一体化的饮水与排水问题

珠江三角洲河网得天独厚地坐享珠江流域年平均 3 300 亿 m^3 的水资源，在面积约 1 万 km^2 的河网区有 200 余条河道，水道总长 1 600 km，分别经八门汇入南海。珠江三角洲丰富的河网水系为区域用水和排水提供了优越的自然地理条件，然而，经过区域 20 余年的无序发展，城市群规模不断扩大，区域供水和排水近距离交错分布，区域间相互影响，跨区污染问题突出，水污染纠纷频繁，导致水质性缺水问题尖锐，部分城市饮用水水源地受到污染，严重制约区域经济的协调一体化。

3.1.1 区域饮水水质现状

珠江三角洲水资源特点为过境水量丰富，主河道水质良好，目前各市主要饮用水源均为主河道水，所以如果主河道不从上至下进行保护，则很难保障区域内大范围的饮用水水源安全。

3.1.1.1 饮用水源地水质以Ⅲ类为主，水质总体良好

珠三角区域 75 个饮用水水源地中，1.3%为Ⅰ类，30.7%为Ⅱ类，水质均为优；61.4%为Ⅲ类，水质良好；5.3%为Ⅳ类水质，受轻度污染；1.3%为Ⅴ类，受中度污染；无劣Ⅴ类水。

3.1.1.2 广州市饮用水源水质较差

广州市西部水源（珠江西航道）、流溪河、白坭河水质较差，其河道上的水源地水质达标率均较低，尤其是位于珠江西航道的西村水厂和位于白坭河的巴江水厂水源地水质达

标率均低于 20%。

3.1.1.3 超标水源地表现为生活污水污染特征，个别水源地石油类污染较重

超标水源地主要超标项目为粪大肠菌群、氨氮、总磷和溶解氧，项目样品超标率较高，主要受生活污水污染。巴江水厂水源地石油类污染较重，样品超标率高达 83.3%。

3.1.2 水环境功能区划有待优化，区域给排水格局尚未形成

3.1.2.1 水环境功能区划不全面，有待优化

目前，珠三角水环境功能区划尚不全面：①存在报批工作落后；②存在已经报批的功能区功能不明确，水质类别与功能不匹配；③在同一河段上功能区不连续不匹配，如河段上下游都是Ⅱ类水质功能区，但中间却存在一段Ⅲ类水质的环境功能区，导致下游河段很难保证Ⅱ类水质目标；④存在一些河流还未确定水质目标，其功能区尚待优化。

3.1.2.2 给水排水格局不统一协调

珠三角地区社会经济发达，人口众多，水资源需求量大，且呈较快的增长趋势，而当地水资源相对紧缺，主要依赖过境水，供水形势比较严峻。由于水资源分布与地区经济发展不协调，整个珠三角流域水资源的开发利用没有进行一体化布局，造成了东片开发利用程度很高，水资源不足，而西片水资源丰富，开发利用程度较低的局面。并且近年来珠三角河口地区枯水期咸水线呈逐渐上移的趋势，下游取水口受咸潮影响的时间也明显增加，更危及珠三角沿海城市的饮用水安全。

由于目前珠三角部分城市的供水水源相对比较分散，城乡供水没有统一，部分水厂规模小，暂未形成完善的城乡一体化供水联网体系，供水安全保障能力较低。区域各城市供水和排水交错分布，造成水质性缺水问题尖锐，部分城镇供水紧张，城市饮用水水源水质达标率较低，区域水资源开发利用一体化的格局尚未形成。从长远发展的观点来看，整个区域的供取水与排纳布局需要进行战略性调整，将供、排水河系分开并从流域管理与区域管理的角度统筹考虑，制定区域性供取水、排纳水河系规划，以指导与制约各市编制其具体的供取水规划、排纳水规划，有利于区域的协调统一、避免跨界污染纠纷与水资源的供需矛盾。

3.2 优化目标与原则

区域供水排水一体规划的总体目标：以《珠江三角洲环境保护规划纲要（2004—2020年）》水环境安全格局为基础，以保护饮用水源为重点，充分考虑珠江三角洲实际和未来经济发展的情景，科学优化水环境功能区划，通过给水排水格局的优化和调整，实现高、低用水功能之间的有序协调，统筹区域水资源保护，确保各种可能发展情景下区域持续性供水安全；按照区域一体与城乡一体统筹区域城市污水处理厂的建设，加速用水、排水在区域内合理正常循环。具体来说，就是将区域内不符合环境一体化的水质保护目标（水环境功能区划）进行合理的调整与协调，明确用水功能与区域供水、排水格局，引导区域土地利用等经济发展空间格局的优化。

具体指标（三期）：到 2012 年，基本实现区域性河系对取水、排水的协调使用，集中

饮用水源水质达标率90%以上；珠三角水系干流、一级支流水质维持优良水平，主要地表水和近岸海域水体环境质量达到基本功能目标要求，国控、省控江段以及跨市河流交界断面水质达标率达80%，流经城市河段有机污染明显改善。

2015年中期目标：城市（镇）、居民密集区域、生产区域实现供水、排水双重管道化系统控制，即管道集中供水率70%、区域排水管渠覆盖率70%、各类污废水与劣于Ⅴ类水（含前期雨水）收集率达到70%，各类污染物的去除率达到受纳水体的容量要求；主要地表水和近岸海域水体环境质量达到功能目标要求，流经城市河段和城镇内河涌水质明显改善，集中饮用水源水质达标率达95%，国控、省控江段以及跨市河流交界断面水质达标率达90%。

到2020年，珠三角水环境安全格局基本形成，珠三角水系主干、支流水质维持优良水平，各自然水系基本恢复完整的水体生态功能，重要城市景观河段实现可垂钓、游泳。

3.3 分离取水排水河系总体规划

分离取水排水河流系统是区域水环境一体化的现实需求，主要依据珠三角地区独特的“汇三江源、分八门入海”的自然河网特征，以及目前已构成的三组团（以广州、佛山为核心的中部组团，以香港、深圳为核心的东部组团和以澳门、珠海为核心的西部组团）社会经济发展格局，针对区域内大部分城市江段和小流量跨市河流有机污染及水环境纠纷问题而提出的一个比较有效的举措。实施供排水河系规划是解决区域饮水、用水、排水矛盾以及区域跨界水污染的可行办法。据此将珠三角经济区划分为五个供取水与排纳水区域进行统筹，从而实现高、低用水环境功能之间的有序协调。采用空间与质量两种工程措施进行水资源的调配，调节水量与水环境容量资源在各河道中的天然量与发展需求量的不相配性，实现本规划中供水与排水河道的分流。

区域性的供取水与排纳水规划的实现，将为未来20～30年区域的可持续发展创造优越的水环境条件，促进超大都市群区域的形成。在更远的时期，超大都市群的人们对供水安全与水环境质量可能将有更高的要求，可以设想的更高要求是饮用供水水源更接近天然状况或矿泉水状况，杜绝供水管网二次污染，在入户管末端可以直接饮用，因此，远期（2030年及以后）的供取水规划调整的一种可能是建立饮用供水与一般供水两套系统。根据珠三角水资源分布状况及取水口规划分布情况，划定珠三角西江、北江、东江5条主要供水，供水通道严禁新建排污口，严格监控影响供水通道水质的支流和污染源。根据珠三角河道主要特点、水环境功能区划、工业和人口分布及主要取排水口布局，划定石马河—东引运河排水通道等9条主要排水通道，所有污染源必须稳定达标排放，实行严格的污染物排放总量控制，确保排水通道满足水环境功能区划水质控制目标。供、排水河系分开不是放松环境要求，相反是从流域管理与区域管理的角度统筹考虑，通过供水排水河系的系统分离、水环境功能区优化调整、入河排污口的优化管理3个方面紧密联系的内容，形成统筹与一体化、整合性、集成性的区域性的取水和排水格局。

3.3.1 东江水资源区域

该区域的行政区划包括深圳、东莞、惠州与香港，其特点是，东江为水资源的唯一来源，但东江在珠江三角洲中水资源最为贫乏，以珠三角区域中不足 8%的水资源量供给区域中约 40%的人口，未来将会面临 3 000 万～4 000 万人口的压力。跨流域中短距离（20～120 km）调水已具规模并将继续增加。为保护水源，必须在整个区域内实行较彻底的供取水与排纳水河道（水体）的分流，东江干流及下游河网区中非感潮河道，根据水环境功能区划已经作为区域共同的水源地，必须严格保护，在集约发展区要开辟多条排纳水渠道、河道与通海管道。

3.3.1.1 给水格局统一协调

包括东江干流、东江北干流、东江南支流及东江三角洲网河区咸水线以上（万江、中堂、新塘一线以上）的主要行洪河道，主要服务于广州、深圳、惠州、东莞、香港等地区。

3.3.1.2 排水格局统一协调

（1）石马河—东引运河排水河系。本系统包括观澜河、石马河、寒溪水、东引运河河道，主要服务于深圳、惠州、东莞地区，在现有水道的基础上采取必要的工程措施连接贯通构成，受纳东莞市绝大部分（其石碣、石排、高埗三镇的水经中心沟收集处理后调跨过南支流进入运河），深圳市的龙华、观澜、布吉（部分）等污水。该排水河系的入海口位于东莞新湾的农裕围。

（2）深圳排水系统。主要河道包括深圳河（独立入海）和茅洲河（独立入海），主要服务于深圳东莞地区，为天然集水系，其中罗湖桥以下的下游河道已经截弯取直与扩大，三叉河至罗湖桥段正在进行截弯取直与扩大，接纳原集水区内深圳特区皇岗路以东的排水与香港新界的排水。其中深圳水库集水区内的排水以人工抽提方式直接进入深圳河，以确保深港供水安全。水系的入海口为深圳湾。

（3）深圳特区西部排海排水系统。为人工城市排水系统，收集深圳特区皇岗路以西的市政污水，经多级提升进入南山污水处理厂，净化后采用海底管道排放入珠江口东槽，设计排水量为 73.2 万 t/d，可扩展到 100 万 t/d。

（4）珠江口西岸独立排水系统。该系统可依自然流向分为数个独立小系统，涉及深圳宝安与东莞长安等政区。如其一为西乡（宝安区所在地）排水子系统，收集西乡全境与南山区少部分跨境排水，处理后尾水排入珠江口东岸的前海湾；其二为福永、沙井排水子系统，分别独立收集两镇向海区域的排水，进入珠江口东滩；其三为茅洲河、洋涌等排水子系统，收集排放石岩、公明、光明农场、松岩镇全部区域及沙井、福永、长安等镇的部分排水；其四为乌沙涌等排水系统。

（5）深圳东部排海排水系统。深圳梧桐山以东区域除了大鹏湾周边的排水可以独自入海外，其龙岗区的大部分区域水的自然流向为经坪山等河进入淡水河、西村口最后归纳入东江。为此，在该区域要发展城镇与工业，必须建立直接排海的排水系统。该系统规划将龙岗、坪地、梓坑、坪山、横岗、葵涌、大鹏、南澳等镇的人为排水经集中污水厂二级处理以后全部收集排向大鹏半岛的顶端海区，以确保东江支流西枝江、淡水河的水质达标安全，同时，以此工程换取广大区域集约发展的大片土地，缓解深圳城市用地紧张的突出矛盾，该系统可以按 150 万 t/d 的规模规划。深圳市政府有关部门应尽早开展该工程的立项可行性研究，尽早开工。为区域性供排水合理框架的形成做应尽的义务。

（6）大亚湾区域排水系统。除靠近海岸数千米地区的排水自然流入大亚湾外，其余大部分区域的自然排水向西流回东江，构成了该区域发展与大区域供水的矛盾。因此，为适应该区域成片发展的需要，该区域淡水、沙田一线以东，以及惠州至澳头之间成片开发区域，应形成流向大亚湾外海的排水系统，并设置远离海岸的放流管排放。整个系统可由南、北两个子系统构成，南线收集新圩、秋长、淡水、澳头等地排水，经处理达标由放流管排向大亚湾南侧外湾的专设试验区；北线收集永湖、沙田、霞涌及石化工业区等地排水，经处理达标后由放流管排向大亚湾北侧外湾的专设试验区。在远景规划中可以考虑惠州市中心区的排水系统并入本系统。

（7）东江主干排水系统。包括区域中东江干流及其一级支流西枝江、增江主干的广大集水区域，其行政区分属于惠州、博罗、增城等市，在可预见的 10～20 年内，这一区域的排水最终只能进入水源地东江，因此，在本区域内不得建设污染型工业，不宜部署大型城区，整个区域的排水系统布局为各中、小城镇自成子系统，经处理达到较高的标准后，排入湿地系统或距离干流 3 km 以上的支流水道。

（8）广州东片排水系统。包括广州市黄埔区全部、天河与增城市的一部分。依市政规划，构成排入黄埔水道的排水系统，在东江北干流西岸大墩至新塘一线的排污水，应截流引向南岗以下的排水管系统。

（9）东江河网区排水系统。以新塘、中堂、万江一线为界，其下游的排水各镇（或区）可独立成系统（适当引向下游），经处理达标后排放，其上游的排水或引入下游处理后排放或向东调入运河排水系统。

3.3.2 北江、东江共同水资源区域

主要为广州市，包括其 10 区 2 市全部行政区域，在这一区域中，由于东江水要调往更缺水的东部，因而，水资源并不丰盈，在目前保好用好本域流溪河水源（占珠江三角洲的 0.5%）的同时，更主要的应拓展用好北江水，由于从佛山、顺德水道下来的北江水还可以得到西江水的调剂，因而可以保持区域发展对水资源的需求；但为了实现区域水资源的有序使用，必须进一步明确管理区域中的供水河道和排纳河道，实行明确的分别管理。区域需进一步确定不受纳排水的供取水源河段，对于水源河道区域的排水，应给予特别的研究与关注。区域中的广州前后航道、狮子洋水道以及焦门水道等河道为排水提供了便利条件。

3.3.2.1 给水格局统一协调

该区域以东江北支流、增江、流溪河、白坭水道、西航道、北江干流、顺德水道—沙湾水道构成环形供水通道。其中北江干流、东平水道、顺德水道、潭州水道、沙湾水道共同构成北江供水通道，主要服务于广州、佛山地区。另外，北江、东江共同水资源区域还包括以流溪河、潭江、增江构成的独立供水通道的一部分，该通道主要服务于广州、惠州和江门地区。顺德水道还通过甘竹溪等与西江来水相通，是区域主要的储备水源；北江干流与白坭水道的供水功能目前尚未使用，是区域的远景储备水源。其中白坭水道目前与北江的水力联系受芦苞闸所分隔，河床淤塞，水质变劣，甚至一些河道干枯，并不具备供水

河道条件，但它是引北江干流水进入广州北部供水河系的通道，在区域规划应予以保护。

3.3.2.2 排水格局统一协调

（1）广佛北部（虎门）排水河系。为区域的主要排水系统，它包括上游的西南涌，佛山水道及其分支、水口水，大坦水，大榄冲，雅瑶水，平洲水道、前航道、后航道、三枝香水道、沥滘水道、黄埔水道、狮子洋水道等组成，主要服务于广州、佛山地区。整个排水系统由一级通海水道（狮子洋），二级行洪水道（如前、后航道等），三级纳排水道（如佛山水道等）和数百条四级河涌组成，贯通广州—佛山核心都市组团，自然流向基本与供水河道分离，仅需在少数地方加节制闸，如西南冲在官窖附近须设闸将排水引入大榄冲以将其与备用供水的白坭水道分开，并有效地保护广州西部水源等。由此，将本排水系统构成为珠三角中服务区域最大的排水河系，跨越广佛核心城市区，使之构成了建设区域都市核心的基础环境条件之一。

（2）广佛中部（焦门）排水河系。为区域排水南通道，由陈村水道、市桥水道、沙湾水道（大刀沙以下河段）、蕉门水道组成，主要服务于广州、佛山地区。

（3）口门外排水体系。南沙新开发区地处河网以外，在该区开发建设中应形成系统的向伶仃水道排放系统，以有效地利用珠江口河区环境容量、可靠地保护河网区水质。

（4）流溪河流域排水。为保护流溪河本地供水水源，流域内的集中排水不能直接进入流溪河主干，在限制大规划开发的同时应将排水按天然流向汇入各支流，并适当采取河道净化措施，确保进入主干的径流达到III类。

3.3.3 北江、西江共同资源区域

本资源区包括四会、佛山、三水、南海、顺德、中山等行政区域，该区域西南为西江干流，东北侧为北江主干、东平水道、顺德水道，区内水道密布，水资源丰盈，为供水提供了方便的条件，同时，区内有焦门、洪奇沥与横门等出海河口，排水也很便利，但相互交织的河道也为划分供取水、排纳水道增加了困难，是研究的重点。

3.3.3.1 给水格局统一协调

该区域以北江主干，涭江主干，西江主干，东平、顺德水道并下连沙湾、桂洲、小榄、鸡鸦、容桂等水道，构成网状供水河系，包括以北江干流、东平水道、顺德水道、潭州水道、沙湾水道组成的北江供水通道和以东海水道、桂洲水道、容桂水道、鸡鸦水道和小榄水道组成的东海供水通道，主要服务于广州、佛山和中山地区。供水河网在中部还分别通过甘竹溪与容桂水道与西江主干相连，构成整个河网区的战略性调配水源。另外，以五桂山为中心形成域内的本地径流也是受保护的水源（长江等水库）。

广佛水源一体化建设（同城供水）。由广佛西江引水北线工程（广州西江引水工程）、广佛西江引水南线工程及广佛江库联调工程组成广佛水源一体化工程。其中广州西江引水工程主要解决广州中心城区的供水，同时满足沿线佛山三水、南海等地区的供水需求。广佛西江引水南线工程主要解决佛山中心组团、南海片区、三水南部、顺德北部及广州的番禺、南沙等地区的供水问题。适时推进佛山西部与肇庆东部水源一体化建设。

3.3.3.2 排水格局统一协调

（1）洪奇沥排水系统，由黄沙沥、横沥以下的洪奇沥口门河道及西侧的河网组成，受

纳中山、番禺区域的排水。由顺德支流、容桂水道下游段、洪奇沥水道构成的广佛南部排水通道与该系统有交叉重叠，主要服务于广州、佛山和中山地区。

（2）鸬洲水道—岐江河—横门排水系统，规划为贯穿区域南北的排水主干系统，受纳中山、顺德、新会的部分排水。

（3）河网区内河涌排水系统。在区域河网区内不能排入直接通海排水系统的污排水，不能直接排入供水河道，必须排入内河涌，对受纳负荷超过环境容量的内河涌应按需要建设河道净化系统，确保进入供水河道的河涌排水达到Ⅲ类。

（4）沿海排水体系，在澳门至横门口沿海区建立分散的近岸排水系。

3.3.4 西江水资源区域

包括肇庆、高要、高明、鹤山、江门、新会、中山、珠海、斗门等地，珠江主干西江从区域中穿过，水量丰富，有磨刀门，虎跳门，鸡啼门及崖门出海，但肇庆至四口门之间，万余平方千米区域的排水只能沿西江干流而下，上、下游在发展的过程中供、排水矛盾将日益突出，是规划研究的重点。

3.3.4.1 给水格局统一协调

以西江主干为中心供取水河道，与西海水道、磨刀门水道、睦洲、虎跳门、泥湾门水道上端等河道建立区域供水河道系统，主要服务于广州、珠海、佛山、中山、江门、肇庆、澳门等地区。在合理利用本地水资源的前提下，按发展需要建设从该河系调水的区域性供水网络。

3.3.4.2 排水格局统一协调

（1）前山河排水系统，受纳中珠联围排水，从澳门西侧进入珠江口，主要服务于珠海、中山地区。

（2）磨刀门排水系统，为确保供水，磨刀门水道仅限在灯笼山断面以下直接受纳排水。

（3）江门河排水系统，包括江门河、江门水道、礼乐河、潭江干流新会河口以下河段、银洲湖等河道，系统受纳江新联围排水，进入银洲湖后出海，主要服务于江门地区。

（4）鸡啼门排水系统，从鸡啼门水道井岸（斗门市）段起至口门外，受纳该水道二侧区域排水，主要服务于珠海地区。

（5）虎跳门排水系统。受纳江新联围下游排水。

（6）西江主干排水系统。从江门周郡以上区域的排水，就近排入域内的支流水系各河涌，对受纳负荷超过环境容量的河道要规划建设河道净化。湿地处理等措施达到Ⅲ类水质标准后，通过天然河道进入西江。

3.3.5 西江、潭江共同供水区域

包括新会、恩平、开平、台山等市，该区域的银洲湖水道水深面宽，为区域排水提供了便利条件，银洲湖以北区域有西江主干多处分流，水资源较丰富，但供、排水道相互交叉，银洲湖以南目前使用潭江水源，其水量水环境容量资源都相对较为缺乏，且潭江上、下游供、排水也存在矛盾。

3.3.5.1 给水格局统一协调

珠中江（澳）水源一体化建设。在充分利用珠海当地水资源和水库调蓄库容的基础上，加快建设竹银水源工程，并适时把取水口上移到中山市境内，解决咸潮对澳珠供水安全的威胁。推进江门市水库联网工程建设，实现江门市各主要水厂水源连通，并逐步实现分片区联网供水，提高江门市水资源的统一调配和抗风险能力。

以潭江为本地水源，并通过西江干流及其分流的睦洲、泥湾、虎跳等水道建立跨水道跨域调水管网形成区域性战略水源，以确保银洲湖沿岸与珠海西区，台山沿海的大工业基地开发。

3.3.5.2 排水格局统一协调

（1）银洲湖排水系统。该系统纳入大泽与新会市区以下区域的排水，在中长期规划中，应将该区域中原进入供水河道的排水通过建设人工排水管道系统引导区域排水入该水道。

（2）沿海排水系统。在台山、斗门、珠海沿岸依地形建立多个独立入海排水系统；并可规划建设人工调排工程沿岸纵深 30 km 的排水直接入海。

（3）潭江排水系统。大泽以上区域的排水不能直接排入潭江，可排入潭江各自然汇流各支流，对受纳负荷超过环境容量的河道，要规划建设河道净化、人工湿地处理系统，使河水达到III类后再进入潭江。

表 3-1 珠江三角洲主要供水通道规划表

名称	主要河道	主要服务地区
西江供水通道	西江干流、西江干流水道、西海水道、磨刀门水道	广州、珠海、佛山、中山、江门、肇庆、澳门
北江供水通道	北江干流、东平水道、顺德水道、潭州水道、沙湾水道	广州、佛山
东江供水通道	东江干流、东江北干流、东江南支流及东江三角洲网河区咸水线以上（万江、中堂、新塘一线以上）的主要河道	广州、深圳、惠州、东莞、香港
东海供水通道	东海水道、桂洲水道、容桂水道、鸡鸦水道和小榄水道	佛山、中山
独立供水通道	流溪河、潭江、增江	广州、惠州、江门

表 3-2 珠江三角洲主要排水通道规划表

片区	名称	主要河道	主要服务地区
东江片	石马河—东引运河排水通道	观澜河、石马河、（寒溪水）、东引运河	深圳、惠州、东莞
	深圳排水通道	深圳河（独立入海）、茅洲河（独立入海）	深圳、东莞
西北江片	广佛北部排水通道	佛山水道及其分支、平洲水道、前航道、后航道、三枝香水道、沥滘水道、黄埔水道、狮子洋水道	广州、佛山
	广佛中部排水通道	陈村水道、市桥水道、沙湾水道（大刀沙以下河段）、蕉门水道	广州、佛山
	广佛南部排水通道	顺德支流、容桂水道下游段、洪奇沥水道	广州、佛山、中山
	石岐河排水通道	石岐河、横门水道	中山
	前山河排水通道	前山河	珠海、中山
	鸡啼门排水通道	鸡啼门水道井岸（斗门区）以下河段	珠海
	江门排水通道	江门河、江门水道、礼乐河、潭江干流新会河口以下河段、银洲湖	江门

3.4 优化水体环境功能区划

优化水环境功能区与分离取水排水河流系统密切相关，取水主要涉及饮用水源地，排水主要涉及混合区（排污控制区），对于原来区划为饮用水源的水域而现在由于地区经济发展排污量较大，饮水安全（特别是对下游城市的不利影响）很难保证的水域，从水质区划角度上可以进行调整以引导区域的环境总量与容量相协调。

3.4.1 优化原则与基本思路

基于总量控制与容量利用的优化原则对水环境功能区进行优化调整。

珠三角可利用纳污容量总体丰富，如西江、北江、东江干流及其主要的一级支流的剩余容量较大，但这些河流均是区域内主要的饮用水源地，按规划不直接受纳废、污水排放，只受纳天然汇入支流河道来水。

在全面计算容量的基础上，根据排污口的优化设置，提出具体河段的总量控制目标。具体来说，应优先保护西江、北江、东江干流及网河区主要干流水道等饮用水源河道，控制目标不低于Ⅱ类。其他河流根据规划使用功能和水环境质量现状，水质控制目标一般不低于水质现状；对个别社会经济发展规划需要排水的河段，在不影响邻近功能区达标的前提下，经过科学论证后，划出适当长度河段合理调整水质控制保护目标；对水质现状严重超标而环境功能要求不能降低的河段，维持较严格的水质保护目标，并制订分期达标方案。通过严格执行水环境功能区划，引导区域产业发展、城镇建设和土地利用等经济开发格局的优化调整。

保证主河道上下水质与功能统一，而部分支流水质目标降低的做法，相对于以前的做法有两个主要特点：

（1）它避免了主河道因为要照顾地方发展需求，而降低其中一段水质功能，最后导致全河段水质目标难以实现。主河道按Ⅱ类水保护，不设排污口，杜绝企业直排、偷排等现象，有效保护饮用水源。

（2）部分支流作为排水通道而降低水质功能，并不是降低环境标准，规定以自然汇入主河道的水一定为Ⅲ类水。

结合区域的供水、排水河系规划及发展需求，把珠三角地表水环境功能区划作了部分功能调整。这也是容量落实在具体的河段面的过程，表 3-3 中为经调整的珠三角地表水环境功能区列表（未做调整的未纳入）。如表 3-3 所示的功能区与水质的调整只是一个整体的概念，具体的排污口的优化，混合带的设置等还须作详细规划。

未来供水与排水强调区域统筹与一体化，整合性、集成性的水资源管理政策是水资源持续利用的基本要求。为了确保饮用水源水质的保障，把珠三角水库作为生态用水予以保护，对部分水库功能作出调整，使大部分水库功能保护并达到Ⅱ级水质目标。

表 3-3 珠江三角洲地表水环境功能区划调整表

序号	水系	河流	起点	终点	长度/km	原规划主要功能	现规划主要功能	原规划水质目标	现规划水质目标		行政区	备注
									2010 年	2020 年		
9800	粤东沿海诸河	茅洲河	羊台山	燕川	20.2	饮	饮	III	III	II	深圳市	
9810	粤东沿海诸河	茅洲河	燕川	入海口	10.3	农	工、农、排	IV	V	IV	深圳市	
10344	东江	麻涌水道	蒲基	北塘	12	饮、工、农、航	工、农、航	IV	IV	IV	东莞市	
10410	东江	石马河	雁田	东江入口	50	饮	工、农、排	III	V	IV	东莞市 深圳市	原为东深供水用
10502	东江	道滘水道	道滘大桥	大章沙尾	10	饮、工、农、航	饮、工、农、航	II	III	II	东莞市	
16000	东江	柏塘河	博罗白石芽	博罗杨村	37	饮	饮、综	III	III	II	惠州市	
16100	东江	石坝水	博罗红花嶂	博罗耀珠潭	51	饮	饮、综	III	III	II	惠州市	
16202	东江	西枝江	白盆珠水库大坝	惠州东新桥	115	饮、工、农	饮、工、农	III	III	II	惠州市	
17100	东江	上白水	源头	西枝江入口	18	综	饮、综	II	II	II	惠州市	
17102	东江	梁化河	惠阳平山镇	惠阳梁化镇	28.5	饮	饮、综	III	III	III	惠州市	
17200	东江	淡水河	深圳梧桐山	深圳吓陂	53.5	农	农	III	IV	III	深圳市	上游称龙岗河，2005 年达标
17202	东江	淡水河	惠阳边界	惠阳永湖镇	29.5	饮	工、农、排	II	III	III	惠州市	上游称龙岗河，2005 年达标
17204	东江	淡水河	惠阳永湖镇	惠阳紫溪口	12	饮	工、农	III	III	III	惠州市	上游称龙岗河，2005 年达标
17310	东江	坪山河	深圳梅沙尖	惠阳下土湖	35	农	工、农、排	III	IV	III	深圳市 惠州市	又名新寮水，2005 年达标
17400	东江	横岭水	惠阳黄巢	惠阳佛岭	29	综	综	II	III	II	惠州市	
17600	东江	稿树下水	博罗高其凸	博罗东江入口	26	综	综	II	III	III	惠州市	

序号	水系	河流	起点	终点	长度/km	原规划主要功能	现规划主要功能	原规划水质目标	现规划水质目标		行政区	备注
									2010年	2020年		
17900	东江	潼湖水	惠阳阳坑背	黄沙水库大坝		饮、综	综	II	III	III	惠州市	
17902	东江	潼湖水	黄沙水库大坝	惠州潼湖军垦场		饮、综	综	III	III	III	惠州市	
17904	东江	潼湖水	惠州潼湖军垦场	东莞陈屋边		饮、综	综	II	III	III	惠州市 东莞市	
19000	东江	派潭河	增城佛坳	增城派潭	22	源	饮	I	II	II	广州市	
19100	东江	二龙河	增城铜罗山	增城大楼	26	综	综、饮	II	II	II	广州市	又名腊圃水
19201	东江	西福河	增城西福桥	增城仙村	23.5	饮	饮、工、农	III	III	III	广州市	又名绥福河
19502	东江	南岗河	鹅山	龟山	13	饮、工、农	工、农	III	III	III	广州市	
19700	东江	寒溪水	东莞大屏嶂	东莞峡口	59	饮、工、农	工、农、排	III	V	IV	东莞市	松木山水库以上为III类
19800	东江	松木山水	东莞马鞍山	东莞杨梅岭	24	综	工、农	III	IV	III	东莞市	
19900	东江	黄沙水	东莞鸡塘窝	东莞温塘下	38	饮、工、农	工、农	III	III	III	东莞市	又名温塘水、良平水
20120	东江	东引运河	桥头镇建塘水闸	长安磨蝶口水闸	102	饮、工、农	工、农、排	III	V	IV	东莞市	
20142	东江	洪屋窝水道	洪梅镇梅沙对出河面	沉力沙	12	饮、工、农、航	工、农、航	III	III	III	东莞市	
20170	东江	观澜河	鸡公头	企坪	22	饮	工、农、排	III	V	IV	深圳市	
20200	珠江三角洲网河	广州河段后航道	广州白鹅潭	广州洛溪大桥	9	饮	工、农、排	III	IV	III	广州市	
20243	珠江三角洲网河	西航道	广州沙贝	珠江大桥	3	饮	综	II	III	III	广州市	
20245	珠江三角洲网河	前航道	珠江大桥	广州大桥	12	饮	综	III	IV	III	广州市	
20250	珠江三角洲网河	广州河段前航道	广州大桥	广州大蚝沙	19.8	工、农、景、航	工、农、景、航	IV	V	IV	广州市	
20251	珠江三角洲网河	三枝香水道	南海市三山港	广州丫髻沙	6	饮	工、农、景、航	III	IV	III	佛山市 广州市	

序号	水系	河流	起点	终点	长度/km	原规划主要功能	现规划主要功能	原规划水质目标	现规划水质目标		行政区	备注
									2010 年	2020 年		
20252	珠江三角洲网河	三枝香水道	番禺丫髻沙	番禺北联	4.5	饮、工、农	工、农	III	IV	III	广州市	
20254	珠江三角洲网河	三枝香水道	番禺北联	番禺新基	5.5	饮	工、农、排	IV	V	IV	广州市	
20256	珠江三角洲网河	大石水道	番禺北联	番禺西二村	5.2	饮	综	III	III	III	广州市	
20258	珠江三角洲网河	佛山水道	佛山市沙口水闸	南海市平洲水尾桥	25.5	综	工、农、排	IV	V	IV	佛山市	又名汾江
20270	珠江三角洲网河	沙湾水道	番禺墩涌	番禺八塘尾	11	饮、工、农、渔、景	饮、工、农、渔、景	III	III	II	广州市	
20280	珠江三角洲网河	沙湾水道大九律	番禺泊刀	番禺蟛蜞南	1	饮	饮、综	III	III	III	广州市	
20290	珠江三角洲网河	市桥水道	番禺芳地岗	番禺三沙口大刀沙头	29.8	工、农	工、农、排	IV	IV	IV	广州市	
20312	珠江三角洲网河	流溪河	从化鹅公头	从化李溪坝	49.4	饮	饮	III	III	II	广州市	
20313	珠江三角洲网河	流溪河	从化李溪坝	广州鸦岗	33.4	饮	饮	II	III	II	广州市	
20320	珠江三角洲网河	流溪河花干渠	花都梨园	花都新杨村	15.6	饮	饮	III	III	II	广州市	
20330	珠江三角洲网河	流溪河右灌渠	从化大坳坝	花都梨园	27	农	农、饮	III	III	II	广州市	
20346	珠江三角洲网河	吕田河	从化桂峰山	从化埗岭	25	饮	饮	III	III	II	广州市	
20700	珠江三角洲网河	玢田水	从化黄金脑	从化玢田口	23	源、景	综	III	III	III	广州市	
20800	珠江三角洲网河	九湾潭	花都鸡枕山	花都白鹅	12	饮	综	III	III	III	广州市	
20802	珠江三角洲网河	九湾潭	花都白鹤	花都北兴	11.1	饮	综	III	III	III	广州市	
20900	珠江三角洲网河	小海河	龙门坳	南大水库大坝	15.8	源	饮	III	III	II	广州市	
21000	珠江三角洲网河	白坭河	扶基头	埗云	41.1	饮	饮	III	III	II	清远市 广州市	
21004	珠江三角洲网河	白坭河	小塘	鸦岗	13.7	饮	饮	III	III	II	广州市	
21006	珠江三角洲网河	新街河	田美	五和	11.6	饮	综	III	III	III	广州市	

序号	水系	河流	起点	终点	长度/km	原规划主要功能	现规划主要功能	原规划水质目标	现规划水质目标		行政区	备注
									2010年	2020年		
21100	珠江三角洲网河	九曲河	三水门口镇	花都白坭	4.6	饮	饮	III	III	II	佛山市 广州市	
21920	珠江三角洲网河	拱北河	中山横栏	中山拱北闸	5	工、农	工、农	III	IV	III	中山市	
21922	珠江三角洲网河	凫洲河横琴海	中山凫洲河闸	中山横栏	27	工、农	工、农、排	III	IV	IV	佛山市 中山市	
21942	珠江三角洲网河	鸡鸦水道	顺德龙涌	中山大南尾	33	饮	饮	III	III	II	佛山市 中山市	
22050	北江	北江	清城石角界牌	三水市思贤滘	40.5	综	饮、综	II	II	II	清远市 肇庆市 佛山市	
33400	北江	迎咀河	花都大芒山	清城区黄毛布	30	综	饮、综	II	II	II	广州市 清远市	
33500	北江	银盏河	花都尖峰望	银盏水库大坝	7	综	饮、综	II	II	II	广州市 清远市	
33600	北江	漫水河	广宁江屯迣子山	四会水迳水库大坝		综	饮、综	II	II	II	肇庆市 佛山市	
33700	北江	独木河	三水大岭	龙王庙水库大坝	16	综	饮、综	II	II	II	佛山市 肇庆市	
33834	北江	绥江	广宁春水黄泥迳	四会黄田	8	综	饮、综	III	III	II	肇庆市	
33840	北江	绥江	四会三棵榕	四会五马岗	7	综	饮、综	III	III	II	肇庆市	
36100	北江	甘竹溪	顺德甘竹滩	顺德勒流三槽口	14.6	工	饮、工、农	III	III	II	佛山市	
36130	北江	大良河	顺德江义	顺德大良金桔咀	18	混	工、农、排	IV	IV	IV	佛山市	
36140	北江	罗行河	南海市金沙镇南沙	南海市下安	21.8	饮	饮	II	III	II	佛山市	

序号	水系	河流	起点	终点	长度/km	原规划主要功能	现规划主要功能	原规划水质目标	现规划水质目标		行政区	备注
									2010年	2020年		
36202	北江	潭洲水道	顺德市北滘林头桥	顺德市滘西海	6	工、农	饮、工、农	III	III	II	佛山市	
36810	北江	容桂水道	顺德龙涌口	顺德三联	20	饮	饮	III	III	II	佛山市 中山市	
36900	北江	顺德支流	顺德勒流三介庙	顺德容奇	20	综	饮、综	III	III	II	佛山市	
42710	西江	石门水	高要禄步镇山雾顶	高要禄步镇石门	5.7	综	综	II	III	III	肇庆市	
42720	西江	马腌水	高要禄步镇黄石坑	禄步镇马腌	8	综	综	II	III	III	肇庆市	
43510	西江	云路水	高要蛟圹镇荔枝山	高要白土镇桂岗	21.3	综	综	II	III	III	肇庆市	
43520	西江	刘村水	高要回龙镇鱼尾水库	高要白土镇丹圹	21.5	综	综	II	III	III	肇庆市	
43802	西江	高明河	高明明城敬老院	高明三洲新桥	19.1	综	工、农、排	II	III	III	佛山市	又名沧江
43810	西江	疆滘河	官棠	罗西	10	综	工、农、排	IV	IV	IV	佛山市	
43820	西江	西安河	西安镇	富湾镇	18.7	综	工、农、排	IV	IV	IV	佛山市	
44410	西江	荷麻溪水道及横坑口	新会莲子塘	斗门鳌鱼沙	22	饮	饮、工、农	II	II	II	江门市 珠海市	
44420	西江	鸡啼门水道	斗门鳌鱼沙	斗门鸡啼门	20	渔	渔、工、农	III	III	III	珠海市	
44500	西江	螺洲溪	中山竹洲头	斗门鳌鱼沙	32	饮	饮、工、农	II	II	II	中山市 珠海市	
44520	前山河	前山河水道	大冲江水闸	联石湾水闸	10	农	工、农、排	IV	IV	IV	珠海市	
44610	潭江	锦江	锦江电站大坝	义兴	44	饮、渔、工、农	饮、渔	I	II	II	阳江市 江门市	

序号	水系	河流	起点	终点	长度/km	原规划主要功能	现规划主要功能	原规划水质目标	现规划水质目标		行政区	备注
									2010年	2020年		
44623	潭江	潭江	沙冈区金山管区	大泽下	82	饮、工、农、渔	饮、工、农、渔	Ⅱ	Ⅲ	Ⅱ	江门市	
44624	潭江	潭江	大泽下	崖门口	40	饮、工、农、渔	工、农、渔	Ⅲ	Ⅲ	Ⅲ	江门市	布置工业基地
44700	潭江	蒗底水	恩平五马巡朝	恩平大田	27	工、农	工、农	Ⅱ	Ⅲ	Ⅲ	江门市	又名沙湖水
44800	潭江	莲塘水	恩平天露山	恩平蒲桥	44	工、农	工、农	Ⅱ	Ⅲ	Ⅲ	江门市	又名沙湖水
44900	潭江	蚬冈水	恩平五点梅花	恩平茅塱里	34	工、农	工、农	Ⅱ	Ⅲ	Ⅲ	江门市	
45000	潭江	白沙水	开平三两银山	开平百足尾	49	工、农	工、农	Ⅱ	Ⅲ	Ⅲ	江门市	又名赤水河
45100	潭江	镇海水	新兴乾坑顶	镇海水库大坝	31	渔、工、农	渔、工、农	Ⅱ	Ⅲ	Ⅲ	江门市	
45102	潭江	镇海水	镇海水库大坝	开平交流渡	38	渔、工、农	渔、工、农	Ⅲ	Ⅲ	Ⅲ	江门市	
45400	潭江	靖村水	高明百步梯	鹤山靖村	29	工、农	工、农	Ⅱ	Ⅲ	Ⅲ	佛山市 江门市	
45500	潭江	开平水	开平天露山	鹤山南楼	56	工、农	工、农	Ⅱ	Ⅲ	Ⅲ	江门市	又名潭碧水、鹤洲水
45600	潭江	曲水	恩平白马坑	鹤山潭壁村	29	工、农	工、农	Ⅱ	Ⅲ	Ⅲ	江门市	
45700	潭江	台城河	台山狮子尾	台山南门桥	28	工、农	工、农	Ⅱ	Ⅲ	Ⅲ	江门市	
45800	潭江	五十水	台山螺塘	台山东华里	20	工、农	工、农	Ⅱ	Ⅱ	Ⅲ	江门市	
46200	潭江	址山河	鹤山横岗顶	新会田边村	38	工、农	工、农	Ⅱ	Ⅲ	Ⅲ	江门市	又名鹤山水
46202	潭江	鹤城水	鹤山昆仑山	鹤山禾谷圩	13	工、农	工、农	Ⅱ	Ⅲ	Ⅲ	江门市	
46400	西江	江门水道	江门北街水闸	新会溟祖咀	23	工、农	工、农、排	Ⅳ	Ⅴ	Ⅳ	江门市	
46420	西江	礼乐河	江门纸厂	江门礼乐向东	13	工、农	工、农、排	Ⅳ	Ⅴ	Ⅳ	江门市	
46430	西江	天沙河	新会仁厚	江门潮江里	8	工、农	工、农、排	Ⅲ	Ⅴ	Ⅳ	江门市	
46432	西江	天沙河	江门潮江里	江门东炮台桥及江咀	17	工、农	工、农、排	Ⅳ	Ⅴ	Ⅳ	江门市	
46462	西江	北街水道	江门氮肥厂	江门外海大桥	7	农、工	农、工	Ⅲ	Ⅲ	Ⅱ	江门市	远期取消工业排水

3.4.2 具体优化方案

茅洲河（独流入海）位于深圳市西北部，属珠江口水系。主流发源于羊台山北麓，流经石岩、公明、光明畜牧场、松岗、沙井五镇（场），在沙井五镇民主村汇入伶仃洋。茅洲河干河总长 42.6 km，流域总面积 400.7 km^2（其中境内流域面积 313 km^2），河床平均比降 0.724‰。流域支流众多，有沙井河等 10 条较大支流。流域干流建有石岩中型水库，各支流建有罗田中型水库 1 宗，小型水库 64 宗，水库控制面积 129 hm^2，总库容达 8 864 万 m^3。1995 年流域内总人口约 50 万，农业用地 10.9 万亩 *。是深圳市内仅次于龙岗河的一条主要河流，多年平均降水总量为 5.17 亿 m^3，多年平均径流总量为 2.50 亿 m^3。目前的水功能是饮用水源，深圳市目前是缺水比较严重的城市，在境外调水的同时，也要充分立足本地的水资源，所以其饮用水源地的位置只能加强而不能放弃。而茅洲河羊台山至燕川段有罗田等水库，担负着局部调节供水任务，把 2015 年的水质目标定为Ⅲ类水，而 2020 年则要求水质改善为Ⅱ类水。而燕川至入海口段目前水质已是Ⅴ类水，原规划功能是农业用水，在这里改为工、农、排，而在 2015 年水质目标为Ⅴ类水，2020 年水质目标为Ⅳ类水，这样比较实在合理。

麻涌水道蒲基至北塘段原规划水质目标是Ⅳ类水，目前水质较差，已失去作为饮用水功能的作用，所以把其饮用水功能去掉是尊重现实。根据《石马河综合整治规划》，现已调整为工、农、排，目前水质为Ⅴ类，所以规划其 2010 年水质目标为Ⅴ类，2020 年水质目标为Ⅳ类。

道滘水道还承担着饮用水的功能，原规划水质目标为Ⅱ类水，从饮用水安全的角度入手，其 2010 年水质目标规划为Ⅲ类水，而 2020 年水质目标为Ⅱ类水。

百塘河和石坝水是博罗县主要饮用水源地，原规划水质目标为Ⅲ类水，认为从长远发展看，此河系必须加强保护，所以规定其 2010 年的水质目标为Ⅲ类水，而 2020 年的水质目标为Ⅱ类水。

西枝江不但负有惠州市饮用水源地功效，同时深圳计划西部引水工程也是从西枝江取水，因此其水质目标从严控制，2020 年一定要达到Ⅱ类水，包括其入口处的上白水。

梁化河认为原规划水质目标合理，但功能区较不合现状，所以调整为饮、综合用水。

淡水河原来部分河段作为饮用水源，但目前水质已经恶化，已不适合作为饮用水，同时其流域集中了大量的惠阳的工业区、深圳的工业区，根据水功能与产业布局协调的原则，认为淡水河作为饮用水源区已不适合，其深圳梧桐山至深圳下坡水质目标由原来的Ⅲ类调整为 2010 年为Ⅳ类水，2020 年则为Ⅲ类水，而在惠阳边界至惠阳永湖镇则放弃饮用水功能，变为工、农、排，水质目标从原规划的Ⅱ类改为 2010 年、2020 年规划水质目标为Ⅲ类。而惠阳永湖镇至惠阳紫溪口则把其饮用水功能调整为工农用水，水质目标保持Ⅲ类不变。

坪山河（淡水河支流）目前水质较差，原功能是农业用水，而事实上是工、农用水，且承担大量排放的废水，所以规划其水功能为工、农、排，把原来规划的Ⅲ类水质目标调整为 2010 年为Ⅳ类水，2020 年为Ⅲ类水。这样既尊重事实，也为工农业发展排水指出方向。

---

* 1 亩=1/15 hm^2。

横岭水惠阳黄巢至惠阳佛岭段水功能主要为综合用水，目前部分水质指标达不到原规划Ⅱ类水质，所以规划2010年水质目标为Ⅲ类水，而2020年则为Ⅱ类水。

而稿树下水属于东江支流，在博罗高其凸至博罗东江入口段，原规划功能为综合用水，水质目标为Ⅱ类，认为自然汇入主河道的水必须是Ⅲ类水，稿树下水作为博罗排水河系，规划其2010年、2020年的水质目标为Ⅲ类水。

潼湖水原规划功能为饮、综合用水，阳坑背至黄沙水库大坝段、潼湖军垦农场至东莞陈屋边为Ⅱ类水，黄沙水库大坝至潼湖军垦农场为Ⅲ类水。由于事实上排污量的不可控，所以河段水质目标并没有达到预期，水质类别与用途也不匹配，将其调整为综合用水，全河段的水质目标2010年、2020年总体为Ⅲ类水。其中纳污口混合河段可以为Ⅳ类，但入东江前的3 km河段必须保持Ⅲ类水。

派潭河是增城市的饮用水源，水质较好，原规划水质功能为源水，水质目标为Ⅰ类水，但由于并不是所有河段达到Ⅰ类水，认为作为饮用水，其Ⅱ类水就可以适合，所以把其水质目标调整为2010年、2020年都为Ⅱ类水。

二龙河目前有饮用水功能，所以把其功能调整为饮、综合用水。水质目标保持Ⅱ类水不变。

西福河作为Ⅲ类水，不仅具有饮用水功能，同时也有工业、农业用水，所以把其功能调整为饮、工、农，水质目标保持Ⅲ类水不变。而南岗河原规划水质目标为Ⅲ类水，水功能为饮、工、农，这里调整为工、农用水。

寒溪水原规划水质为Ⅲ类水，功能为饮、工、农，考虑到供水的可替代性及水质现状（已超过Ⅲ类水），很难作为饮用水源进行保护，所以根据其流域实际情况，分段划分功能，在松木山水库为Ⅲ类水，而水库下则2010年为Ⅳ类水，2020年为Ⅲ类水。其水质功能调整为工、农、排。

松木山水目前水质较差，把其水功能由综合调整为工、农用水，水质类别由Ⅲ类水调整为2010年尾Ⅳ类水，2020年水质为Ⅲ类水。

广州市的水环境功能区与水质目标变化较大，因为珠江广州段原来供、排水河道规划上存在交叉，造成排水与饮用水保护都非常困难，同时广州与佛山、南海的跨境污染纠纷较多。在广州市目前本身尚不能放弃西村水厂时，还必须保护西航道（西南涌下游）的饮水功能，同时必须系统地保护其上游的流溪河、鸦岗河道及白坭河水道水质，另外白坭河的水质类别和功能区都作了较大的调整，因为通过它还可以向北江调水。另外，由于存在潮汐的作用，广州大坦沙、西朗污水厂的尾水及经花地涌进入的佛山所排污水厂尾水有可能上溯进入沙贝以上的西航道，因此，若西村水厂长期不搬迁，本规划提议有必要在沙贝设闸，控制劣于Ⅲ类的河水上溯。且佛山也应尽量避免将尾水排向西航道，而尽可能将水引直接排向后航道。

江门市的水功能区主要是潭江的保护问题，在潭江上游及水库地区进行严格的饮用水源保护，而一个地区的发展总需要排水，因此对于支流，有些地方需要降低水质目标作为排水功能。

肇庆市由于西江、北江等都是饮用水源，不允许直接排污。其发展只能通过小河流排放废水，如石门水、云路水、马胺水、刘村水等把水质标准由原来的Ⅱ类水调整为Ⅲ类水。

3.5 区域供水水源风险防控

目前，珠三角城市集中式饮用水水源水质总达标率为 89.6%，广州和深圳未完全达标，水质达标率分别为 76.0%和 82.6%。通过严格实行一系列饮用水源地保护措施，积极防范水源地环境风险，以期到 2012 年集中式饮用水水质达标率达到 95%以上，2010 年达到 100%。

3.5.1 珠三角区域供水水源风险问题

2001—2009 年珠三角区域饮用水源水质达标情况良好，区域总达标率呈显著上升趋势，并于 2005 年开始稳定在 85%以上，但随着经济快速增长、人口规模持续增加，饮用水源地面临着迅速发展带来的一系列饮用水环境保护管理新问题，突出地表现在以下几个方面：

3.5.1.1 水源保护区内工业及人口密集，点源污染多

调查显示保护区内仍有 55 家工业污染源、33 个加油站和 4 垃圾填埋场等污染风险源，对水源水质安全构成威胁。

3.5.1.2 农业和农村生活区污染问题突出，面源污染广

保护区范围及周围区域普遍存在化肥、农药过量使用，生活、养殖垃圾随意堆放，生活污水任意排放，缺乏对畜禽粪便的无害化、资源化处理，部分畜禽粪便被直接排入河流，畜禽粪便中的各种病原体对水体产生污染。

3.5.1.3 入库河涌水质较差，影响水源水质安全

入库支流本身水环境容量小，受周边工矿企业多年污染导致水源地入库支流和入库口水生态环境破坏，底泥淤积，水库污染不断加重。另外，个别城市水源地建成区的排污系统混乱，污水管道错接、雨污合流现象较严重。水源地建成区的社区生活污水，以及沿岸工业垃圾、生活垃圾渗滤液、冲淋雨水等直接排入建成区内的社区街道排污渠，经排污渠汇流到入库支流，再进入水库，导致水体有机物、粪大肠菌群超标。

3.5.1.4 水源地局部生态破坏较严重，湖库型藻类暴发频繁

现场调查发现，部分水源地由于开发和破坏，生态环境有所恶化：沿河分布的农田和果林取代了原来的河岸生态系统，单一的果林失去了水源涵养和水土保持功能；水库库滨带植物覆盖率较低，水陆交错带由于受垃圾污染或水土流失等影响，基本上没有形成较大规模的水生植物群落，滨岸带自然群落的生态结构被破坏，水源地滨岸带储积营养盐和物质流，作为能量缓冲带的功能也逐步丧失，进一步加剧了由于污染物直接输入水库引起的水质恶化。

3.5.2 供水水源保护措施

3.5.2.1 严格保护区规划，清理区内污染物

（1）贯彻《广东省饮用水源水质保护条例》。认真贯彻执行《饮用水水源保护区污染防治管理规定》和《广东省饮用水源水质保护条例》，对各保护区的点源污染，尤其是威

胁饮用水源的重点污染型工业企业制订清拆和整治方案，关闭水源二级保护区内的所有排污口。严禁在饮用水源保护区内进行法律法规禁止的各项开发活动和排污行为，并依法清理饮用水源保护区内的排污口。完善保护区内的污水截排系统，避免生活污水、工业废水进入保护水体。严格实施环境保护规划，严把建设项目环保审批关，从源头上控制对饮用水源的污染，并进一步规范饮用水源保护区区划。

（2）积极防治点源和面源污染。加强重点排污企业监督管理，针对珠三角水源保护内点源污染众多的特点，对保护区 55 家工业污染源、33 个加油站和 4 垃圾填埋场等污染风险源进行重点管理，规范污染物处理和排污活动，严厉打击违法排污行为。对威胁饮用水源的重点污染源考虑整治、搬迁或关闭，从严控制饮用水源地点源污染。

水陆统筹，通过控制水源保护区范围及周围区域农业活动及污染物质排放，积极防治面源污染：加大宣传、推广使用农家肥和其他有机肥的力度，减少化肥使用量；推广测土施肥技术，提高化肥农药的利用率，防治流失污染；推广使用高效低残留农药新品种，替代中高毒农药，推广新型植保机械和实用技术，提高农药的使用率；实施农村环境综合整治、大力推进生活污水、畜禽粪便的资源化利用，加快实施农村沼气项目，发展户用沼气，实现农村生活污水、畜禽粪便的无害化、资源化利用；提高广大农民环保生产意识，努力倡导生态文明建设。

（3）依法征用和优化调整部分饮用水源保护区。按照供排水格局调整方案，适度集中建立饮用水源保护区，依法征用饮用水源一级保护区的土地，用于涵养水源。严格按照《饮用水水源保护区划分技术规范》（HJ/T 338—2007）及《饮用水水源保护区标志技术要求》，全面开展饮用水水源保护区划分与调整工作，尽快完成乡镇饮用水水源保护区划分、调整和批复工作，确定保护区等级和地理界线，在饮用水水源地一、二级保护区边界或道路等比较醒目处设立界碑、界桩、宣传警示牌等警示标志，明确饮用水源保护区域。保护区附近经常有人类活动的区域，必须设置围栏等有效防止活动影响水源；有公共基础设施与水源保护区交叉且又不能调整的区域，必须设置物理硬隔离，确保在一切情况下任何污染物都不能进入保护区。严禁在饮用水源保护区内进行法律法规禁止的各项开发活动和排污行为；依法清理饮用水源保护区内的排污口：一级保护区内的原有排污口必须全部拆除，不得新发生与供水无关的任何人类活动；二级保护区内的原有排污口必须 100%达标且不能新增排放负荷；二级与准保护区内不得新发生有可能污染水源的人类活动。严禁在保护区内设置任何新的排水口。

3.5.2.2 强化饮用水水源地监控及预警

要建立健全流域与区域相结合、城市与农村相统筹、开发利用与节约保护相协调的水源地综合管理体制，强化水行政主管部门的水源地管理与监督职能，推进珠三角地区饮用水源监控、保护、预警一体化。从珠三角水源地实际情况出发，实行最严格的水源地监控及预警管理制度，对水源地进行合理开发、综合治理、优化配置、全面节约、有效保护。

（1）监控范围全覆盖，频次加密。运用系统科学、系统工程和系统管理的理念，充分利用和整合珠三角地区现有的监测资源，针对区域范围内可能存在的环境安全隐患、可能发生的环境污染事故和严重影响区域的污染过程，采取分阶段建设和逐步实施的原则与策略，构建先进的饮用水水源地环境监测预警体系，提高控制和防范水源地环境污染事故的能力，为保障环境安全和公众健康安全服务，为政府综合决策提供技术支持。

珠三角地区饮用水水源地环境预警监测体系由三大部分构成：常规监测预警系统、自动监测预警系统、应急监测系统。

- ❖ 常规污染物监测系统：饮用水源水质常规监控是实现饮用水源动态管理的重要手段。珠三角大部分地区乡镇的饮用水水源地监测能力近年来虽然得到了较快的发展，但部分位于经济不发达地区的饮用水水源地监测能力仍需进一步加强。目前，广东省乡镇地表水饮用水水源地水质常规监测项目均为《地表水环境质量标准》（GB 3838—2002）规定的 16 项指标，通过购置先进的采样、分析、监测等设备仪器，实现集中式饮用水水源地取水口监测覆盖面达 100%，并在所有水源保护区（含备用水源）上游边界设置控制断面，确保水源地水质均得到有效监控。逐步实现珠三角水源地特征污染物监测的一体化。
- ❖ 自动监测预警系统：加大对监测机构购置自动监测仪器的扶持力度；完善并加强水源地水质自动监测网络体系建设，将自动监测断面基本做到覆盖主要的河流/湖库型饮用水源地。水源地自动监控系统应包括河流/湖库水源地取水口水质自动监测系统和废水重点污染源在线监测系统两部分。饮用水水源水质自动监测系统通过水质自动监测站，24 h 监控饮用水水源水质变化。废水重点污染源在线监测系统通过在饮用水水源地周围地区的重点排污企业和污水处理厂排污口上安装废水自动监测设备，分析主要污染物的排放浓度。同时在饮用水水源水质受到污染时及时确定超排企业。
- ❖ 应急监测系统：逐步构建包括中控站、指挥系统和应急车“三位一体”的饮用水水源地一体化应急监测系统及完整的应急监测工作体系。一旦发生饮用水水源水质污染事故，启动该应急监测系统，水质污染监测车对事故现场的污染水体和各类特种污染物进行监测分析，应急监测指挥车在事故现场对现场情况与监测数据进行初步分析，并同步反馈至中控站，完成与实验室协调和数据快速传递等工作，确保及时得出饮用水水源地受污染事故影响的情况，有利于事故的快速处理。

（2）加强水源地水质全分析。根据《地表水环境质量标准》（表 1～表 3 的项目，共 109 项），在饮用水源控制区内，每年至少进行一次水质全分析，编写全分析监测报告及达标评价报告。通过加强水源地水质例行监测，深化饮用水源地内水环境保护，提高监控预警能力，确保珠三角饮用水安全。

（3）珠三角各流域特征污染因子。根据珠江三角洲地区环境特点，北江流域要加强铬、镉等重金属污染物、电镀废水监控，东江流域要加强畜禽养殖污染、持久性有机物的监控。

（4）从严控制微量有毒有害污染物。有毒有害污染物具有持久性（不能及时通过生物降解或其他方法被环境分解）、生物累积性（能积聚于生物体内，以及在食物链中不断增加浓度）、致癌性（可导致癌症）、诱变性（可导致变异和基因缺陷）等特征，经食物链浓缩到危险水平，对生殖系统和神经系统有害（可危害生殖系统及其发育，或损害神经）、扰乱内分泌（荷尔蒙）系统，必须严控微量有毒有害污染物。

在饮用水源控制区内，进一步加强对重金属、持久性有机污染物等有毒有害物质的监控；禁止新建、扩建排放含有持久性有机污染物和含汞、镉、铅、砷、铬污染物的项目和化学制浆造纸、制革、电镀、线路板印刷、印染、染料、回用物资拆解、炼油、农药、冶炼、屠宰等重污染的项目；控制区内的城镇、独立工业区与居住小区必须建设符合标准的污水处理设施和垃圾处理设施。严格控制新建、扩建油类及有毒物品的储存罐、仓库、堆栈以及油类、垃圾、煤、水泥、石灰、砂石码头、（修）船厂。禁止向控制区水体抛弃废物或在水体内直接清洗黏附油类、有毒有害污染物的物体，或直接排放清洗此类物体的污水。

（5）入库河涌风险应急监测。

❖ 采取工程措施削减污水入河（库）负荷。对保护区内污染严重的河涌进行综合整治；采取水质净化工程处理受污染河水；铺设管道将保护区内的点源及生活面源废水截污，统一收集后入污水处理厂处理达标，铺设管道排入保护区下游水域。

❖ 构筑人工廊道、湿地净化入河（库）支流下游的污水。利用下游滩地构筑人工湿地、生物廊道，对流入河（库）之前的污水做进一步净化处理。

❖ 河（库）滨带修复。在保护水体和陆地生态系统之间建立生态交错带，通过其过滤、缓冲功能，吸附和转移来自面源的污染物、营养物，改善水质，减少水体中的颗粒物和沉积物，并提供生物繁育生长的栖息地。

❖ 人工湿地。人工湿地系统是利用湿地净化污水能力的人为建设的生态工程措施，是指人为地将石、沙、土壤等材料按一定的比例组成基质，并经过选择的栽种水生、湿生植物，组成类似于自然湿地状态的工程化湿地系统。

❖ 加大入库河涌治理和管控力度。开展入库河涌水环境例行监测，积极管控重点排污企业，严厉打击违法排污行为，强化测流入河河涌的污染整治，开展入库河涌生态修复，加快清水通道、尾水专道建设，积极推行引排分开、清污分流和尾水资源化利用。

（6）饮用水源地水华预警。根据藻类的生长规律和当地气候季节特点，在以往监测资料分析的基础上，制订藻类暴发水质预警方案。预警期间乡镇监测站应加密监测预报，加强饮用水源地巡查，现场研判，做到早发现、早报告、早处置。预警期间在做好人工监测的同时，对照自动监测分析系统数据，结合有关部门相关监测数据，监测部门应对水质变化情况进行综合分析记录，做到分析结果随测随报。当地乡镇监测预警部门若发现藻类异常情况，应组织打捞队伍，在饮用水源地开展人工打捞，以阻止蓝藻对水源地水质的影响。

有条件的地区可利用 RS、GIS 和在线监测及无线传输系统，研究环境因子对甲藻、硅藻水华形成的影响，开发甲藻、硅藻、微囊藻水华暴发预测、预警模型以及藻类暴发后的补救方法和应急措施；建立能满足环境质量综合分析的环境信息系统和满足区域生态系统安全风险或预警评价的评估模型系统。在此基础上，研制和开发政府决策部门对水源地水质环境进行综合管理和宏观决策的计算机应用系统，制订有针对性的应急监测预案，实现水源地水华信息的可视化查询，为各级管理部门提供可行的水库水华控制的对策方案，为政府的科学决策提供强有力的技术支持。

3.5.2.3 备用水源措施

（1）珠三角饮用水源一体化建设。调整供水水源布局，优化现有供水系统，形成珠三角江库连通、相互补给、灵活调度的多层次供水网络，以广—佛—肇、深—莞—惠（港）、珠—中—江（澳）水源一体化建设来提高城市供水保障能力，特别是抵御特枯年、咸潮、水污染等突发事件的能力。

（2）加强备用水源地建设。珠三角规划建设供水安全储备，制订特殊情况下的区域水资源配置和供水联合调度方案。按照多库串联、水系联网、地表水与地下水联调、优化配置水资源的原则，加强饮用水战略储备工程、后备饮用水源建设和供水应急机制建设，完善应急预案。采用单一水源包括河道型水源地必须建设一个备用水源。在条件许可地区建设多水库多水源联合、多管联网供水，互为备用，例如，可在东江、西江等地联合共建饮用水源保护区。建立异地取水补偿机制，在资金和技术上支持输出地区的水环境保护。

建立和完善饮用水水源地保护部门工作联席会议制度，建立跨区域跨部门协作机制。

第 4 章　优先解决跨界水污染问题

随着珠三角区域内社会经济的高速发展，人口密集，城市群聚，工业发达，生活污水、工业废水排放量显著增加，而由于城市群聚带来的缓冲河道不足，加之一些河流（河涌）自然环境容量有限，往往引发城市间的跨界水污染问题，其中深惠淡水河流域跨界污染、深莞石马河（观澜河）跨界污染、广佛内河涌跨界污染以及肇庆独水河对下游的污染问题，由于这些水体污染较为严重且久治不愈，已成为珠三角环保一体化规划中必须优先解决的突出问题。为解决区域内重点流域的跨界水污染问题，在研究不同跨界水污染问题形成机理的基础上，珠三角环保一体化规划应结合当地实际社会经济发展情况，从环境基础设施建设（包括污水处理厂、截污管网及其他相关配套设施）、河道生态环境综合整治、企业稳定达标排放、区域产业行业排放标准提升与流域产业准入政策制定等多方面着手，针对性地提出解决跨界污染问题的环保一体化方案与规划目标。

4.1 齐防共治，构建跨界水污染综合防治体系

珠三角区域经济社会高速发展，已发展成为超大规模的城市群，城镇生活污水、工业废水排放量巨大，而城市间河流河涌自然环境容量有限，在一些跨界流域，水体污染渐呈“一体化”趋势。为解决跨界水污染问题，必须以环境保护一体化为契机，打破行政区划壁垒，在跨界区域形成有利于水污染共管共治的体制环境，明确跨界各方的权责，通过法律、行政、经济等各方面手段，推进跨界各方污染遗留问题的整治，控制跨界区域的新增污染排放，达到改善跨界水环境、满足区域内各方水体环境功能的需求。

4.1.1 齐防共治，解决跨界水污染

珠三角区域跨界水污染的“一体化”，不仅仅指“上下游皆污、左右岸同染”这一简单水环境污染表象，其根本原因在于区域内行政区划壁垒下，跨界流域间污染转嫁，跨界污染排放存在着较大的腾挪转换的体制性空间，加之地方保护主义，跨界流域内的污染排放总量控制难，削减更难的现象在流域内凸显，各地市单方面的跨界流域污染治理成效不彰。

为控制与削减跨界流域内的污染排放，解决跨界流域水污染问题，急需大力推行环保一体化，突破行政区划壁垒，强化跨界河流断面水质目标管理和考核，消除地方保护主义，构建区域内环保公平的区域社会经济的科学发展机制，齐防共治，综合运用行政、经济、法律、公众参与等多种手段，逐步建立健全信息通报、环境准入、结构调整、企业监管、

截流治污、河道整治、生态修复一体化的跨界河流污染综合防治体系，从根本上缓解与消除跨界水环境污染问题。

4.1.2 加强统筹，构建跨界水体综合防治体系

完善跨界河流交接断面水质目标管理和考核制度。合理设置跨界河流交接断面，明确水质控制目标，分清落实责任。将跨界河流交接断面水质保护管理纳入环境保护责任考核范围，健全监测、评估、考核、公示、奖惩制度。交接断面水质未达到控制目标的，实施区域限批，停止审批在责任区域内增加超标水污染物排放的建设项目；责任方与相邻地区协商提出解决方案，明确时限，组织实施，确保水质达标交接：

（1）以跨界水体环境功能及其水质目标为引领，协调跨界各方立场，共同制定跨界水质达标目标，完善跨界断面水质监测制度，明确跨界污染流域各方权利与责任，在此基础上，制订跨界断面达标规划方案。

（2）以跨界断面达标规划方案（治理计划）为行动纲领，按行政区域与实施时限分解规划工程、任务、措施、投资，以便于评估考核跨界流域各方实施成效，强化环境绩效问责机制，鼓励有条件的跨界污染地区共建共享水污染治理的环境基础设施，共同调整供排水格局。

（3）建立地方政府首脑“河段长”制度，督促跨界各方实施跨界水污染解决方案，解决跨界流域水污染问题。

建立跨界河流水污染综合防治体系。跨界河流相邻地区加强河流水质、项目审批、规划实施等方面的信息通报，联合制定并实施严格的水污染物排放标准、产业准入和结构调整政策，实行水污染物排放的行业标杆管理和企业末位淘汰机制。联合制定跨界河流综合整治和生态修复规划，联合执法，共享污染源监控信息，严控污染物新增量，大力削减污染物存量，联合开展河道综合整治，逐步恢复河流生态系统。

4.1.3 控增减排，一体化治理跨界水污染

跨界污染的一体化治理，应在明确各方环保公共服务责任的基础上，制订跨界流域污染治理的各项重点工程方案、管理执法任务与政策措施，灵活应用排放限值、排污交易、污染赔偿、生态补偿等行政、经济与政策手段，通过控制增量，减少排放，齐防共治：

（1）为控制跨界流域污染增量，跨界各方应共同提升产业行业水污染排放标准，制定统一的产业准入政策，联合审批新扩建涉水项目，以此构建区域内环保公平的市场机制，避免区域各方为争夺产业项目，不顾跨界水环境影响而进行无序竞争和盲目竞争。

（2）为削减跨界污染排放，跨界各方应优先建设城镇污水处理项目，对有条件的跨界区域，应用排污交易规则，鼓励污水处理设施及配套设施的共建共享，共同提升城镇环境污水处理水平。鼓励跨界各方共同建设污染源监测监控体系，联合执法，促进重点污染源稳定达标排放，并以此为基础构建排污交易平台。鼓励跨界各方共同制定涉水产业结构调整政策，实行标杆管理与末位淘汰机制，通过加快产业转型升级减少污染排放。

在污染源控制的基础上，跨界各方应联合统筹进行河道综合整治，加快水体生态恢复进程。此外，规划鼓励区域内各方合理利用水环境容量，共同谋划取排水格局调整，共同

规划清污分流管道建设，保证跨界断面水质稳定达标；规划鼓励跨界流域内各重大污染行业建立企业间的“同业监督”机制，相互督促，提升工业污水治理水平，提高清洁生产水平。

4.2 深惠统筹，解决淡水河跨界污染

4.2.1 现状、特征与问题分析

4.2.1.1 流域现状

淡水河是东江的二级支流，是西枝江最大的支流。淡水河发源于深圳梧桐山北麓，流经深圳龙岗、惠阳淡水，由紫溪口汇入西枝江，最终汇入东江，流域总面积 1 308 km^2，全长 95 km。淡水河由龙岗河、坪山河汇合后与横岭水交汇而成，具体流域水文脉络见图 4-1。

图 4-1 淡水河水文脉络图

淡水河流域跨界污染严重的河流主要为龙岗河与坪山河，两河均处淡水河流域上游区域，其中龙岗河发源于深圳市龙岗镇，坪山河发源于深圳市坪山镇。龙岗河流经深圳龙岗区的横岗、龙岗、龙城、坪地、坑梓五个街道后，在吓陂村附近进入惠州，坪山河流经坪山街道，在兔岗岭下入惠阳区境内，在下土湖纳入淡水河，具体行政区划关系见图 4-2。龙岗坪山两河水体主要功能有饮用水源补给水，泄洪，农灌用水等，水质控制目标为 GB 3838—2002 中的Ⅲ类水质标准。

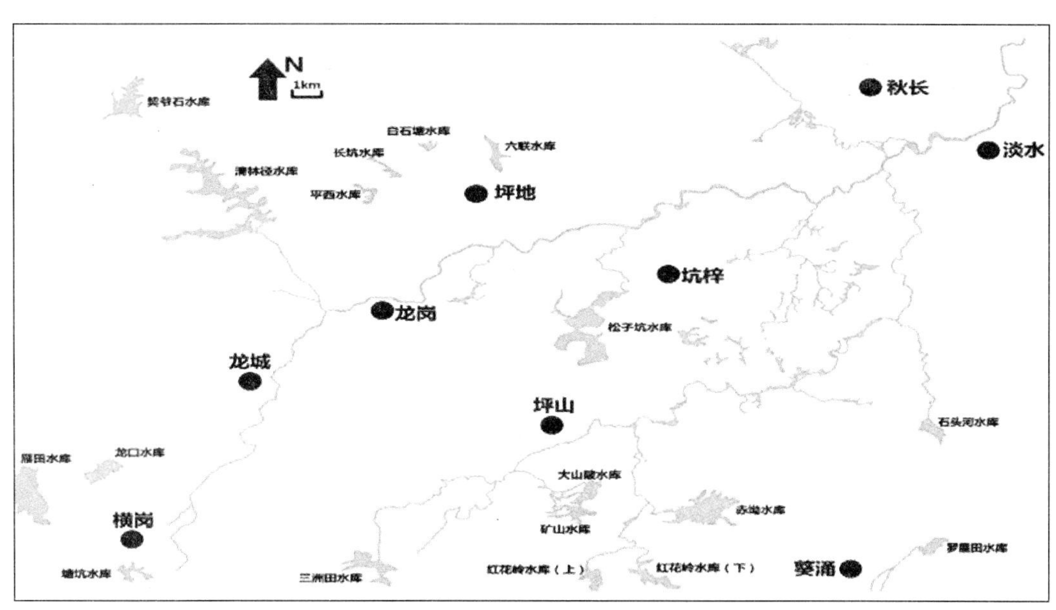

图 4-2　龙岗坪山两河流域行政区划图

注：龙岗河干流集水区在东莞流域面积约 14 km²

（1）龙岗河现状。龙岗河为淡水河一级支流，发源于梧桐山北麓，流经龙岗区所辖五个街道，在吓陂村附近进入惠阳区境内。龙岗河干流长 39.3 km，流域面积为 360.2 km²（惠阳区境内面积约 70 km²，深圳市境内面积约 290.2 km²），多年平均径流深 980.6 mm，多年平均径流量约 9.43 m³/s。

龙岗河属雨源型河，其径流量、流量、洪峰都与降水量密切相关，90%保证率下年均流量 6.02 m³/s，最枯月 90%保证率流量 1.11 m³/s。河道所纳污水远大于自然径流量，最枯月 90%保证率流量下，河流污径比已达 5.6，河流自净能力差，环境容量小，河流水质基本取决于流入河道的污水水质。其水文特性为：

- 径流量年际变化大，多年平均为 3.409 亿 m³，最多年份（1961 年）为 5.038 亿 m³，最少年份（1963 年）为 0.746 亿 m³，两者的比值为 6.7∶1，与降水量的年际变化相一致。
- 径流量年内变化大。枯季（11 月至次年 3 月）多年平均径流量为 0.259 亿 m³，仅占全年总流量的 7.6%，洪季（4—10 月）为 3.15 亿 m³，占全部的 92.4%，与年内降雨量的分布一致。

  2007 年，龙岗河流域总人口为 180 万人，流域 GDP 为 373 亿元，流域建设用地面积为 166.55 km²。根据《深圳市龙岗区国民经济和社会发展第十一个五年规划纲要调整方案》、《深圳市龙岗区工业发展第十一个五年规划》等相关规划，龙岗河所处区域交通便利，开发条件良好，是深圳未来十五年开发建设的重要区域，龙岗中心城、龙岗大工业区将在这一带崛起，成为深圳市未来主要的工业基地，因此龙岗河流域的水环境压力将迅速增大。

（2）坪山河现状。坪山河属淡水河一级支流，发源于三洲田梅沙尖，流经坪山街道，在兔岗岭下入惠阳区境内，在下土湖纳入淡水河。全流域面积 181 km^2，河长 35 km，其中，深圳市境内的流域面积 129.72 km^2，河长 25 km，多年平均径流深 1 012.1 mm，多年平均径流量约 4.72 m^3/s（兔岗岭）。

坪山河也属于雨源型河流，其径流量、流量、洪峰都与降水量密切相关，其水文特性与龙岗河类似，90%保障率下径流量 3.52 m^3/s，最枯月 90%保证率流量 0.56 m^3/s。河道所纳污水远远大于自然径流量，最枯月 90%保证率流量下污径比已达到 2.4，河流自净能力差，环境容量小，河流水质取决于流入河内的污水水质。

2007 年，坪山河流域总人口 39 万人，流域 GDP 为 114.6 亿元，流域建设用地面积为 58.97 km^2。根据《深圳市龙岗区国民经济和社会发展第十一个五年规划纲要调整方案》、《深圳市龙岗区工业发展第十一个五年规划》等相关规划，由坪山、坪地和坑梓三个街道组成的大工业组团交通便利，未来以发展大型工业项目和技术密集型产业为主，因而坪山河流域的水环境压力将越来越突出。

4.2.1.2 环境质量分析

龙岗河常规水质监测断面 6 个，均布设在龙岗河干流上：西坑大围、蒲芦围、低山村、吓陂和惠州辖区的惠龙交界处、西湖村；坪山河常规水质监测断面 2 个，均布设在坪山河干流上：碧岭、红花潭。断面位置见图 4-3。枯、平、丰水期各进行两次监测。监测项目包括 pH、DO、高锰酸盐指数、化学需氧量、BOD_5、氨氮、总氮、石油类、总磷、硫化物、挥发酚、氰化物、氟化物、总铜、总锌、总砷、总镉、总汞、总铅、硒、六价铬、粪大肠菌群、阴离子表面活化剂等 23 项。

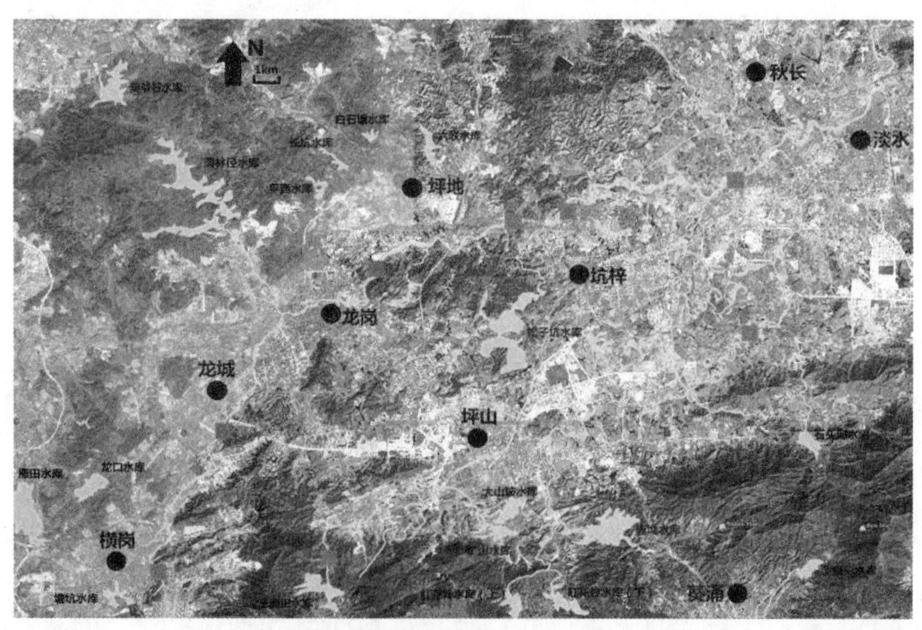

图 4-3　龙岗、坪山两河水质监测断面示意图

根据多年监测结果，总体来说，龙岗坪山两河水质主要以有机类（COD、BOD_5）、营养类（氮、磷）污染为主，具体分析如下：

（1）龙岗河水环境质量分析。根据龙岗河 1997 年至 2007 年环境监测数据，龙岗河流域水质特征如下：

❖ 流域内重金属水质指标（砷、铬、铅、镉、铜、锌、硒）基本上可以达到国家《地表水环境质量标准》（GB 3838—2002）中的Ⅲ类水质标准。

❖ 流域内水体污染表现出以有机类、营养盐污染为主要特征。监测值超标的主要项目有：COD_{Mn}、BOD_5、氨氮、总磷、阴离子表面活化剂、粪大肠菌群等，与生活污染源占主导地位的污染源构成特征相吻合。

龙岗河 COD_{Mn}、氨氮年际（1997—2007 年）变化，如图 4-4、图 4-5 所示。

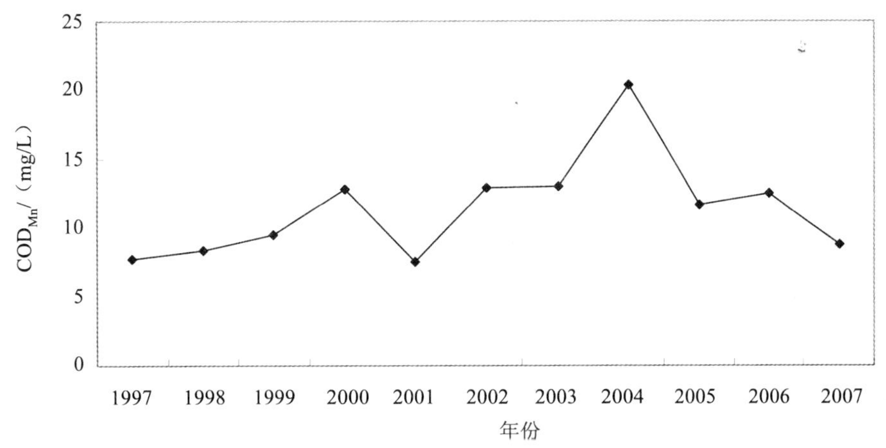

图 4-4　龙岗河 COD_{Mn} 年际（1997—2007 年）变化图

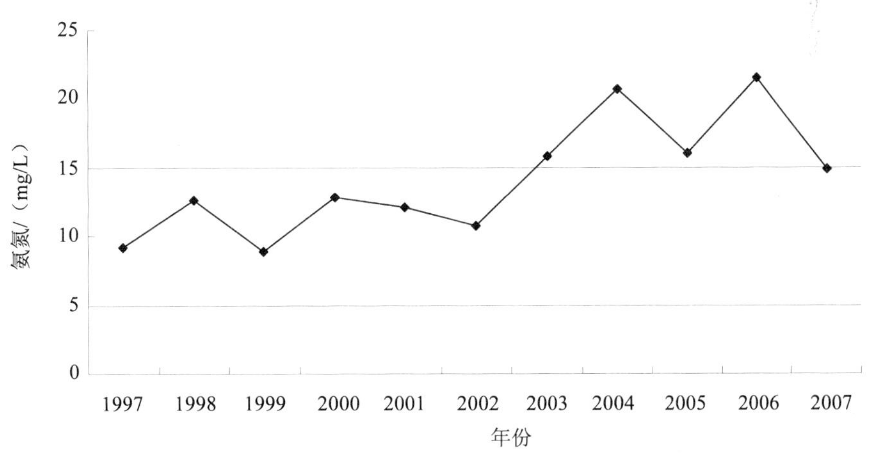

图 4-5　龙岗河氨氮年际（1997—2007 年）变化图

❖ 龙岗河源头西坑大围断面除粪大肠菌群数超标外，水环境质量良好，可以达到Ⅰ或Ⅱ类水质要求。龙岗河中游控制断面蒲芦围、低山村等断面因流域沿线的生活污水和工业废水排放，有机污染物、氮磷指标超标严重，年均值超出Ⅴ类水质标准。

- ❖ 龙岗河下游控制断面吓陂与惠龙交界断面处，水质有所改善，有机物指标接近Ⅴ类，但氮磷指标仍超过Ⅴ类水质标准，且总氮和氨氮的污染情况呈上升趋势。西湖村断面的水质基本属于Ⅴ类水，但氨氮、总磷、总氮、粪大肠菌群等指标均超过Ⅴ类标准。
- ❖ 龙岗河的丰、平、枯水期的水质有一定差别。枯水季节由于自然径流量小，河道水质最差，超标项目最多，超标率也最大。除 DO、高锰酸钾指数部分符合Ⅲ类水质指标外，其余各项有机污染水质指标均超过Ⅴ类标准；丰水季节自然径流量大，起到一定稀释作用，河道水质有较大改善。

另外，据 2008 年枯水期最新调查结果表明，龙岗河跨界断面的 COD_{Cr}、氨氮、总磷平均质量浓度分别为 55 mg/L、15 mg/L、1.5 mg/L，氨氮与总磷污染问题突出。

（2）坪山河水环境质量分析。根据坪山河 1999 年至 2007 年环境监测数据，龙岗河流域水质特征如下：

- ❖ 流域内重金属水质指标（砷、铬、铅、镉、铜、锌、硒）基本上可以达到国家《地表水环境质量标准》（GB 3838—2002）中的Ⅲ类水质标准。
- ❖ 流域内水体污染表现出以有机类、营养盐污染为主要特征。监测值超标的主要项目有：COD_{Cr}、氨氮、总磷、粪大肠菌群等，与生活污染源占主导地位的污染源构成特征相吻合。

坪山河氨氮年际（1999—2007 年）变化，如图 4-6 所示。

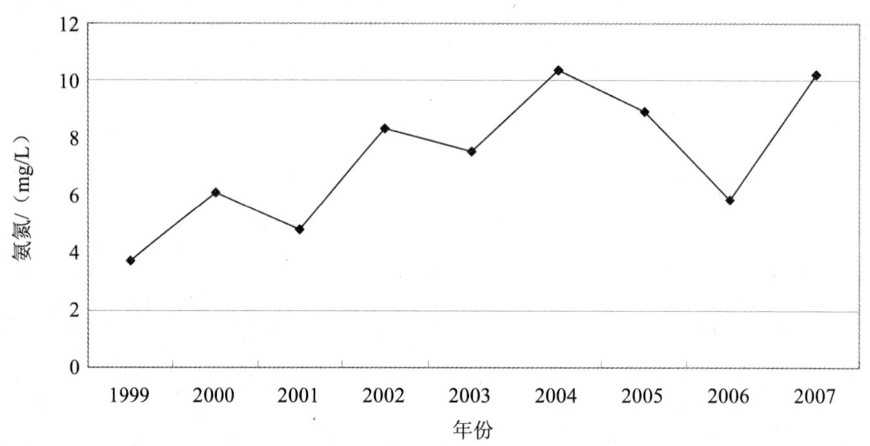

图 4-6　坪山河氨氮年际（1999—2007 年）变化图

- ❖ 坪山河源头碧岭断面除粪大肠菌群数超标外，水环境质量良好，可以达到Ⅰ类或Ⅱ类水质要求。但由于流域中下游的生活污水和工业废水排放，红花潭断面有机污染物、氮磷指标超标严重，年均值超出Ⅴ类水质标准。
- ❖ 坪山河丰、平、枯水期的水质有一定差别。枯水季节由于自然径流量小，河道水质最差，超标项目最多，超标率也最大。丰水季节自然径流量大，起到一定稀释作用，河道水质有较大改善。

另外，据 2008 年枯水期的最新调查结果表明，坪山河跨界断面的 COD_{Cr}、氨氮、总磷平均质量浓度分别为 45 mg/L、16 mg/L、5 mg/L，氨氮与总磷污染问题突出。

4.2.1.3 污染负荷分析

近年来，随着区域社会经济的快速发展，龙岗、坪山两河的生态环境遭到严重破坏，已成为东江流域内污染最严重的水体。龙岗、坪山两河的污染已对东江流域的中下游水体水质带来了严重影响，引起了深惠两地的深切关注。

根据龙岗、坪山两河流域污染情况调查，2007 年龙岗、坪山两河跨界断面以上区域工业废水排放量约为 5.50 万 t/d，生活污水排放量约 62 万 t/d，污染通量最大时段基本上出现在下午 16:00 至凌晨 1:00 这一生活源排放时间段。水质监测数据也表明两河水环境污染指标为有机类（COD、BOD_5）、营养类（氮、磷）污染为主，由此可以推断龙岗、坪山两河流域的污染主要为生活源污染，据初步估算生活源的污染负荷约占总污染负荷的 94.5%，是河流水质的主要污染源。

4.2.1.4 主要污染问题

近十多年来，随着龙岗河、坪山河流域经济社会的高速发展，水体污染物产生量远超过水体环境容量，而环境治理设施建设滞后，流域水环境质量长期处于劣Ⅴ类的水平，是广东省跨界污染最严重的流域之一，已成为各级政府和社会各界密切关注的焦点。目前虽然通过对列入界定范围或污染严重的企业进行了取缔、关停或限期治理、河道整治等一系列工程措施，水质已有所改善，基本实现“一年初见成效”的目标，但流域内整体水质仍有向恶化方向发展的趋势，概括起来，淡水河流域环境问题及成因可以概括为下列几个方面：

（1）发展布局和产业结构不甚合理，污染负荷不断增长，是水环境不断恶化的根本原因。流域内电镀、线路板等重污染、劳动密集型企业众多，废水排放较大，53 家重点污染源中，属于电镀、线路板、印染（洗水）、制革等重污染行业的企业占 66.04%；近年来，还新批了较多的五金、线路板、印染（洗水）等劳动密集型污染企业，人口由 1999 年的 73 万人增加到 2009 年的 219 万人，生活和工业污水日排放量高达 65 万 t，河流水环境不断恶化。

（2）自然基底薄弱，入河污染负荷远远超过环境承载能力，是河流水环境久治不愈的根本原因。龙岗河、坪山河为雨源型河流，加之建设用地面积比例过大，自然下垫面储水能力弱化，两河流域枯水期河道径流严重不足，枯水期的天然径流量不足 1.11 m^3/s（龙岗河）和 0.56 m^3/s（坪山河），污径比常高达 5 倍以上。加之发展布局和产业结构不合理，入河污染负荷远远超过河流自净能力，虽然现阶段龙岗河、坪山河水环境治理力度很大，但成效仍旧有限。

（3）环保投入不足，环保基础设施的建设进度和减污能力严重滞后于污染负荷的增长速度，生活污染问题突出。人口带来的污染问题是龙岗、坪山两河流域治理的关键，94.5%的污染负荷来自生活型污染。在城市化迅速发展、工业迅猛增长和人口激增的过程中，城镇集污管网、污水处理厂、垃圾处理场等城镇赖于生存和发展的基础设施没有同步建设，生活污染问题突出。此外，龙岗河、坪山河流域的生活垃圾还没有完全得到妥善处置，还存在露天堆放在沿河两岸的现象，每逢雨季产生较大的面源污染，影响了河流水质。

（4）偷排、漏排和超标排放等环境违法行为时有发生，在一定程度上加剧了水环境的恶化。流域内较早建设的企业污染治理水平较低，多数存在污水处理设施老化、能力不足、自动化水平较低、难以稳定达标排放等问题；而环境执法和监督能力较为薄弱，监管人员疲于奔命，顾此失彼，加上处罚力度不大，违法排污的风险小，对环境犯罪起不到震慑作用。在这种形势下，部分企业受利益驱动存在治污设施运行不正常、部分设施闲置甚至偷排、超许可总量排放或擅自扩产排污等违法行为，进一步加剧了水环境的恶化。

（5）流域生态系统退化、水源涵养能力受损、生态用水减少也是水环境状况恶化的原因之一。近年来，两河流域正在经历高速的城市化进程，自然下垫面面积锐减，龙岗河、坪山河流域建设用地面积已高达 57.4%和 45.46%，由于历史上毁林开荒的现象十分普遍，原生态系统破坏严重，一方面使水源涵养能力迅速降低，加剧了洪水和干旱灾害，减少了河流的生态基流；另一方面人类拦坝蓄水饮用，挤占了河流生态用水，降低了河流的环境承载力。

4.2.2 跨界问题解决方案

针对龙岗、坪山两河流域的主要跨界污染问题，应在《珠江口东岸地区紧密合作框架协议》的原则下，在整治流域内污染严重、存在违法排污行为的工业、养殖业和集中式污染治理设施等污染源，确保工业污染达标排放的基础上，流域内深惠两地应大力建设城镇污水处理及相关配套设施，减少生活污染入河负荷；两地应制定统一的、更加严格的水污染排放标准与产业用水标准，以深化流域产业结构调整，削减入河污染负荷；两地应联合进行河道整治，协调优化水资源调度，提升生态环境容量；如上述措施仍难以满足跨界断面水环境目标，流域内深惠两地应协调给排水格局，进行清污分流，以减少入河污染通量。

4.2.2.1 提升城镇污水处理水平，清欠历史旧账

龙岗河、坪山河流域跨界断面以上区域 2007 年城镇污水日排放量约 65.49 万 t，其中龙岗河、坪山河分别为 53.73 万 m^3/d 和 11.75 万 m^3/d，目前该区域建成 5 个集中式污水处理厂（上洋污水处理厂位于坪山河流域，横岗、横岭、龙田、沙田污水处理厂位于龙岗河流域）并已投入运行，现状处理能力仅为 37.5 万 m^3/d（龙岗河流域内 33.5 万 m^3/d，坪山河流域内 4 万 m^3/d），实际处理规模为 36.17 万 m^3/d，2007 年流域内污水处理率仅约为 55%（包括抽取河道来水的处理量），大量生活污水未经处理直排入河。

区域内污水管网建设进度缓慢，污水管网截排处理率仅为 22%。流域内大部分污水厂均存在污水收集管网不完善、处理量或处理浓度偏低的情况，如深圳上洋污水厂实际处理量仅为能力的 1/3，横岭污水厂靠河道抽水，进水 COD 质量浓度仅为 40.8 mg/L，横岗污水厂管网收集能力仅 2 万 t，不足处理能力的 1/5，其余均抽取河水，严重影响了污水处理设施的污染治理效果。

另外，鉴于跨界污染中氨氮与总磷污染问题突出，现有污水处理厂应改造脱氮除磷工艺，提升污水脱氮除磷效果。

基于以上分析，就 2012 年、2015 年和 2020 年城镇污水处理相关配套设施建设规划如下：

（1）大力兴建骨干城镇污水处理厂，削减污染排放。2012 年前，应大力兴建骨干城

镇污水处理厂。考虑到未来流域社会经济发展需求，规划近期新（扩）建污水处理规模约80万t/d（骨干城镇污水处理厂11座），其中龙岗河流域60万t/d，坪山河流域12万t/d，下游惠州段内8万t/d，城镇生活污水集中处理率将达80%以上。提升城镇污水处理工艺，区域内骨干城镇污水处理厂出水水质应达到《城镇污水处理厂污染物排放标准》（GB 18918—2002）一级A标准，部分核心大规模污水处理厂（处理规模10万t/d以上）应采用高效污水脱氮除磷工艺。

2015年前（中期），应新增城镇污水处理能力约10万t，其中龙岗河流域8万t/d，坪山河流域2万t/d，城镇生活污水集中处理率将达85%以上。并全面提升骨干城镇污水处理厂的污水脱氮除磷工艺。

2020年前（远期），应新增城镇污水处理能力约20万t，其中龙岗河流域17万t/d，坪山河流域3万t/d，城镇生活污水集中处理率将达90%以上。

考虑到污水处理厂出水水质一级A标准仍难以满足跨界断面水质要求，中远期骨干城镇污水处理厂建设时，根据当地土地利用情况（基于流域内国民社会经济发展规划），可考虑采用深度处理工艺后排入人工湿地，进一步提高出水水质，减少入河污染量。

另外，根据骨干城镇污水处理厂处理规模与地理交通位置，合理布局，做好城镇污水处理厂的污泥区域联合一体化处置方案，优化投入产出效益。

（2）加快污水配套管网建设，提升污水搜集水平。2012年前，针对现阶段城镇污水（含生活与工业）重点排放区域，规划完成龙岗河坪地、横岗两地与坪山河及支流截污干管工程，区域污水管网总长度达到280 km，排污管网密度达到0.7 km/km^2，区域污水截排率达到84%以上。

2015年年底前，在进一步提高龙岗河坪地、横岗两地与坪山河及支流污水截排率的基础上，根据未来社会经济发展态势，重点完成龙岗河龙岗街办区域的截污干管工程，排污管网密度达到0.8 km/km^2，污水截排率中期将达到90%以上。

2020年前，查漏补缺，重点完成龙岗、坪山两河其他支流污水截排工程，排污管网密度达到1.0 km/km^2，污水截排率远期将达到95%以上。

（3）合理利用郊区土地，建设湿地处理工程。对于无法接入截排系统的边远地区村落，为避免零散生活污水排放对水体的污染，规划在近期（2012年前）建成8个片区的简易湿地处理工程，处理规模70万t/d。

4.2.2.2 加大工业污染治理，深化产业结构调整

为解决流域内工业与规模化畜禽养殖的污染问题，应在整治流域内污染严重、存在环境违法行为的工业、养殖业和集中式污染治理设施等污染源，通过安装自动视频在线监控装置，确保工业企业与规模化养殖污染达标排放（尤其是电镀行业污水的重金属的达标排放）的基础上，近期通过实行从严的污染排放标准，贯彻严格的产业准入政策，中远期通过制定万元产值排水标准以严格控制工业用水排水，深化产业结构调整，削减入河污染负荷。

另外，为减少入河污水量，龙岗、坪山两河流域近期（2012年）、中期（2015年）、远期（2020年）的中水回用率规划至少应分别达到10%、15%和20%。

（1）加强监管，确保企业与规模化养殖污染达标排放。针对工业企业排放污染，两地环保部门应联合加大督察力度，采取日常巡查、互访互查、突击检查、群众信访等形式，

对区域内污染企业加大监管力度，要求全部重点污染源均安装自动在线监测装置，实现全部重点污染源在线监控，督促重点企业稳定达标排放。

针对规模化养殖，应在划定流域内禁养区的基础上，禁止新、扩建各类畜禽养殖项目。对现有规模化养殖场加强整治，完成处理设施整改，实现养殖污水稳定达标排放。流域内各街办加强对养殖业的监督管理，防止养殖污染反弹。

（2）执行从严的污染排放限值，实施严格的产业准入政策。规划近期（2012 年），流域污染企业向重点保护区域排污的，其化学需氧量、氨氮和总磷的排放限值分别为 50 mg/L、5（8）mg/L、0.5 mg/L；向一般保护区域排污的水体化学需氧量、氨氮和总磷的排放限值分别为 60 mg/L、8（15）mg/L、1 mg/L。

规划近期（2012 年），禁止在淡水河流域范围内新建和扩建电镀、线路板、制革、印染、养殖等 5 类行业建设项目。暂停审批电氧化、化工（现有定点基地除外）、发酵以及含酸洗、磷化、表面处理工艺的污染项目。对于流域范围内截污管网不完善的区域，暂停审批在该区域内新选址建设餐饮、桑拿、洗车等有污水排放的三产项目，并对流域内重点工业行业排水量进行限定。

根据从严排放标准，龙岗、坪山河流域内拟优化升级或关停清退企业共计 181 家（实际清退过程将根据各企业的污染治理设施建设与清洁生产工艺建设情况进行动态调整），减少污水排放 2.67 万 m^3/d，削减污染物排放量：化学需氧量（COD_{Cr}）——4 013.46 kg/d；氨氮——535.12 kg/d；总磷（TP）——80.29 kg/d。

此外，根据污水截排管网建设计划，2012 年前，规划约 12 万 t/d 的工业废水将由达标直排转变为进入集中污水处理系统进一步深度处理后排放。对于 2012 年截排范围外的工业企业，如员工超过 100 人或日排放生活污水超过 30 t，应要求其建设生活污水处理设施，出水应按照深圳市环境保护局的有关规定执行一级 A 标准。规划处理污水共计约 2.68 万 t/d，削减 COD_{Cr} 约 4 000 kg/d，氨氮约 500 kg/d，总磷约 80 kg/d。

（3）以万元产值排水量为标杆，执行产业结构调整政策。根据国家、广东省关于清退“两高两低”企业的产业结构调整政策，通过行业企业用水结构优化，从源头上减少污染排放，中期规划拟清退万元产值排水量高于 50 m^3 的企业 25 家（实际清退过程将根据各企业的技术改进情况进行动态调整）。根据污水截排管网建设计划，到 2015 年将新增 3 万 t/d 的工业废水由达标直排转变为进入集中污水处理系统进一步深度处理。

另外，为减少流域污染负荷，合理利用环境容量，腾挪区域发展空间，规划 2015 年全面清退畜禽养殖企业，具体清退清单见表 4-1。

表 4-1　中期（2015 年）畜禽养殖企业清退清单

序号	企业名称	污水量/（万 t/d）	削减污染物排放量/（kg/d）		
			COD_{Cr}	氨氮	TP
1	深圳市康达尔养猪有限公司	0.013	19.52	2.60	0.39
2	新龙达畜牧有限公司	0.006	9.39	1.25	0.19
3	深圳市种猪场	0.003	4.70	0.63	0.10
合计		0.022	33.61	4.48	0.68

2020 年，在中期产业结构调整成果的基础上，拟清退万元产值排水量高于 20 m^3 的企业 30 家（实际清退过程将根据各企业的技术改进情况进行动态调整）。根据污水截排管网建设计划，到 2020 年将新增约 1 万 t/d 的工业废水由达标直排转变为进入集中污水处理系统。

4.2.2.3 加强河道整治，优化水资源调度，提升环境容量

由于龙岗、坪山两河底泥污染严重，河道枯水期径流量过小，流域水环境容量不足，因此急需深惠两市加强协作，进行污染重点河段和河涌的综合整治，并由上下游区域联合进行水资源优化调度，在流域枯水期（12 月至次年 1 月）间，加大水库生态下泻流量，提升环境容量。

（1）重点河段综合整治工程。为避免河道底泥对水体的污染，深惠两市应加强协作，联合进行污染重点河段的综合整治，清挖污染严重的河道底泥并妥善处置，使河道水体恢复基本生态功能，到 2020 年实现“水绿草长，河清鱼翔”的生态目标，具体河道综合整治工程项目见表 4-2。

表 4-2　重点河段综合整治工程

编号	名称	工程内容
1	龙岗河及支流综合整治	清淤疏浚
2	坪山河及支流综合整治	清淤疏浚
3	淡水河、淡澳河综合整治	清淤疏浚
4	丁山河清淤疏浚工程	清淤疏浚

另外，为避免城镇生活垃圾对河道水体的污染，流域内河岸左右岸 1 km 缓冲区内禁止城镇生活垃圾露天堆放。规划提高城镇生活垃圾收集率，到 2012 年，城镇生活垃圾收集率达到 90%，到 2015 年，城镇生活垃圾收集率达到 95%，到 2020 年，城镇生活垃圾收集率达到 98%以上。

（2）加强水资源调度，增加水库下泄流量，提高水环境容量。由于龙岗、坪山两河均为雨源型河流，枯水期河道流量过小，水环境容量低下，因此上下游区域应联合进行水资源优化调度，在流域枯水期加大水库生态下泄流量，提升环境容量。规划期限内（2010—2020 年），深惠两市应对流域内非供水水库进行水资源优化调度，在枯水期（12 月至次年 1 月）向河流增加 1.67 m^3/s 的清洁流量。

4.2.3 规划目标

根据以上解决方案，参照 2007 年污染物产生与排放情况，制定龙岗河、坪山河预测 2012 年、2015 年、2020 年污染排放控制目标见表 4-3、表 4-4、表 4-5。

表 4-3　龙岗河区域排放控制目标一览表

水平年	废水产生量/（万 t/d）	COD_{Cr} 排放量/（t/d）	氨氮排放量/（t/d）	总磷排放量/（t/d）
2007 年	53.72			
2012 年	50.27	21.05	1.92	0.2
2015 年	48.31	16.01	1.06	0.15
2020 年	48.31	9.38	0.45	0.09

表 4-4 坪山河区域排放控制目标一览表

水平年	废水产生量/（万 t/d）	COD_{Cr}排放量/（t/d）	氨氮排放量/（t/d）	总磷排放量/（t/d）
2007 年	11.75			
2012 年	10.85	4.6	0.43	0.04
2015 年	10.26	3.45	0.24	0.03
2020 年	10.26	1.9	0.09	0.02

表 4-5 淡水河下游区域排放控制目标一览表

水平年	废水排放量/（万 t/d）	COD_{Cr}排放量/（t/d）	氨氮排放量/（t/d）	总磷排放量/（t/d）
2007 年	11.37	28.17	3.7	0.62
2010 年	10.24	25.76	3.38	0.57
2015 年	9.1	23.35	3.06	0.51
2020 年	7.96	20.93	2.75	0.45

（1）2012 年目标。到 2012 年年底，通过建设完善污水处理厂和管网系统，切实提高城镇生活污水收集率和处理率，龙岗、坪山两河流域内的生活污水将基本得到有效处理；通过加强环保监督执法，保证工业污染源全面稳定达标排放；通过加大区域内产业调整力度，清退区域内大量“两高两低”企业。预计可每天减少流域内工业 COD、氨氮和总磷的排放量约 10.77 t、1.24 t 和 0.17 t。

到 2012 年年底，龙岗、坪山两河流域主要水体应消除黑臭，恢复农用水功能。深惠交界断面水质和龙岗河、坪山河水质，除氨氮浓度要求不高于 4 mg/L 外，其他水质指标均应达到Ⅴ类标准。

（2）2015 年目标。到 2015 年年底，通过产业结构优化升级，继续清退流域内“两高两低”企业；通过完善集中式治污设施和建设深度处理设施，着力提高污水处理设施出水水质。预计可每天减少工业 COD、氨氮和总磷排放量约 2.1 t、0.25 t 和 0.023 t，每天减少流域内 COD、氨氮和总磷的排放量约 6.1 t、1.05 t 和 0.06 t。

到 2015 年年底，龙岗、坪山两河流域水体水质进一步改善，基本恢复工业和景观用水功能，水体生态系统有所恢复，龙岗河、坪山河深惠交接断面水质基本达到Ⅳ类目标（氨氮浓度控制在Ⅴ类标准以内）。

（3）2020 年目标。到 2020 年年底，龙岗、坪山两河流域水体水质基本满足功能要求，生态基本恢复，龙岗河、坪山河深惠交接断面达标交接，水质整体达到Ⅳ类标准，重金属指标应达到Ⅲ类标准。

4.3 深莞联动，治理观澜河跨界污染

4.3.1 现状、特征与问题分析

4.3.1.1 流域现状

石马河（观澜河）是东江的二级支流，也是目前影响东江水质的重要污染源之一。近

年来石马河流域经济社会的高速发展对河流水质保护造成了巨大的压力，水质长期劣于Ⅴ类，甚至发黑发臭，是广东省跨界污染最严重的流域之一，成为各级政府和社会各界密切关注的焦点。观澜河为石马河上游，发源于深圳梅牛咀水库鸡公头北麓，北向流经龙华和观澜在尖沙河村北出境与东莞石马河相接，干流河长 22.56 km，主要支流有游松河、坂田河等。

观澜河流域内总人口约 200 万，流域面积约 259 km^2，总汇水面积 189.3 km^2，流域属丘陵谷地地貌带，地貌类型主要为低丘陵，总的地势南高北低，西高东低，水系分布在低山丘陵地带和台地地区。观澜河属雨源型河，其径流量、流量、洪峰都与降水量密切相关，观澜河多年平均径流量、最枯月径流量见表 4-6。

表 4-6　观澜河多年平均与最枯月径流量特征值表

河流及区域	集雨面积/km^2	多年平均径流量/亿 m^3	最枯月平均流量/（m^3/s）	多年平均径流量/（m^3/s）
观澜河	202.0	1.92	0.716	6.09

4.3.1.2 污染负荷分析

观澜河流域工业总产值 3 491.3 亿元，有各类工业企业 2 000 多家，主要污染行业为电镀、线路板、印染（洗水）、制革等多个重污染行业。流域内的工业污染源主要集中在河道干流下游及其支流，上游及其支流分布密度稍低。

流域平均每天约有 55 万 t 生活、生产污水直排入河，根据相关调查表明，87%的污染负荷直接与生活污染相关。流域污水年产生量为 16 547 万 t，污水排放量为多年平均径流量的 0.862 倍，其中生活污水占污水产生总量的 87.01%。流域污染负荷产生总量为 COD_{Cr} 3.63 万 t，氨氮 0.47 万 t。

4.3.1.3 环境质量分析

根据多年水质监测数据，观澜河水环境质量呈现以下特征：

（1）上游竹坑断面由于龙华、观澜街道生活污水和工业污水排入河道，水质已受到严重污染，其中 COD_{Cr} 约为Ⅴ类标准值的 3 倍、BOD_5 约为 6 倍、氨氮约为 12 倍、TP 约为 13 倍。

（2）中游控制断面放马铺断面有机污染指标严重超标，年均值均超过了地表水Ⅴ类标准值，其中 COD_{Cr} 约为Ⅴ类标准值的 2.7 倍、BOD_5 约为 5 倍、氨氮约为 12 倍、TP 约为 11 倍。

（3）下游企坪断面断面水质比中游控制断面有所改善，但年均值仍超过地表水Ⅴ类标准，其中 COD_{Cr} 约为Ⅴ类标准值的 1.6 倍、BOD_5 约为 3 倍、氨氮约为 8.7 倍、TP 约为 7 倍。

总体来看，观澜河有机污染指标严重超标，年均值均大大超出地表水Ⅴ类标准值。其中 COD_{Cr} 约为Ⅴ类标准值的 1.5 倍、BOD_5 为 5 倍、氨氮为 11 倍、TP 为 10 倍，表现出明显的生活污染特征。在观澜河监测的水质指标中，溶解氧（DO）浓度值较低，各监测断面质量浓度在 1.30 mg/L 左右，无法维持高级水生生物的生命，水体发黑发臭，水生态功能基本丧失。

4.3.1.4 主要污染问题

观澜河是深圳市唯一划定为饮用水源功能区的河流（现在自来水厂已不从河道取水），其水质好坏直接影响到东江水系的“水安全”。由于流域污染物产生量与排放量远超过水体环境容量，水环境质量长期处于劣V类的水平，是广东省跨界污染最严重关注的流域之一，虽经过一系列污染治理手段的实施，但流域内整体水质没有明显的改观，概括起来，观澜河流域环境问题及成因主要为下列几个方面：

（1）工业产业结构不合理，格局型和结构型污染突出。流域内污染物排放总量偏大。流域内产业结构不合理，电镀、线路板、印染（洗水）、制革等重污染行业众多，废水排放量较大，格局型和结构型污染突出。另外，区域内多为劳动密集型企业，人口过多引发了大量的生活污染问题。

（2）环保基础设施的建设严重滞后于污染负荷的增长速度，生活污染问题突出。流域内人口总量为 310 万人（含流动人口），人口密度达到 11 985 人/km^2，日生活污水排放量约为 50 万 t，而污水处理厂的设计能力不足 40 万 t/d，导致大部分生活污水未经任何处理直排入河，加之城镇集污管网建设滞后，排污、减污能力严重滞后于污染负荷的增长速度，生活污染问题突出，造成水体氨氮、COD 浓度严重超标。

（3）水源生态涵养能力受损，面源污染问题突出。流域内建设用地不断蚕食自然土地，流域的开发用地比例已高达 54%，水源生态涵养面积不断减少。大量垃圾随意堆放，河流两岸有大量的农田、菜地和果林，下雨及农田排水时农田所施用的化肥、农药也会随雨水或灌溉水进入河道，面源污染不断增加。

（4）生态用水减少，水体自净能力减弱。流域河流主要为雨源型河流，水环境条件先天不足，加之上游水库的截流和流域内地面的硬质化使河流基流不断减少，造成枯水期观澜河流量不足 0.72 m^3/s，污径比高达 8∶1，水体自净能力迅速萎缩，致使河流纳污和自净能力已经基本丧失。日积月累的河流底泥污染是加剧水体生态恶化的重要原因。

4.3.2 跨界污染问题解决方案

观澜河流域必须通过产业结构调整这一根本性途径，以“限制用水量、控制产生量、减少排放量、提高环境容量”达到减少工业与生活污水排放的目标，辅之以空间产业布局、城镇生活污水截排、河道整治以及增加河道径流等方法，减少污染排放，提高区域环境承载力。

4.3.2.1 调整产业结构，限制用水以减少污水排放

观澜河流域内必须调整产业结构，逐步清退重污染型和劳动密集型产业，提高土地产出率，进而限制产业用水量的增加，加强清洁生产，大力发展中水回用，规划近期、中期、远期的中水回用率达到 10%、15%和 25%，减少污水排放。对已进园的电镀、印染、制革企业（名单），按照相关行业标准清退；全流域内对造纸、化肥等造成氨氮污染的企业执行广东省《水污染物排放限值》（DB 44/26—2001）中一级标准达标排放和总量控制，对 2012 年年底前仍不能稳定达标的污染企业实施关停，具体清单见表 4-7。

表 4-7　2012 年年底前拟关停清退的候选企业清单

序号	企业名称	地市	行业	污水量/（m^3/a）
1	东莞市光彩颜料有限公司	东莞市	染料制造	37 000
2	东莞塘厦四村针织工艺厂	东莞市	毛针织品及编织品制造	12 782.8
3	东莞塘厦景泰织造厂有限公司	东莞市	纺织服装制造	12 000
4	东莞市万年富电子有限公司	东莞市	印制电路板制造	539 016
5	东莞联泰制衣有限公司	东莞市	纺织服装制造	811 581.804
6	深圳市康达裕食品有限公司	深圳市	畜禽屠宰	170 525
7	深圳市雄旺羊毛厂	深圳市	毛纺织	24 071
8	海神家具化工（深圳）有限公司	深圳市	其他家具制造	103 500
9	深圳市盛德兰电气有限公司	深圳市	电容器及其配套设备制造	18 000
10	深圳市福记标准送餐服务系统有限公司	深圳市	肉制品及副产品加工	37 139
11	新集诚电工材料（深圳）有限公司	深圳市	云母制品制造	63 546
12	深圳市品佳模型塑料科技有限公司	深圳市	模具制造	67 200
13	深圳市光辉科技有限公司	深圳市	香料、香精制造	5 376
14	深圳市伊泽实业有限公司康力食品厂	深圳市	肉制品及副产品加工	60 243.32
15	深圳市嘉康食品有限公司龙华分公司	深圳市	畜禽屠宰	11 040
16	谦大饰品（深圳）有限公司	深圳市	其他纺织制成品制造	10 851
17	深圳市潘记子云食品有限公司	深圳市	方便面及其他方便食品制造	61 500
18	深圳市龙岗区布吉岗头海洋五金厂	深圳市	家用电力器具专用配件制造	120 000
19	新锦人实业（深圳）有限公司	深圳市	自行车制造	103 680
20	深圳市润昌源纸业有限公司	深圳市	手工纸制造	56 000
21	深圳市深百林实业有限公司	深圳市	糕点、面包制造	5 907
22	深圳市极雅致印刷有限公司	深圳市	书、报、刊印刷	10 080
23	深圳市嫦宫实业有限公司	深圳市	糕点、面包制造	11 587.8
24	深圳市登路喜实业有限公司坂田分公司	深圳市	包装装潢及其他印刷	11 785.6
25	深圳市东运达化纤有限公司	深圳市	其他合成纤维制造	55 080
26	深圳市美奇思食品有限公司	深圳市	糕点、面包制造	12 000
27	深圳市龙岗区布吉坂田新强印刷厂	深圳市	纸和纸板容器的制造	100 000
28	以莱特空调（深圳）有限公司	深圳市	制冷、空调设备制造	80 738
29	迈图精细高新材料（深圳）有限公司	深圳市	化学试剂和助剂制造	146 850

2012 年年底前，针对劳动密集型企业，员工超过 100 人或日排放生活污水超过 30 t 且暂时未能进入污水处理厂的项目，须同步建设生活污水处理设施，并保证污水达标排放，否则一律给予搬迁或关停。

4.3.2.2 优化空间布局，减少生态干扰

依据观澜河流域功能区划，坚守“禁止开发”和“限制开发”的控制红线，优化产业空间布局。生态控制红线内，禁止新增土地开发面积，敏感区域实行退工还林、退农还林，逐步恢复流域的自然下垫面面积，农业推广配方施肥，控制面源污染。对禁止、限制开发区和截排范围外的区域实行禁批，对重污染行业实行禁批，对耗水型和劳动密集型项目实

行限批。其他新、扩建项目总量指标须通过清退企业的“点对点”削减获得。

4.3.2.3 建设沿河大截排系统，强化污水厂的脱氮除磷功能

观澜河流域内现有污水截排管网 47 km，截污管网密度 0.18 km/km^2，仅相当于 20 世纪末东部城市的平均排污管网密度，流域内污水截排管网建设严重滞后，污水收集率低下，严重影响了龙华、华为、观澜、平湖、鹅公岭等污水处理厂的污水处理能力的发挥。规划在 2012 年年底前，流域内应采取有力措施，加快沿河大截排系统建设，力争干流全部完成截污，重要支流总出水口全部截污。加快城镇污水处理厂建设，重点推进龙华、华为、观澜、平湖、鹅公岭等污水处理厂升级改造，强化脱氮除磷功能，污水截排率和集中处理率须达到 80%；中远期污水处理厂扩建要求进行处理工艺升级。

另外，对于截排范围外的污废水须进行分散处理，确保处理水达到一级 A 标准，实现处理工程双保险。

4.3.2.4 实施综合整治工程，恢复河流生态

为避免面源污染，分阶段彻底清除流域内干流和大小支流河道两岸 1 000 m 范围内全部生活垃圾堆和工业垃圾堆，清除河道污染底泥并妥善处置。针对枯水期河道径流不足的问题，对流域内非供水水库进行环境优化调度，在枯水期（12 月至次年 1 月）向河流增加 0.72 m^3/s 的清洁基流。

另外，2012 年年底前，重污染企业、骨干污水厂和排水量前 30%的企业必须安装在线监测装置，加强监控，杜绝违法排污。2015 年年底前，排水量前 60%的企业必须安装在线监测装置，加强监控，杜绝违法排污。

4.3.3 规划目标

根据 2012 年、2015 年、2020 年污染物产生与排放预测情况，结合近期观澜河减排措施、方案，制定观澜河 2012 年、2015 年、2020 年水环境规划目标如下：

（1）2012 年规划目标。水质基本达到《地表水环境质量标准》（GB 3838—2002）V类标准。观澜河企坪、石马河口的交接断面优于地表水V类标准（氨氮质量浓度＜10 mg/L）。

（2）2015 年规划目标。水质基本达到《地表水环境质量标准》（GB 3838—2002）Ⅳ类标准（氨氮除外，浓度达V类）。观澜河水环境质量的达标率超过 90%，观澜河企坪、石马河口的交界断面水中水环境质量达标率超过 98%。

（3）2020 年规划目标。水质全部达到《地表水环境质量标准》（GB 3838—2002）Ⅳ类标准，其中重金属指标达Ⅲ类。观澜河水环境质量的达标率超过 95%，观澜河企坪、石马河口的交界断面水中水环境质量全部达标。

4.4 广佛同城，共治内河涌污染

广佛同处珠江三角洲下游河网地带，两市接壤的区域为复杂的河网区，交界地带主干河涌有 20 条之多，其中最长的河涌为 9 km，最短的河涌仅有 3～4 km，两市河涌相连，受潮汐、径流作用，两地水环境相互影响。随着广佛两地经济的快速发展，人口密集，广佛一些内河涌污染问题日益严重且久治不愈，急需两市以同城化为契机，齐防共治，解决

广佛内河涌跨界水污染。

4.4.1 现状、特征与问题分析

4.4.1.1 流域现状

广佛两市的跨界水体主要有：巴江河、九曲河、白岭涌、汾江河、花地河、牛肚湾涌、秀水涌、石井河、滘口涌、芦苞涌、西南涌、雅瑶水道、水口水道、白坭河、流溪河、五眼桥涌等，其中，西南涌与佛山水道由于承纳了较多的废水，跨界水污染问题表现得非常突出。

西南涌位于三水县西南镇东南方，河长 46.4 km，向东流经南海县官窑、里水、和顺等镇至老鸦岗与芦苞涌和流溪河汇合后，向广州市西、北郊流入珠江。汇水面积 452.63 km^2。佛山水道西起沙口，流经佛山市区、南海、广州三地，到沙尾桥与平洲水道汇合后流入珠江，全长约 25.5 km。其沙口至谢叠桥全长 13.4 km 的河段称为汾江，污染尤为严重。佛山水道河宽 50～200 m，水深 1.5～6 m，河床高程变化不大，流速一般为 0.2～0.6 m/s，佛山水道感潮现象明显，呈“双向流”特点。佛山水道流域常住人口 148.67 万人，汇水面积 268.56 km^2，占佛山市总面积的 6.98%。

4.4.1.2 污染分析

近年来，西南涌废污水入河总量为 3 062.35 万 m^3，COD 入河总量为 19 803.77 t，氨氮入河总量为 2 258.15 t。通过对污染来源的调查分析，西南涌 COD 污染首要来源是城市居民的生活污水，占到总份额的 2/5，其次是达标排放的工业废水，约占 1/6，第三是畜禽养殖，占将近 1/6；氨氮的来源方面城市居民的生活污水仍然是水体中氨氮的首要来源，占总数超过 1/2，生猪养殖业占水环境氨氮来源的第二位，约占 1/5，水产养殖的氨氮占第三位，约占 1/8。综上可知，西南涌流域 COD、氨氮主要来自生活污染源。

近年来，佛山水道废污水入河总量为 19 024.7 万 m^3，其中生活污水入河量为 11 923.9 万 m^3，占废污水入河总量的 60.62%，工业废水入河量为 7 746.3 万 m^3，占废污水入河总量的 39.38%，主要污染行业是纺织印染业、铝材业、造纸业、化工塑料业。佛山水道 COD 入河总量为 14 566.5 t，其中生活污染源与工业污染源 COD 入河量分别为 8 840.3 t、5 726.2 t，各占 COD 入河总量的 60.69%、39.31%。佛山水道氨氮入河总量为 1 921.6 t，生活污染源与工业污染源氨氮入河量分别为 1 148.9 t、772.8 t，各占氨氮入河总量的 40.21%、59.79%。总体来说，佛山水道流域 COD、氨氮主要来自生活污染源。

4.4.1.3 环境质量分析

西南涌全年综合评价为劣Ⅴ类，枯、丰水期的水质现状评价及主要超标项目见表 4-8。

表 4-8 西南涌枯、丰水期的水质现状评价

断面名称	枯水期		丰水期	
	水质	主要超标项目	水质	主要超标项目
凤岗	劣Ⅴ类	DO、氨氮、BOD_5、COD_{Cr}、COD_{Mn}	劣Ⅴ类	DO、BOD_5、氨氮
和顺	劣Ⅴ类	DO、氨氮	劣Ⅴ类	DO、氨氮

对比丰水期和枯水期水质现状的超标情况，不难发现综合整治区丰水期的地表水环境质量现状水要优于枯水期的，水质受污染程度略为轻些。西南涌水质指标全部达不到相应的目标要求，表现为严重的水质污染，特征污染物为氨氮、COD，呈现明显的生活污染特征。

佛山水道 2004—2007 年罗沙断面水质各年基本达到Ⅴ类水质标准；横滘断面水质相对较差，主要超标因子为：溶解氧（DO）、化学需氧量（COD_{Cr}）、生化需氧量（BOD_5）、氨氮、总磷（TP）、阴离子表面活性剂。佛山水道的水质呈现以下污染特征：

（1）污染类型以耗氧有机污染为主，营养盐含量高，水体缺氧严重；存在一定程度的阴离子表面活性剂污染；油污染、氟化物、重金属污染不明显。

（2）佛山水道上游罗沙断面水质优于下游横滘断面，罗沙断面水质基本达到Ⅴ类标准，横滘断面水质劣于Ⅴ类，主要污染因子为 DO、BOD_5、COD、氨氮、TP、阴离子表面活性剂。

（3）从 2004 年到 2007 年，主要污染因子 DO、BOD_5、COD、氨氮、TP、阴离子表面活性剂的含量呈升高趋势，其他污染物呈稳定或下降趋势。

4.4.1.4 主要问题

近年来，随着经济的高速发展，水体承纳的污染物量远远超过水体的环境容量，西南涌的和顺交界断面及佛山水道的下游横滘断面水环境质量长期处于劣Ⅴ类的水平，虽经过一系列污染治理手段的实施，但仍难以达到水环境功能目标，流域主要污染问题可归纳为如下几点：

西南涌

（1）局部水污染源过于集中。西南涌长 34.5 km 的河段接纳了狮山、官窑、和顺、河口、西南、三水农场、南边街以及乐平共 8 个经济相对较发达街镇的全部生活污水、畜牧养殖业污水以及工业废水等水污染负荷，累计承纳 33 981.7 t/a 的 COD，为该水道环境容量的 3.37 倍。

（2）环境保护基础设施建设滞后。在人口剧增和工业的高速发展过程中，城市排污管网、污水处理厂、垃圾处理场等市政基础设施没有同步建设，污水处理率和垃圾处理率低。

（3）畜牧养殖业污染负荷比例大。畜牧养殖业在农业结构中的比重较大，而畜禽饲养业产生的环境污染已成为水污染的重要因素，流域内牲口以及生猪养殖业排到西南涌的氨氮和 COD 分别占全流域包含面源的排放总量的 20.85%和 17.65%；生猪养殖业污染源占大比例的河段正是西南涌水环境质量问题较为突出的河段。

佛山水道

经过近 20 年来的治理，佛山水道的水环境状况基本呈现逐步改善的良好趋势，其上游与下游均有部分河段水质相对较好，能够达到Ⅴ类水质要求，但是佛山水道的其他河段以及直接汇入的主要河涌水质污染严重，基本为劣Ⅴ类。造成佛山水道大部分河段以及河涌水质严重污染的原因主要有：

（1）废污水排放量大，污水处理设施建设相对滞后。佛山水道流域经济快速发展，人口迅速增加，导致废污水排放量不断增加，而污水处理设施的建设却相对滞后于城市建设和经济发展的速度。截至 2007 年，流域内已建成的污水处理厂共 8 座，设计处理能力为

64.5 万 m^3/d，由于污水收集管网及污水泵站建设不完善，流域内生活污水集中处理率不足 50%，工业废水集中处理率只有 15%左右，大量未经处理的生活污水和未达标排放的工业废水直接排入附近河涌，对佛山水道水质造成严重污染。

（2）产业结构不合理，环境管理有待加强。佛山水道流域工业行业多为纺织印染业、铝材业、造纸业、化工塑料业、皮革业、电镀业、机械制造业、食品加工业、玻璃陶瓷业和制药业等重污染行业，这些行业多为资源消耗型、能源消耗型、污染型的行业。由于产业结构不合理，结构性污染严重。

重污染企业多沿河而建，由于环保意识薄弱，片面追求企业的经济利益，部分企业没有废污水处理设施，部分企业虽建有废污水处理系统但并未按要求运行。由于环境执法监督管理能力不足，对环境违法行为处罚力度不够，偷排未经处理或处理不合格废水的情况仍较突出，加剧了水环境恶化。

此外，固体废弃物未规范处置，例如化粪池中的粪便，资源化程度相当低，全流域仅镇安污水处理厂具备粪便处理能力，但其处理量很小，大部分粪便未经正规化处置就随意堆放在佛山水道的河涌附近，随径流进入水体，对水质造成污染。

（3）水文条件影响。佛山水道属珠江三角洲感潮河网区，河宽 45～200 m，水深 1.5～6 m，枯水期平均流速为 0.2～0.4 m/s。受南海潮汐影响，佛山水道属于混合潮中的非正规半日潮，水流呈双向流。涨潮时，水从横滘、石啃和沙口 3 个方向向佛山市区传入；退潮时方向相反。同时，由于沙口水闸和石肯水闸对佛山水道水流的人为限制，当水从潭州水道和平洲水道流入佛山水道和佛山涌时开闸，当水从佛山水道、佛山涌进入潭州水道和平洲水道时闭闸，使得佛山水道实质上变成了一个半封闭的水体，在下游潮波的动力作用下做往复运动，污染物不容易扩散。

4.4.2 跨界污染问题解决方案

广州、佛山拟通过对列入流域范围或污染严重的企业进行取缔、关停或限期治理、实施河涌综合整治工程、加大污水管网建设和污水处理厂新扩建工程等来整治广佛跨界水污染问题。

基于荔湾、南海两区已建立的防治水污染合作协议，规划重点推进界河涌花地河、秀水涌、滘口涌、五眼桥涌、芦苞涌及白坭河的整治，共同完成相应的截污、堤岸整治等工作。此外，两市环境监测站还将联合在佛山水道、西南涌（官窑涌）、九曲河跨境河流布设交接断面，开展水质监测并通报监测结果。

4.4.2.1 西南涌

西南涌一体化整治方案如下：

（1）强化南海里水镇、黄岐镇、官窑以及和顺城镇截污设施和污水处理设施建设，提高废水收集率和污水处理率；加大三水乐平镇、西南街区、三水农场污水处理设施建设，控制生活污水对西南涌水环境污染。

（2）关闭与搬迁流域内的超标排污企业，其他企业在现状排放的基础上 COD、氨氮排放量削减 10%；加大增、扩建污水处理厂力度，提升流域污废水处理能力，完善污水收集管网与污水泵站系统，使流域生活污水处理率达到 85%以上。

（3）划定流域养殖场禁养区、限养区，畜禽禁养区内现有养殖场全面完成关停转迁；限养区内猪存栏 300 头以上、牛存栏 30 头以上规模化养殖场完成治理任务，畜禽存栏量削减到控制范围以内，同时加快建设一批生态畜禽养殖小区，全面实施其他规模化畜禽养殖场的污染治理。规范养殖场，实现养殖场规模化及养殖场废水达标排放。

4.4.2.2 佛山水道

佛山水道一体化整治方案如下：

（1）关闭与搬迁流域内的 26 家企业和 4 个工业园区；新建、扩建污水处理厂 4 座，流域处理设计能力达到 84.5 万 m^3/d，完善污水收集管网与污水泵站系统，使流域生活污水处理率达到 85%以上。据估算由此可以削减佛山水道 COD 入河量 5 823.6 t/a、氨氮入河量 788.4 t/a、总磷入河量 134.0 t/a，减少的 COD、氨氮和总磷入河量分别占佛山水道入河削减量的 82.40%、53.80%、85.56%。

（2）实施生态修复工程。在凹窦涌设置面积为 0.15 km^2 的港湾式生化处理工程；在罗村涌王芝围设置面积为 0.023 km^2 的生物原位净化工程；在南北大涌涌口河段设置面积 0.03 km^2 的生物原位净化工程；在九江基涌设置面积为 0.016 km^2 的生态处理工程；在佛山涌设置面积为 0.13 km^2 的生态处理工程；在谢边涌设置面积为 0.10 km^2 的生态处理工程。据估算工程实施后可以减少佛山水道 COD 入河量 6 633.6 t/a、氨氮入河量 1 035.9 t/a、总磷入河量 156.5 t/a。总磷的治理效果基本能够满足削减方案的要求，但 COD 和氨氮的减少量分别占入河削减量的 93.87%和 70.69%，仍需采取其他措施进一步减少 COD 和氨氮的入河量。

（3）提升工业污染源强化治理工程。提高流域工业废水集中处理率达到 60%以上；所有自行处理独立排污的企业，废污水排放执行广东省《水污染物排放限值》（DB 44/26—2001）中的一级标准。

4.4.3 规划目标

西南涌 2012 年的规划目标：对水体黑臭的河段应加强治理，消除黑臭，水质基本达到《地表水环境质量标准》（GB 3838—2002）Ⅴ类标准。和顺交界断面水质和西南涌及其支涌水质优于地表水Ⅴ类标准。

西南涌 2015 年的规划目标：西南涌及其支涌水质进一步改善，完全恢复水体功用，水体生态系统有所改善，和顺交界断面水质和西南涌及其支涌基本达到Ⅳ类目标。

西南涌 2020 年的规划目标：西南涌及其支涌生态基本恢复，和顺交界断面水质和西南涌及其支涌全部达到Ⅳ类标准。

佛山水道 2012 年的规划目标：逐步恢复佛山水道的生态功能，消除水体黑臭现象，实现“三年江水变清”的目标，全河段水质常年基本达到Ⅴ类水质标准，交界断面水环境质量达标率超过 80%。基本恢复汾江河的生态功能。

佛山水道 2015 年的规划目标：基本恢复佛山水道的生态功能，全河段水质基本达到Ⅳ类水质标准，交界断面水中水环境质量达标率超过 90%。完全恢复汾江河的生态功能。

佛山水道 2020 年的规划目标：恢复佛山水道的生态功能，全河段水质常年稳定在Ⅳ类水质标准，佛山水道水环境质量的达标率超过 95%，交界断面水中水环境质量全部达标。

逐步形成汾江河水文化品牌。

4.5 综合治理，解决独水河污染

4.5.1 现状、特征与问题分析

4.5.1.1 流域现状

独水河为北江支流，全长约 21 km，流域面积 136 km^2，流经四会市、肇庆（大旺）高新区，经独水河水闸排入北江。独水河上游在四会境内约 15 km，又称清莲大排渠，从四会五马岗出境，进入肇庆（大旺）高新区，境内河长 6 km，并在大旺正隆接纳东西排渠来水后排入北江。独水河丰水期由四会境内流入独水河的平均流量为 20 m^3/s，枯水期平均流量为 1.5 m^3/s。

根据《广东省水环境功能区划方案（试行）》规定，独水河龙王庙水库上游江段水质保护目标为Ⅱ类，下游江段为Ⅲ类。近年来，随着四会市和肇庆（大旺）高新区经济的发展，生活污水和工业废水不断增大，对独水河水质造成严重的影响，独水河底部淤泥重金属富集，水体发黑发臭，河内水生植物和鱼虾绝迹。独水河排入北江后，在排水水闸附近的北江江面上形成一条宽约 20 m，长约 200 m 的污染带，严重影响了下游佛山、广州等城市 1 000 多万群众的饮用水水源地安全。

流域内经济发展迅速。2007 年四会市国内生产总值超 100 亿元，工业总产值超 80 亿元，城市化、工业化高速发展，全市工业结构以轻工业为主，工业门类主要有轻工、建材、机电、纺织、化工塑料和农副产品加工等。肇庆高新区工业总产值超 40 亿元，区内项目涉及电子信息、生物制药、新型材料、机械制造和五金化工等产业。

4.5.1.2 污染排放分析与预测

流域内聚集众多电镀、印染、纺织、金属加工与化工等重污染企业，但区域内污水处理设施却严重滞后，同时，生活污水、畜禽养殖废水等面源污染排放量也较大。独水河两岸入河的污水总量约为 10.89 万 m^3/d。按照相关污染源统计，区域向独水河排放的污染物总量为：化学需氧量（COD_{Cr}）——13.73 t/d；氨氮（NH_4-N）——1.82 t/d；总磷（TP）——0.16 t/d。两个控制单元（四会市、肇庆高新区）的具体污染排放情况与未来排放预测如下：

（1）独水河上游——四会市。四会市排入独水河的总污水量约为 88 470 m^3/d，其中工业污水排入独水河的量约为 41345 m^3/d，生活污水排入独水河的量约为 47 125 m^3/d。工业主要污染行业为纺织印染业和电镀业。如工业废水达标排放且不计入面源污染，四会市向独水河排放的污染物情况为：化学需氧量（COD_{Cr}）——10.27 t/d；氨氮——1.40 t/d；总磷（TP）——0.11 t/d。

根据相关预测，2012 年四会排入独水河的污水总量约为 11.08 万 m^3/d，2015 年排入独水河的污水总量约为 13.28 万 m^3/d。

（2）独水河下游——肇庆高新区。肇庆高新区排入独水河的总污水量约为 20 415 m^3/d，其中工业污水排入独水河的量约为 7 965 m^3/d，生活污水排入独水河的量约为 12 450 m^3/d。主要污染行业为金属加工、制造业、木材加工、化工和纺织业。如工业废水达标排放且不

计入面源污染，高新区向独水河排放的污染物情况为：化学需氧量（COD_{Cr}）——3.47 t/d；氨氮——0.42 t/d；总磷（TP）——0.50 t/d。

根据相关预测，2012 年高新区排入独水河的污水总量约为 4.49 万 m^3/d，2015 年排入独水河的污水总量约为 8.62 万 m^3/d。

4.5.1.3 环境质量分析

根据 2007 年相关水质监测数据，独水河污染严重，水质已属于劣Ⅴ类：

独水河四会大旺交界处水质为劣Ⅴ类，其中 COD_{Cr} 为 333 mg/L，超出Ⅴ类水质标准 8.3 倍；氰化物为 0.23 mg/L，超出Ⅴ类水质标准 1.15 倍；石油类为 24.42 mg/L，超出Ⅴ类水质标准 24.42 倍。

独水河排入北江前水质为劣Ⅴ类，其中 COD_{Cr} 为 160 mg/L，超出Ⅴ类水质标准 4 倍；氨氮为 4.66 mg/L，超出Ⅴ类水质标准 2.33 倍；总磷为 0.79 mg/L，超出Ⅴ类水质标准 1.98 倍；石油类为 2.93 mg/L，超出Ⅴ类水质标准 2.93 倍。

由此可见，独水河上游水质污染严重，虽经下游来水稀释，仍然难以达到水环境功能要求的Ⅲ类目标。

4.5.1.4 主要污染问题

独水河污染跨界污染严重，引起了肇庆、四会、高新区以及相关媒体各方的高度关注，虽经过一系列污染治理手段的实施，流域污染加重的趋势初步得到控制，但仍难以达到水环境功能目标，流域主要污染问题可归纳为如下几点：

（1）工业污染治理水平较低，工业企业不能稳定达标排放。流域内重点污染企业治理和管理水平普遍较低，多数存在污水处理设施老化、处理能力不足、自动化水平较低等问题，污水不能稳定达标排放，根据 2007 年独水河流域环境督察行动显示，17 家重点污染企业中，9 家企业污染物超标排放，超标率 52.9%，其中，14 家纺织印染企业中有 8 家超标排放，超标率竟高达 57.1%。企业存在不正常使用污染处理设施、违法偷排污水等现象，污染整治与日常环境监管有待进一步加强。

（2）工业布局不合理，部分企业擅自扩大生产规模，污水排放量大。流域内工业布局不合理，纺织印染、电镀重点污染企业众多，废水排放量大且难以生化降解（严重影响了城镇污水处理工艺的正常运行），尤其是上游区域纺织印染、电镀企业每天污水排放据统计就高达 4 万 t，加之部分企业擅自扩大生产规模，实际污水排放量可能远远大于环境统计数据。

（3）环境基础设施建设落后，城镇污水处理率偏低。目前，流域内仅四会建有污水处理厂 1 座，日处理规模 8 万 t/d，且由于未实施污水截排、雨污分流，污水收集管网建设缓慢，该污水处理厂目前抽取河水进行处理，严重影响处理效能发挥。高新区污水处理厂虽已列入议事日程，但仍未开工建设，城镇污水未经集中处理直接排放。

（4）流域上游畜禽养殖面源污染突出。流域内上游的四会为广东省生猪养殖最大县（市），生猪存栏量达 18 万头，其他畜禽与水产养殖总量也在稳步增长，而区域内畜禽养殖场地的污染治理设施建设落后，加之“禁养区”、“限养区”未进行划分，养殖面源污染突出。

4.5.2 跨界污染问题解决方案

针对独水河跨界污染问题，应在加大督察力度以促进企业稳定达标排放，严格执行区域行业限批政策以控制污染新增量的基础上，提高城镇污水处理水平、控制与减少养殖面源污染，降低入河污染负荷，鉴于独水河污染问题牵涉两个行政区域，且独水河邻近绥江的地理特点，跨界双方可以考虑通过给排水格局调整，以独水河上游排水入绥江的拆分方式，减少独水河污染负荷，达到独水河汇入北江的水质要求。

4.5.2.1 加大督察力度，促进企业稳定达标排放

针对区域污染企业屡禁不绝的偷排漏排行为，两地环保部门应联合加大督察力度，采取日常巡查、突击检查、群众信访等形式，对区域内污染企业加大监管力度；针对区域内 31 家电镀、金属加工、纺织印染、皮革、生物制药、化工等重点污染企业，必须安装在线视频监控装置，并与当地环保部门在线监控系统联网；针对污染严重的行业，探讨建立“同业监督”的奖惩制度，同行企业互派环保监督人员检查污水处理设施运行情况，严禁污染企业擅自扩大生产规模，发挥企业在污染治理监督工作中的主体作用。

对于在 2012 年前不能稳定达标排放（广东省地方标准《水污染排放标准》（DB 44/26—2001）一级标准）的企业，一律关停或搬迁至配有工业污水处理设施的工业园区。

4.5.2.2 严格执行区域行业限批政策，严格控制污染新增量

针对流域污染现状，区域内应严格实施行业限批政策，严禁鞣革、漂染、电镀、造纸、化工、建材、发酵等重污染行业、排放一类污染物（汞、镉、六价铬等重金属和难降解有机污染物）以及废水排放量大的项目进入，抓住污染源头，控制流域内污染增量，为独水河污染治理夯实基础。

另外，规划要求区域内漂染、电镀重点污染行业必须达到清洁生产要求，其中电镀行业达到《电镀行业清洁生产评价指标体系（试行）》的清洁生产要求，企业中水回用率必须达到 60%以上。

4.5.2.3 提高城镇污水收集率和城镇生活污水处理率

目前，上游四会两岸入河的污水总量约为 8.85 万 m^3/d，上游四会建有城镇污水处理厂 1 座，日处理能力 8 万 t，但城镇污水配套管网建设滞后，规划近期（2012 年年底前）实施污水截流工程（老城区可暂采用雨污合流方式收集，新城区必须采用分流方式收集城镇污水），截污管道服务面积 231.18 km^2。根据未来污水排放预测，规划中期（2015 年年底前）新增污水处理能力 6 万 t/d。

下游大旺高新区目前并无城镇污水处理设施，规划近期（2012 年年底前）建设城镇污水厂 1 座，处理能力 4 万 t/d，并实施污水截流工程（采用分流方式收集城镇污水）。根据未来污水排放预测，规划中期（2015 年年底前）新增污水处理能力 6 万 t/d，并根据区内工业污水性质建设深度处理设施。

另外，区域内应严禁对城镇污水生物处理工艺产生毒害作用或产生酸性腐蚀管道的工业废水排入城市污水管网。

4.5.2.4 治理畜禽养殖废水污染，减少面源污染

畜禽污染治理是本方案的难点，规划建议结合四会本地实际，发展生态养殖，控制养殖

总量，尽快划分畜禽养殖的禁养区和限养区，对敏感区域（水源保护区、自然保护区、风景旅游区等）和布局不合理的养殖场，要予以搬迁或关闭。对非禁养区内畜禽养殖场进行限期综合治理，对新建养殖场要做到污染治理设施和养殖场同时设计、同时施工、同时投入使用。

在此基础上，进行独水河河道整治，清除河床污染严重的淤泥并妥善处置，以加快河流生态恢复进程，再现水草丛生、游鱼翔底的自然生态景观。

4.5.3 规划目标

到 2012 年年底，四会独水河段控制单元内，COD_{Cr}、氨氮和总磷的日排放量约 7.15 t、0.51 t 和 0.05 t，出水水质接近Ⅴ类。大旺高新区独水河段控制单元内，COD_{Cr}、氨氮和总磷的日排放量约 2.89 t、0.25 t 和 0.04 t，在独水河上游不排入大旺高新区的情况下，高新区排入北江水质基本接近水质Ⅳ类标准。

到 2015 年年底，四会独水河段控制单元内，COD_{Cr}、氨氮和总磷的日排放量预计约 5.07 t、0.24 t 和 0.03 t，四会出水水质基本达到水环境质量Ⅴ类标准。大旺高新区独水河段控制单元内，COD_{Cr}、氨氮和总磷的日排放量约 2.22 t、0.17 t 和 0.02 t，大旺高新区排入北江水质基本接近于水环境质量Ⅲ类标准。

到 2020 年年底，独水河水体水质应基本满足功能要求，水生态环境得到基本恢复，独水河入北江水质达Ⅲ类标准。

表 4-9　跨界河流及内河涌综合治理工程

项目名称	建设内容	起止年限	总投资/万元	近期投资/万元
淡水河综合治理工程	城镇污水处理厂和配套管网建设；分散污水处理设施建设；河道清淤；工业企业污染治理、关停、搬迁	2009—2020	1 000 000	600 000
石马河综合治理工程	城镇污水处理厂和配套管网建设；分散污水处理设施建设；河道清淤；工业企业污染治理、关停、搬迁	2009—2020	800 000	400 000
独水河综合治理工程	城镇污水处理厂和配套管网建设；河道清淤；工业企业污染治理、关停、搬迁	2009—2020	100 000	30 000
广佛跨界水污染综合治理工程	城镇污水处理厂和配套管网建设；河涌截污和生态修复；河道清淤；工业企业污染治理、关停、搬迁	2009—2020	1 500 000	600 000
城市河涌整治工程	珠江三角洲各城市内污染严重的河涌、支流进行综合整治，改善水环境质量	2009—2020	9 000 000	3 000 000
合计			12 400 000	4 630 000

第 5 章　全面推进联防联控，加快解决区域大气复合污染

5.1 大气环境现状分析

5.1.1 一次污染依然严重，二次污染态势更加严峻

5.1.1.1 SO_2 质量浓度略有下降，酸雨污染依然严重

2001—2008 年，珠江三角洲地区二氧化硫（SO_2）年均质量浓度在 0.031～0.038 mg/m^3 之间，均达到国家二级标准，并呈缓慢下降趋势。从地区看，珠江三角洲 9 个城市中，广州、佛山、东莞和江门的 SO_2 年均质量浓度相对较高，惠州和珠海 SO_2 年均质量浓度相对较低；各城市 SO_2 年均质量浓度存在两种不同的变化趋势①（图 5-1）。广州、佛山、珠海、中山、东莞和深圳的 SO_2 年均质量浓度总体呈现下降趋势，其中东莞的下降趋势不稳定，存在较明显的波动。肇庆、江门和惠州的 SO_2 年均质量浓度逐年上升，其中肇庆上升幅度明显。

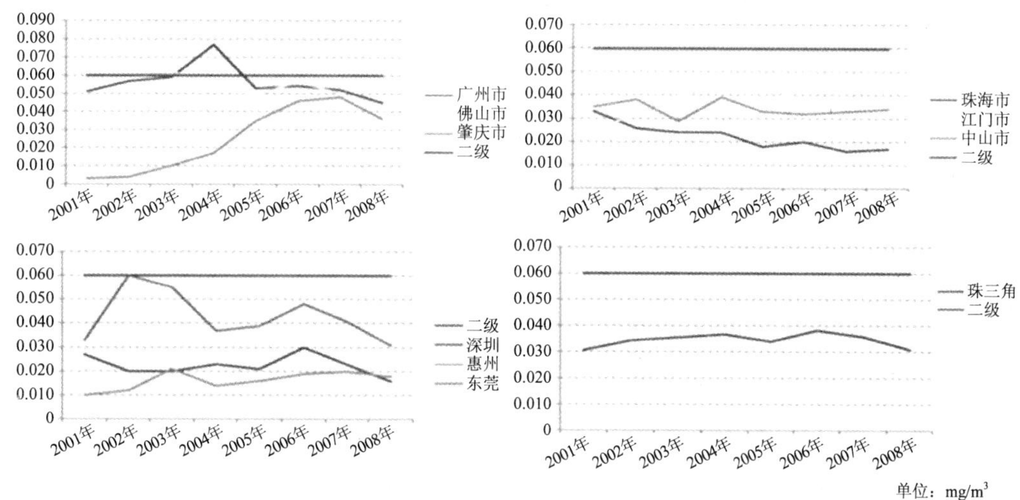

图 5-1　2001—2008 年珠江三角洲 9 个城市监测点 SO_2 质量浓度变化趋势

① 数据来源：《粤港珠江三角洲区域空气监控网络监测结果报告》，2008 年。

2006 年之后，珠江三角洲各市 SO_2 年均质量浓度基本达到国家二级标准，但普遍存在不同程度的日均质量浓度超标现象。2008 年，各市均出现不同程度 SO_2 日均质量浓度超标情况，超标率 0.86%～4.79%。珠江三角洲各市 SO_2 质量浓度年变化存在季节变化规律（图 5-2），春、冬季质量浓度相对较高，夏季质量浓度相对较低。珠江三角洲 SO_2 质量浓度年均值呈现明显的空间分布特征，珠江三角洲的西北面至珠江口一带是该区域 SO_2 质量浓度高值区，这些地区的 SO_2 质量浓度平均值普遍高于其他地方。

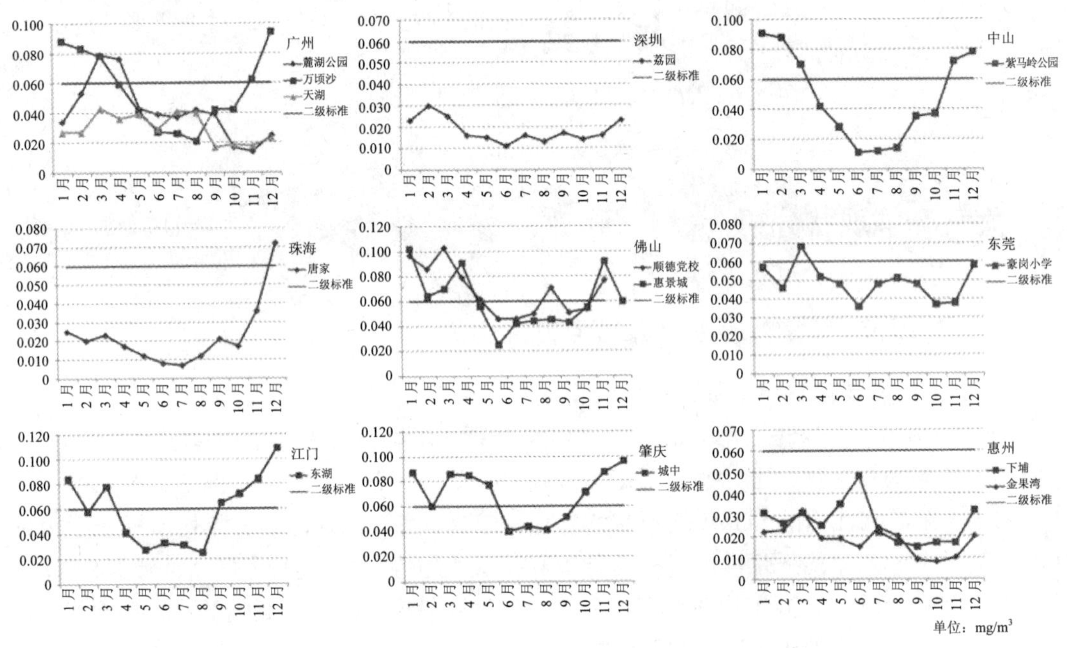

图 5-2　2008 年珠江三角洲 9 个城市监测点 SO_2 质量浓度值年变化规律

珠江三角洲酸雨污染形势依然严峻，珠江三角洲地区的 9 个城市中，每年平均有 5 个以上的城市属于重酸雨区（pH＜4.5；4.5≤pH＜5.0，且酸雨频率＞50%），近年来，珠江三角洲逐步形成以广州、佛山为中心的酸雨高发地带。从 1998 年至今，珠江三角洲地区降水 pH 均值在 4.51～4.99 之间波动（图 5-3），没有明显改善，酸雨频率均值为 34.1%～72.1%，部分地区高达 80%左右（佛山南海区，由于电力行业与陶瓷制造工业污染排放的共同影响造成），酸雨频率居高不下。1998—2008 年，除 1999 年和 2000 年外，珠江三角洲均属重酸雨区。2001—2008 年，珠江三角洲降水中硫酸根离子浓度与硝酸根离子浓度之比在 3.07～3.89 之间，呈缓慢上升趋势（图 5-4）。

珠江三角洲地区燃煤电厂数量多，火电装机容量和发电量分别占全省 70%以上；SO_2 基础排放量大，各市燃煤电厂 SO_2 排放量均占当地 SO_2 排放量的 50%以上。火电行业污染源排放属于高架源，局地火电污染源排放的 SO_2 和 NO_x 等致酸物质除影响本地大气环境质量外，还能够通过大气进行远距离传输，影响周边城市和地区，从而加剧区域性酸雨污染。

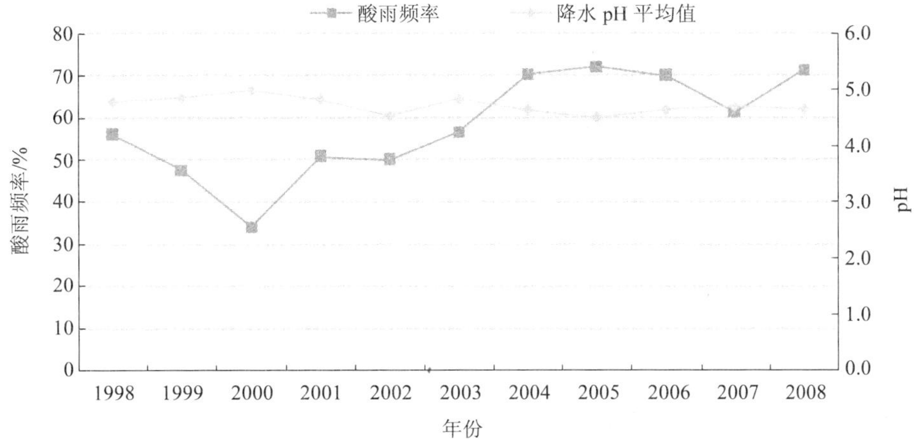

图 5-3　1998—2008 年珠江三角洲地区降水质量变化

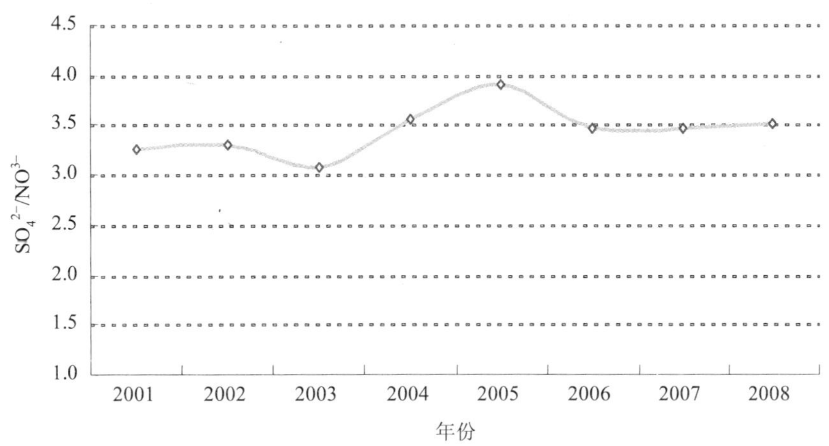

图 5-4　珠江三角洲地区降水中 SO_4^{2-}/NO^{3-} 比值变化

5.1.1.2 NO_2 浓度缓慢上升，二次污染贡献逐渐增大

2001—2008 年，珠江三角洲地区二氧化氮（NO_2）年均质量浓度范围在 0.039～0.043 mg/m^3 之间，达到国家二级标准，呈缓慢上升趋势。从地区看，珠江三角洲 9 个城市 NO_2 年均质量浓度变化均满足国家二级标准，各市 NO_2 年均质量浓度变化趋势各异（图 5-5）：佛山、肇庆和惠州 NO_2 年均质量浓度上升趋势明显；广州、江门、深圳和东莞 NO_2 年均质量浓度呈现不稳定的起伏下降趋势；珠海和中山的 NO_2 年均质量浓度保持平稳。

尽管各城市 NO_2 年均质量浓度均能达到国家二级标准，但各市均存在程度不一的日均值超标现象。2008 年，除珠海和惠州，其他城市均出现 NO_2 日均值超标，超标率 0.98%～5.99%，其中佛山超标率最高。珠三角 NO_2 年均质量浓度值呈现明显的 U 形变化规律（图 5-6），即一年中的 1—3 月份和 10—12 月份 NO_2 质量浓度水平相对最高，6—8 月份 NO_2 质量浓度相对较低。珠三角 NO_2 年均值空间分布特征明显，NO_2 质量浓度高值区主要集中在珠江口沿岸地区以及西北部。

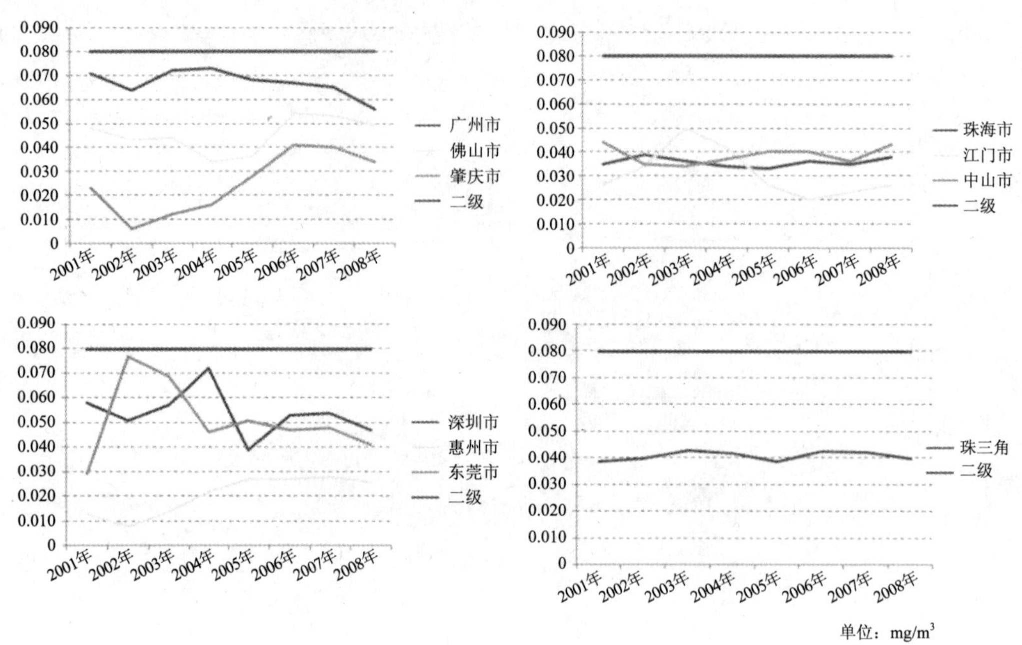

图 5-5　2001—2008 年珠江三角洲及各市 NO_2 年均质量浓度变化情况

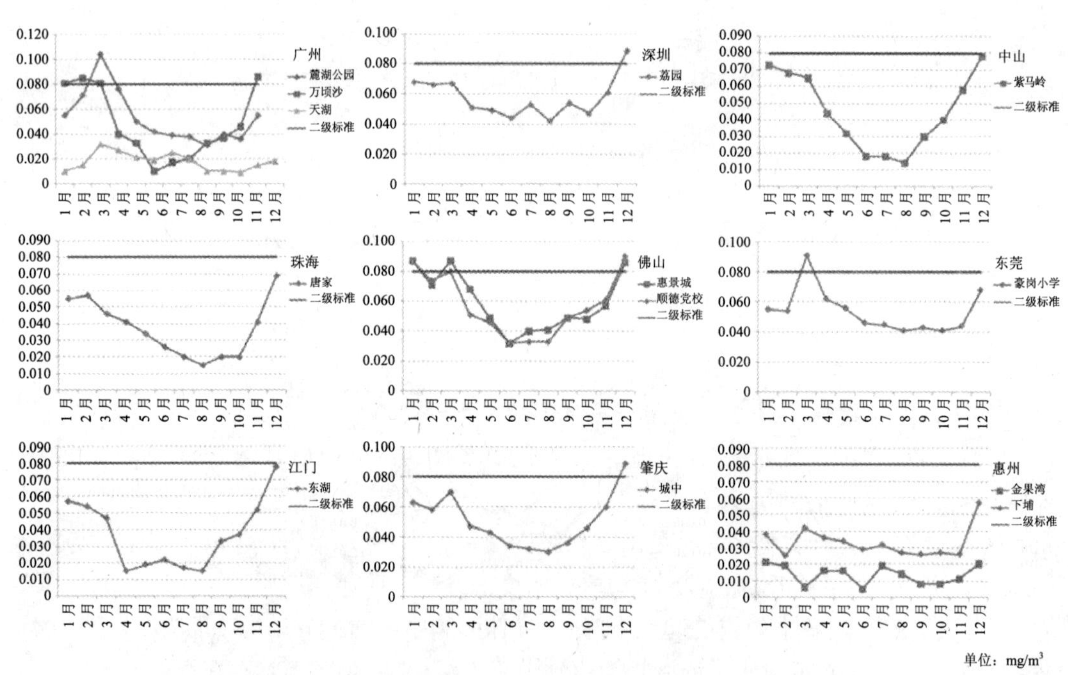

图 5-6　珠江三角洲 9 个城市监测点 NO_2 质量浓度值年变化规律

5.1.1.3 细粒子比例逐渐上升，灰霾天数不断增加

2001—2008 年，珠江三角洲各城市可吸入颗粒物（PM_{10}）年均质量浓度能够达到国际二级标准（图 5-7），且能够保持稳定。但各市可吸入颗粒物日均质量浓度超标现象较普

遍，2008 年，各市城区站点 PM_{10} 质量浓度超标情况严重，超标率为 1.45%～19.33%，其中佛山惠景城超标频率最高。区域内城市监测点 PM_{10} 年质量浓度值变化规律与 NO_x 相似，具有明显的季节性变化规律（图 5-8）。珠江三角洲 PM_{10} 质量浓度空间分布较为均匀，高值区主要分布在珠江三角洲中部的中山、佛山、东莞以及惠州一带。

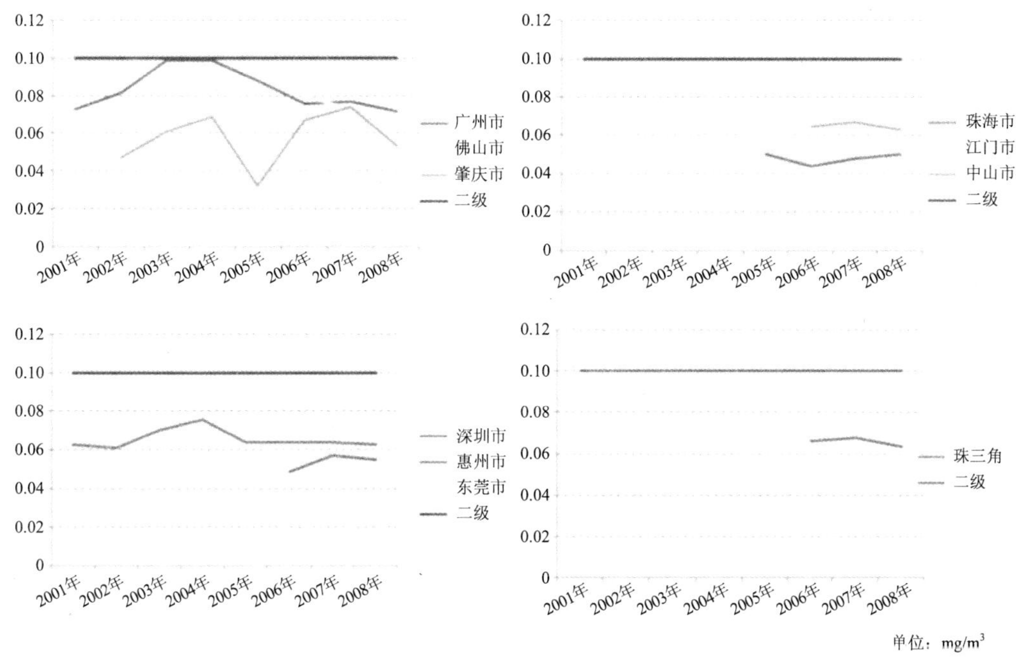

图 5-7　2001—2008 年珠江三角洲及各市 PM_{10} 年均质量浓度变化情况

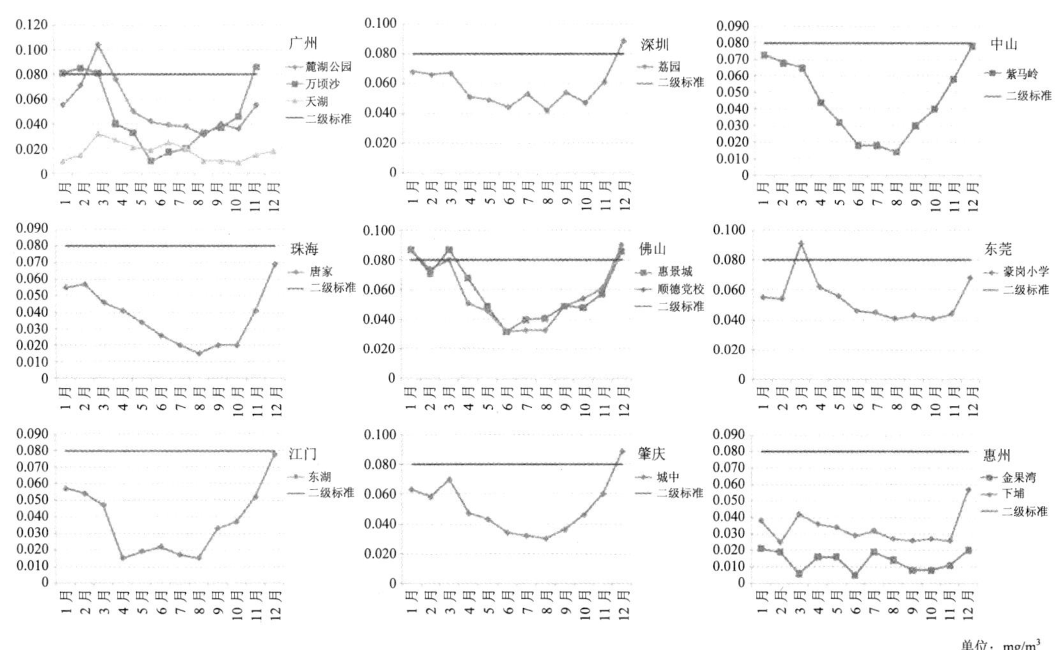

图 5-8　珠江三角洲 9 个城市监测点 PM_{10} 质量浓度值年变化规律

珠江三角洲地区 $PM_{2.5}$ 占 PM_{10} 的比重非常高，可达 58%～77%，旱季比雨季更高。根据对广东省和珠三角气溶胶质量浓度谱分析的相关研究结果，与十几年的监测资料相比，珠三角地区细粒子在气溶胶中的比重有明显增加，PM_{10} 从 117 $\mu g/m^3$ 增加到 147 $\mu g/m^3$，而细粒子从 54 $\mu g/m^3$ 增加到 94 $\mu g/m^3$，细粒子质量浓度增加的幅度远高于 PM_{10} 质量浓度的增加幅度。珠江三角洲地区高质量浓度细粒子的消光作用是造成该地区能见度迅速恶化、灰霾污染加重的重要原因。据统计，珠江三角洲年均灰霾日数达到 100 天以上。2004—2008 年监测数据显示，珠三角的灰霾污染以广州为中心，出现逐年加重的趋势（图 5-9）。

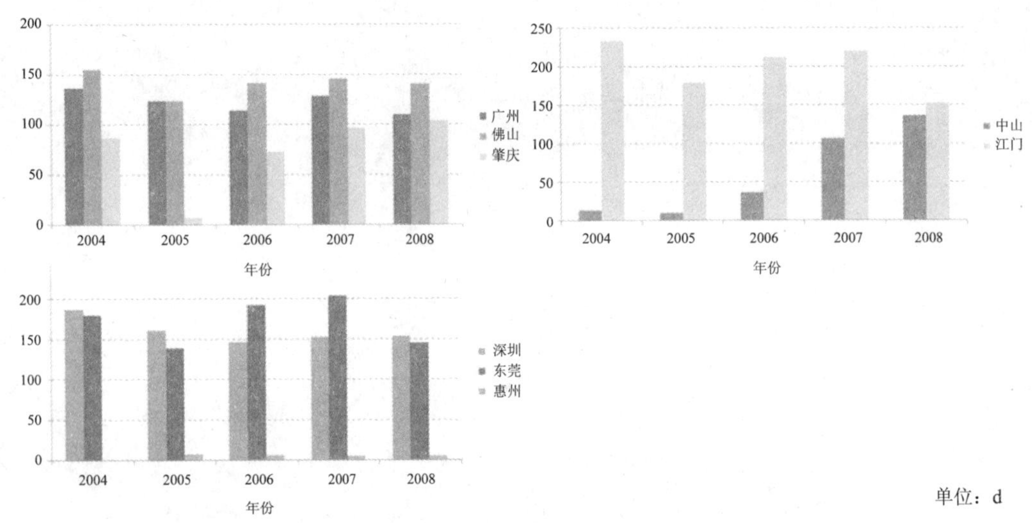

图 5-9　2004—2008 年珠江三角洲城市出现灰霾天数情况

2004—2008 年，江门灰霾平均出现天数最高，为 199 天，占全年的 54.5%；惠州灰霾平均出现天数最少，为 6 天，占 1.6%。通过计算 9 个城市逐年灰霾天数的秩相关系数，表明广州、深圳、佛山、东莞、江门的灰霾天数呈逐年缓慢下降的趋势；中山和肇庆的灰霾天数呈逐年上升趋势。其中，中山灰霾天数增长十分显著，从 2004 年的 14 天剧增到 2008 年的 136 天；惠州灰霾污染天数最少，2004 年至 2008 年均小于 10 天①。

2008 年，珠三角 9 个城市全年灰霾天数占全年的比例各不相同。其中，惠州小于 10%，广州、佛山、东莞、中山、肇庆的比例在 20%～40%；深圳的比例高于 40%。珠三角除惠州、中山和肇庆外，其他 6 个城市的灰霾天数均超过 100 天。其中，清远灰霾天数最多，为 171 天，占全年的 46.8%；惠州灰霾天数最少，为 5 天，占全年的 1.6%。

5.1.1.4 臭氧质量浓度季节性超标，光化学污染潜力凸显

臭氧（O_3）是光化学烟雾的主要成分，对公众健康危害极大。NO_x 和 VOCs 是 O_3 形成的前体物，它们一般来自城市污染排放源。这些污染源排放的 NO_x 和 VOCs 自排放源经大气输送作用，到形成 O_3 峰值一般需要数小时，因而 O_3 高值常出现在污染源下风向

① 数据来源：《2010 年第 16 届亚运会广州空气质量保障措施研究》。

的郊区。

2008 年，粤港珠江三角洲空气监测网络所有的 13 个珠江三角洲内站点测得 O_3 平均值介于 0.034～0.084 mg/m^3，各站均曾出现 O_3 最大小时值超出国家标准（0.2～0.034 mg/m^3），超标率 0.66%～3.65%，超标率大的站点为广州万顷沙和珠海唐家。从 O_3 质量浓度年变化看，各站点的 O_3 质量浓度峰值普遍出现在 3 月、5 月和 9—10 月（图 5-10）。从 O_3 质量浓度年均值空间分布看，O_3 平均值最高的地方都位于郊区，包括广州天河和惠州金果湾。

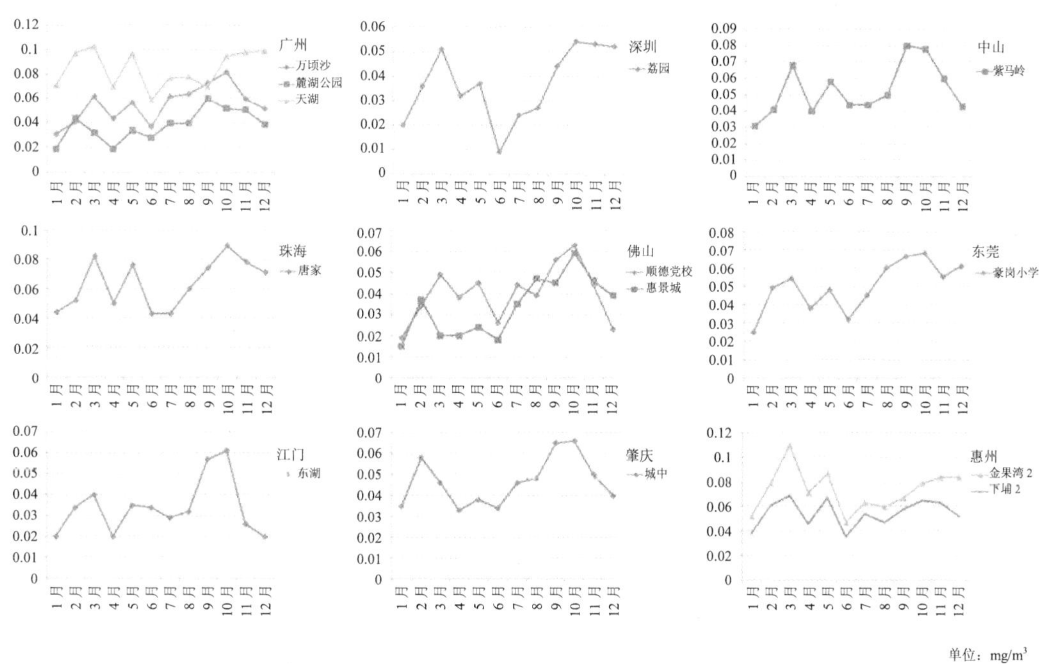

图 5-10 珠江三角洲 9 个城市监测点 O_3 质量浓度值年变化规律

5.1.2 污染物排放量仍处高位，城市间污染不容忽视

5.1.2.1 珠三角大气污染物排放现状及趋势

2001—2005 年，珠三角 SO_2 排放量增长趋势明显，SO_2 排放量拐点出现于 2005 年，之后连续两年下降，但在 2008 年出现小幅反弹。珠三角依然是全省 SO_2 的主要来源。2007 年，珠三角贡献了全省 62.3%的 SO_2 排放量（采用环境统计数据）。自 2006 年起，广东省开始将 NO_x 排放量纳入环境统计，NO_x 排放量总体处于高位。由于脱尘设施安装率和处理率的提高，珠三角工业粉尘削减效果明显，但烟尘排放量的下降趋势不稳定（图 5-11）。

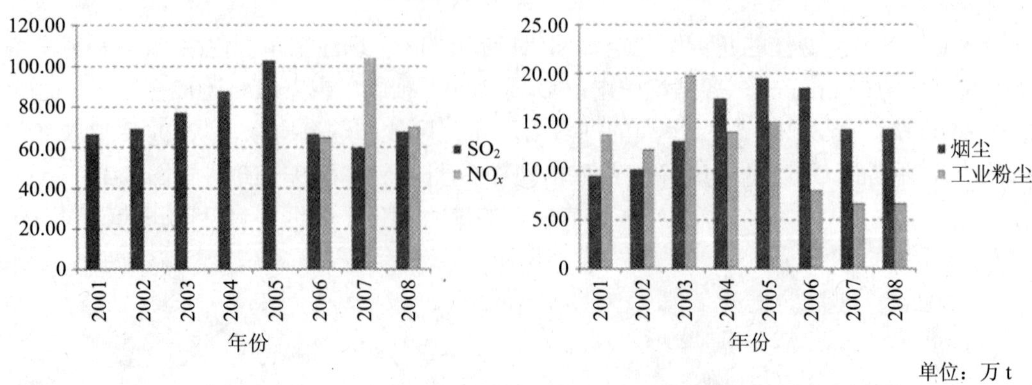

图 5-11　2001—2008 年珠三角大气污染物排放总量变化趋势

2007 年，从各城市对珠三角大气污染物排放总量的贡献看（图 5-12、图 5-13 及表 5-1）：

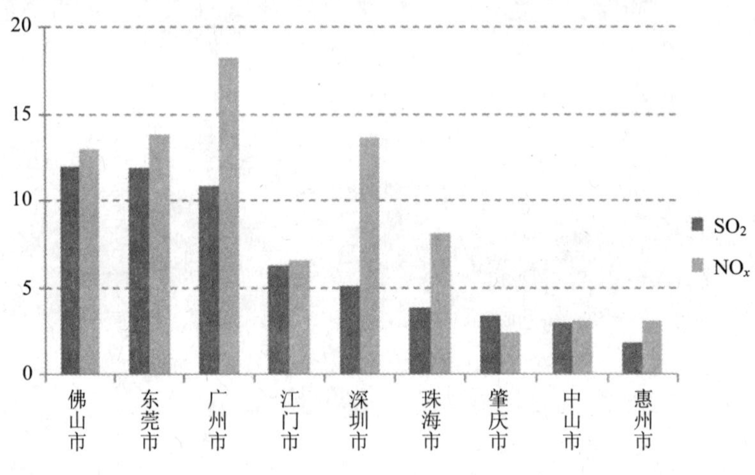

图 5-12　2007 年珠三角各市 SO_2 和 NO_x 排放量

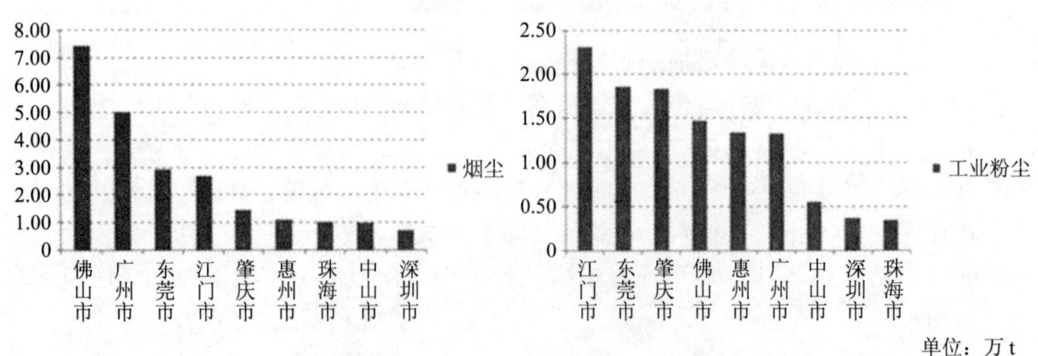

图 5-13　2007 年珠三角各城市烟尘和工业粉尘排放量

表 5-1　2007 年珠三角各市大气污染物排放量贡献率　　单位：%

污染物	广州	深圳	珠海	佛山	江门	肇庆	惠州	东莞	中山
SO_2	18.6	8.9	6.6	20.7	10.9	5.8	3.1	20.4	5.1
NO_x	22.1	16.7	9.9	15.9	8.1	2.9	3.7	16.9	3.8
烟尘	21.6	3.1	4.3	31.9	11.6	6.2	4.6	12.5	4.2
工业粉尘	11.6	3.2	3.0	12.9	20.3	16.2	11.8	16.4	4.7

对于 SO_2，佛山排放量最大，贡献珠三角排放总量的 20.7%，其次是东莞和广州，贡献珠三角排放总量的 20.4%和 18.6%。佛山、东莞、江门和广州 4 市的排放量占区域排放总量的 70.5%。

对于 NO_x，广州排放量最大，贡献珠三角排放总量的 22.1%，其次是东莞和深圳，贡献珠三角排放总量的 16.9%和 16.7%。广州、东莞、深圳和佛山排放量占区域总排放量的 71.6%。

对于烟尘和工业粉尘，佛山排放量最大，贡献珠三角排放总量的 25.7%，其次是广州和江门，贡献珠三角排放总量的 18.3%和 14.4%。佛山、广州、江门和东莞排放量占区域总排放量的 72.1%。

5.1.2.2 各市大气污染物对区域空气质量的贡献

根据美国 EPACALPUFF 系统对各地市大气污染物排放对珠江三角洲环境空气质量平均贡献的模拟，表 5-2 显示了各市排放对珠江三角洲环境空气质量的平均相对贡献，其中的综合指数为 SO_2、NO_2 和 PM_{10} 对空气质量的综合相对影响[①]。图 5-14 为各市贡献按从大到小的顺序排列。分析表明：

（1）佛山、东莞、广州、深圳、珠海、中山 SO_2 的排放量对整个珠江二角洲 SO_2 的质量浓度贡献率为 83.2%，在实际工作当中应对这些地区的 SO_2 排放源进行严格的管理限制。

（2）广州、深圳、惠州、东莞、佛山、中山、珠海 NO_2 的排放量对整个珠江三角洲的环境空气质量贡献为 85.4%，应对这些地区的 NO_2 排放源进行严格的管理控制。

（3）东莞、佛山、广州、惠州、江门、深圳、珠海的 PM_{10} 排放量对整个珠江三角洲环境空气质量的贡献为 86.6%，应对这些地区的 PM_{10} 排放源进行严格控制。

（4）东莞、广州、佛山和深圳对珠江三角洲空气质量的综合影响约为 58.6%，是珠江三角洲污染物的主要来源，应加强对这 4 个城市的污染控制。

表 5-2　各市排放对珠江三角洲环境空气质量的平均相对贡献　　单位：%

城市	SO_2	NO_2	PM_{10}	综合指数
广州	15.6	18.1	12.8	15.5
深圳	14.0	13.6	9.9	12.5
珠海	10.8	8.3	7.8	8.9
江门	5.5	7.0	11.4	7.9
肇庆	2.4	5.4	6.3	4.7
惠州	5.4	12.4	11.9	9.9
东莞	16.0	12.0	20.0	16.0
中山	7.8	9.2	6.1	7.7
佛山	19.0	11.8	12.9	14.6

① 数据来源：《珠江三角洲环境保护研究总报告》。

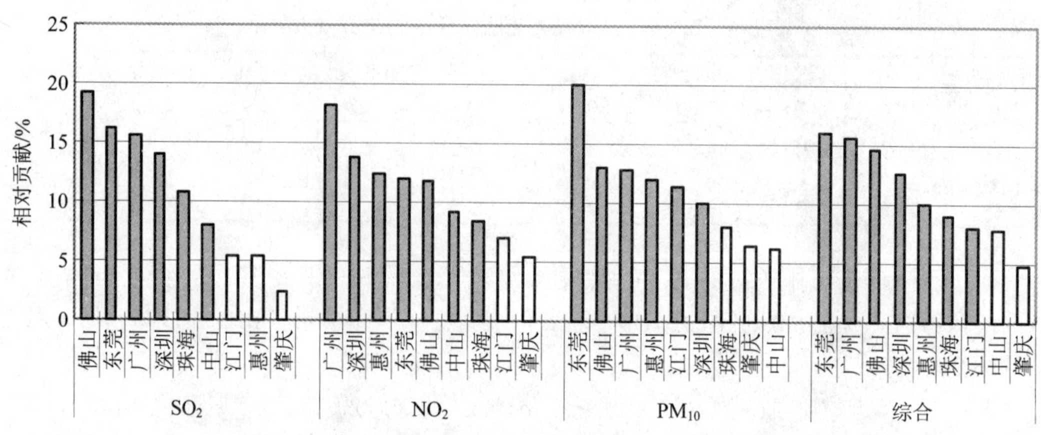

图 5-14　各市排放对珠江三角洲环境空气质量的平均相对贡献

5.1.2.3 各类污染源排放对区域空气质量的贡献

将珠江三角洲的污染源分成七类，分别为：①点源；②非金属矿物制品业；③电力、蒸气和热水生产产业；④纺织、石油化工、造纸和其他制造业；⑤流动源；⑥其他行业；⑦扬尘。

大点源、流动源以及非金属矿物制品加工等行业是珠江三角洲区域污染的主要来源，是改善城市和区域空气质量需要重点控制的排放源[①]。图 5-15 给出了各市各类源对珠江三角洲平均空气质量的影响。

影响区域 SO_2 平均质量浓度最大的源是佛山的非金属矿物行业、广州大点源、佛山化工纺织行业以及东莞和珠海的大点源。

影响区域 NO_2 平均质量浓度最大的源是各市的流动源，此外，广州的大点源对区域 NO_2 质量浓度也有较大影响。

影响区域 PM_{10} 平均质量浓度最大的源是佛山、江门、肇庆和东莞的非金属矿物行业、东莞化工纺织、广州和佛山的流动源以及广州和佛山的扬尘源。

除扬尘外，对珠江三角洲空气质量综合影响最大的人为源是佛山和江门的非金属矿物行业、广州、佛山和深圳的流动源和广州大点源，上述各类源对珠江三角洲平均空气质量的影响都超过了 4%，最大值为 9.8%，是各关键区中应该着重控制的重点源。

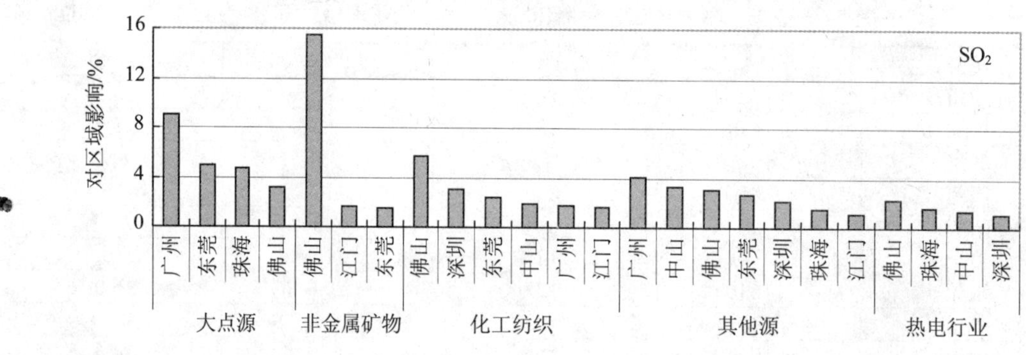

① 数据来源：《珠江三角洲环境保护研究总报告》。

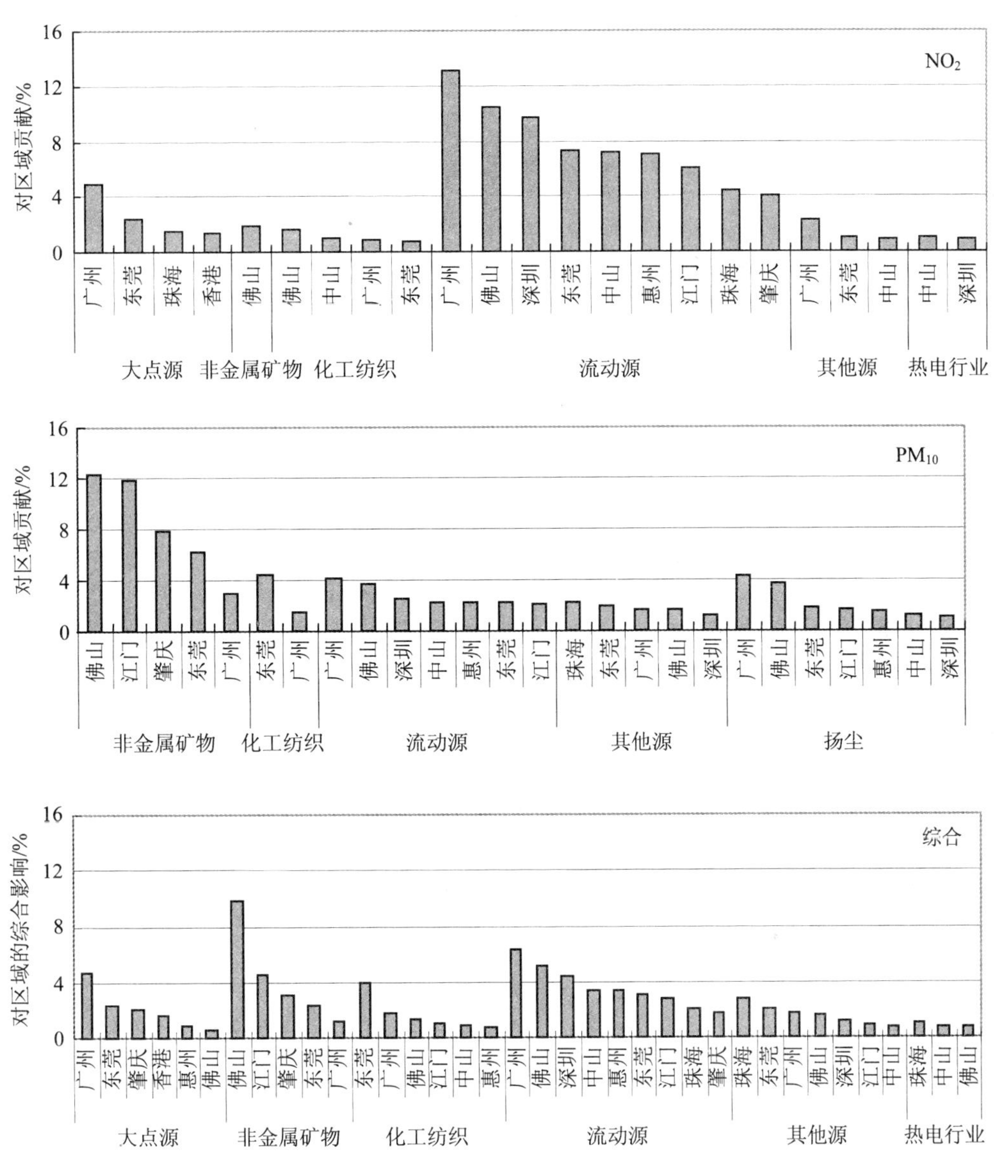

图 5-15 珠江三角洲各市各类源对区域平均空气质量的影响

5.1.2.4 各市污染物来源解析

从图 5-16～图 5-18 可以看出，珠江三角洲各地级市辖区平均 SO_2、NO_2和 PM_{10}污染来源的解析结果如下①：

（1）各地级市辖区平均 SO_2 外来源成为第一贡献源；此外，本地源中化工纺织、非金属矿物制品源等是各城市辖区平均 SO_2 污染的主要来源。

（2）各地级市辖区平均 NO_2 相对主要来源极其相似，外来源贡献为第一贡献源类；而本地源中流动源是各城市辖区平均 NO_2 污染的主要来源。

① 数据来源：《珠江三角洲环境保护研究总报告》。

（3）对于各地级市辖区平均 PM_{10} 质量浓度，城市外来源的贡献突出。本地源中与 SO_2 和 NO_2 来源不同的扬尘源和非金属矿物制品源成为主要的贡献源。

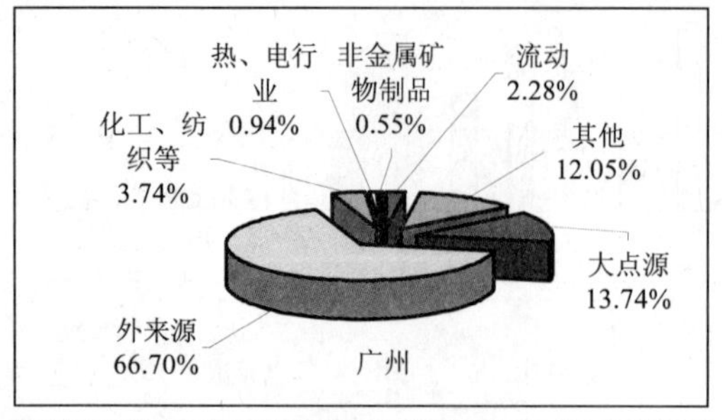

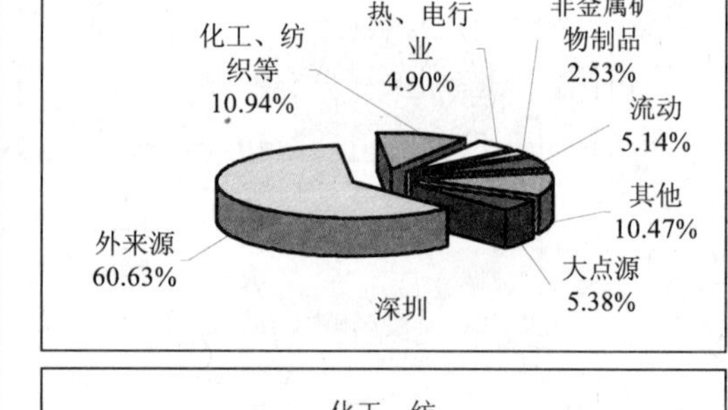

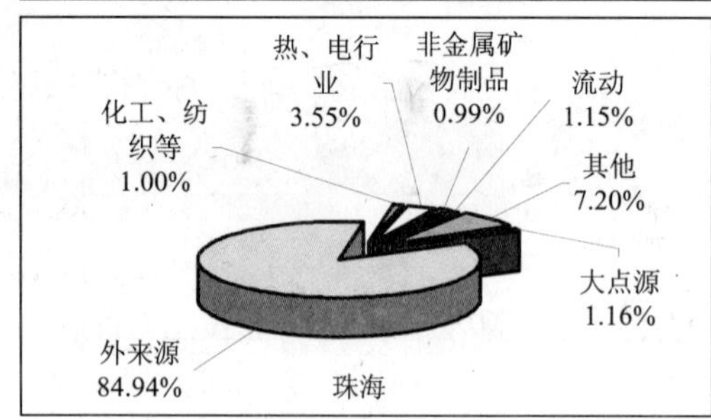

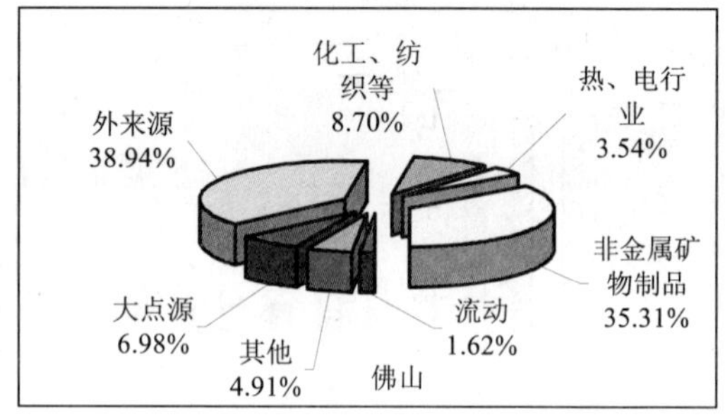

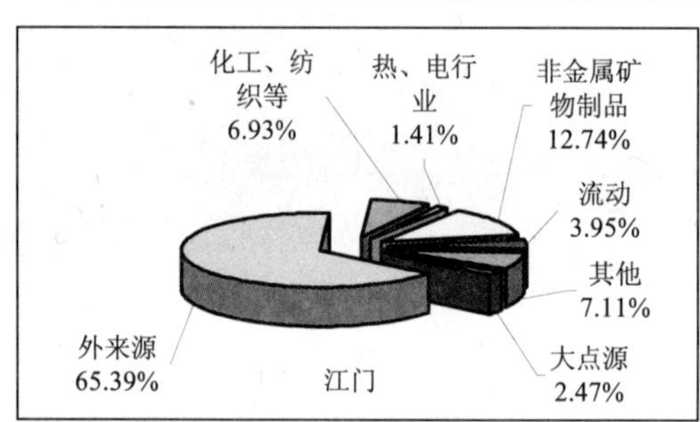

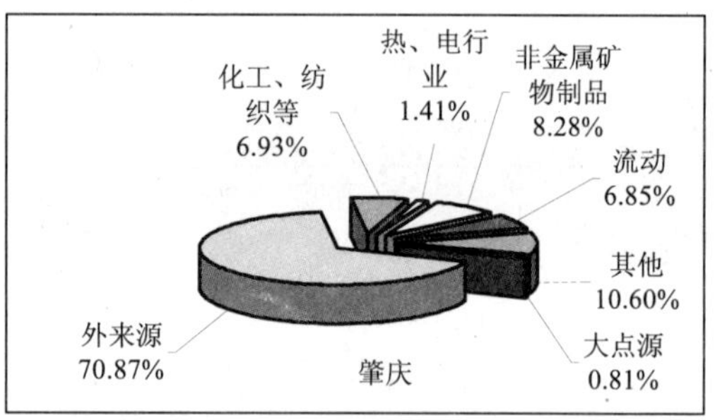

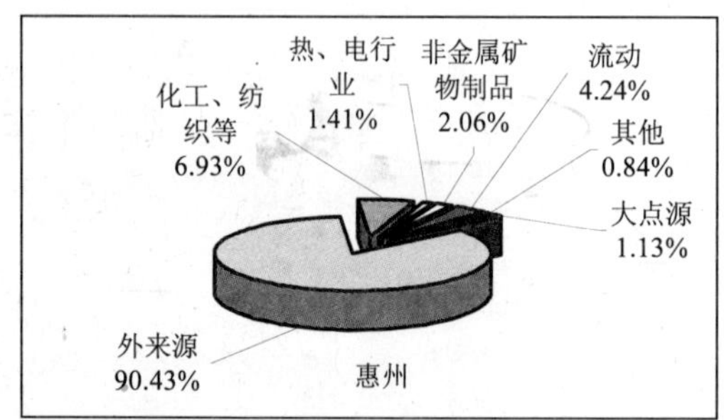

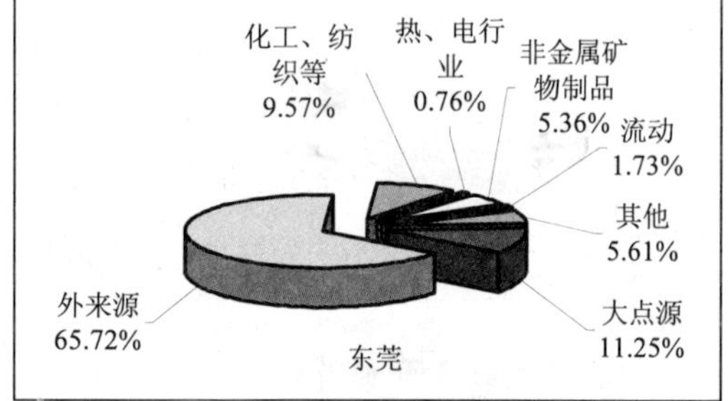

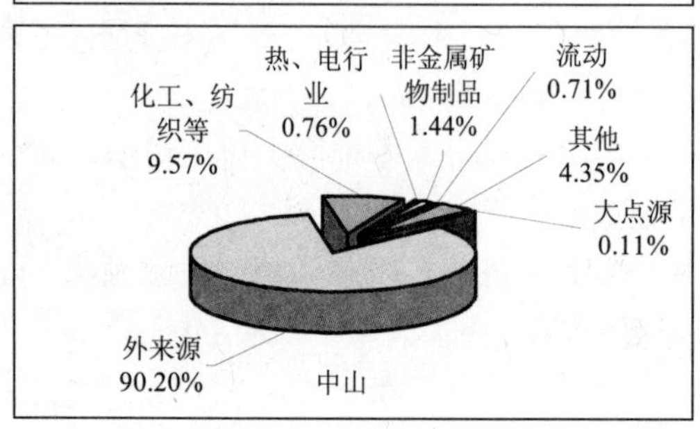

图 5-16　珠江三角洲各地级城市大气 SO_2 的来源解析

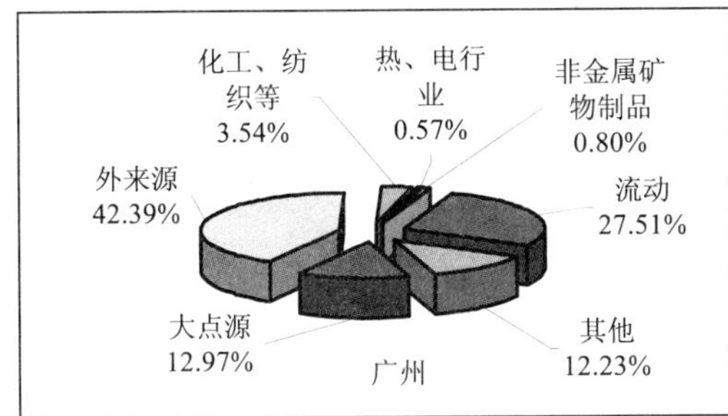

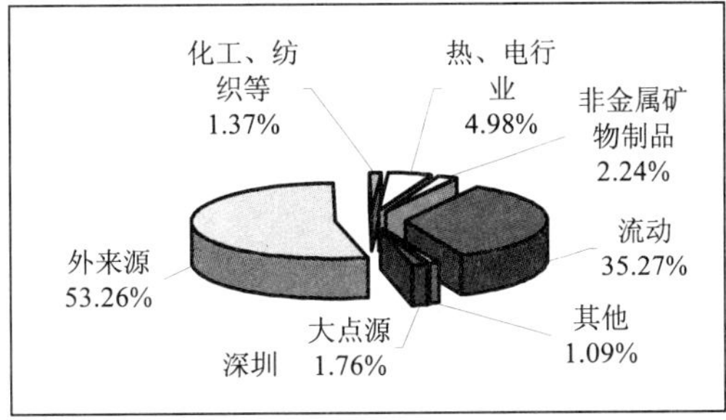

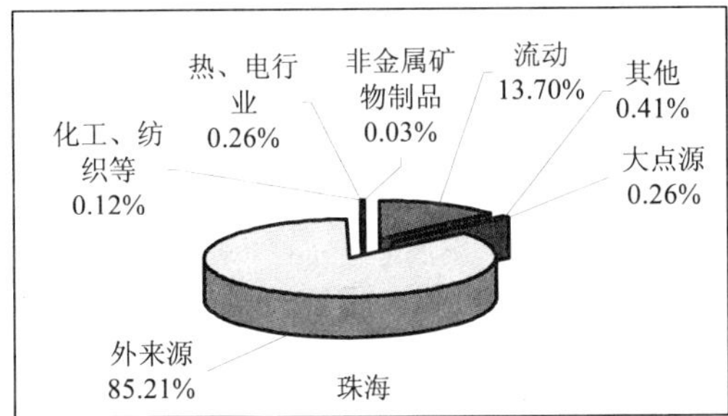

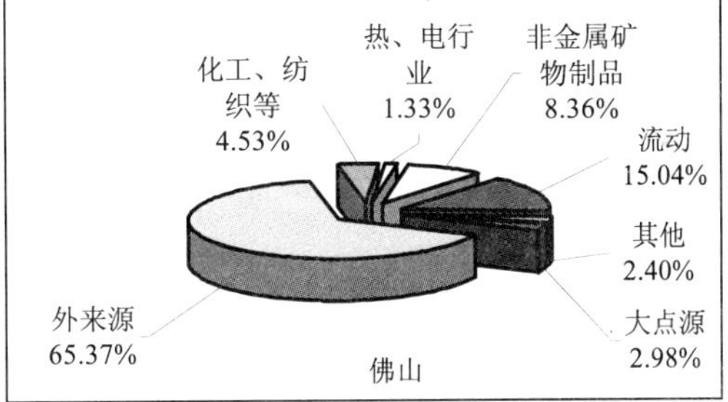

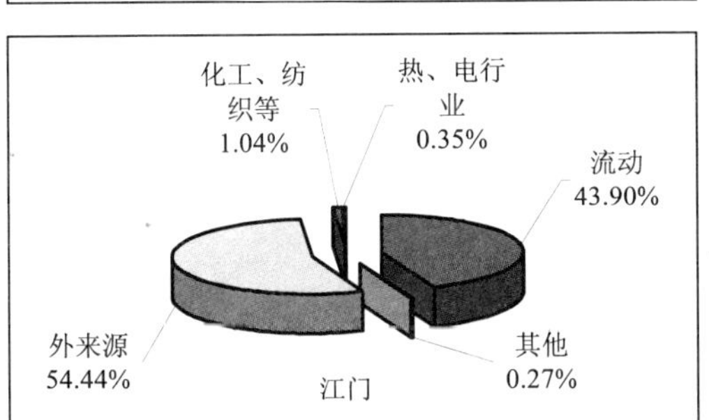

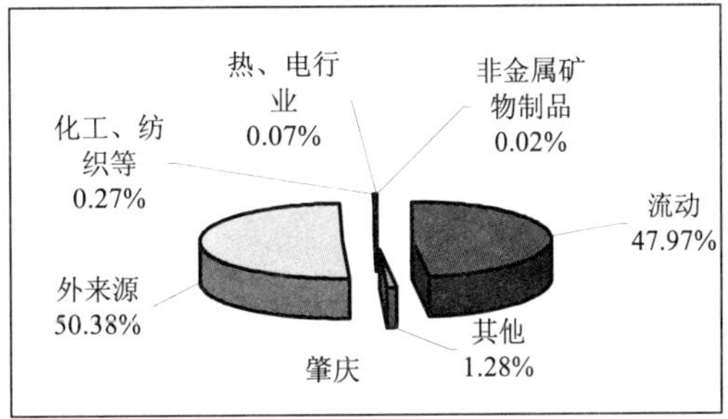

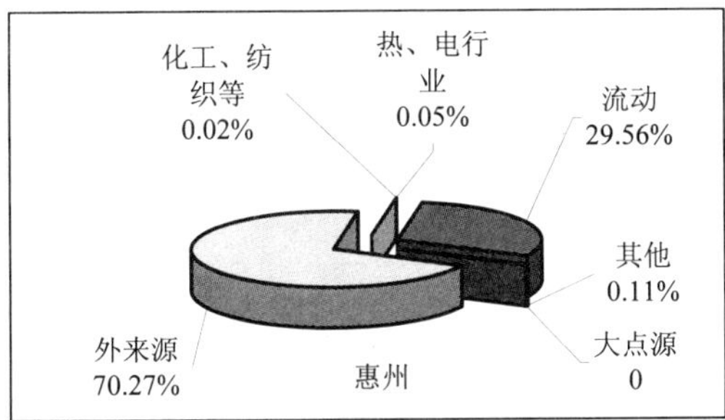

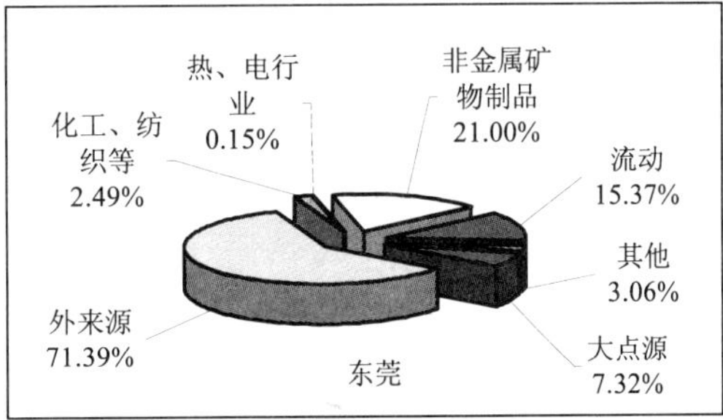

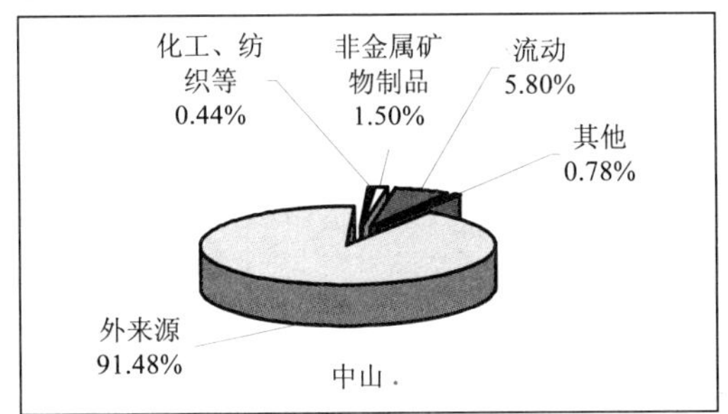

图 5-17 珠江三角洲各地级城市大气 NO_2 的来源解析

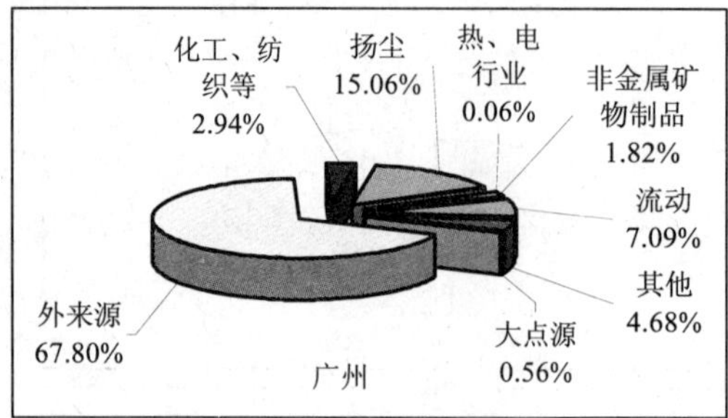

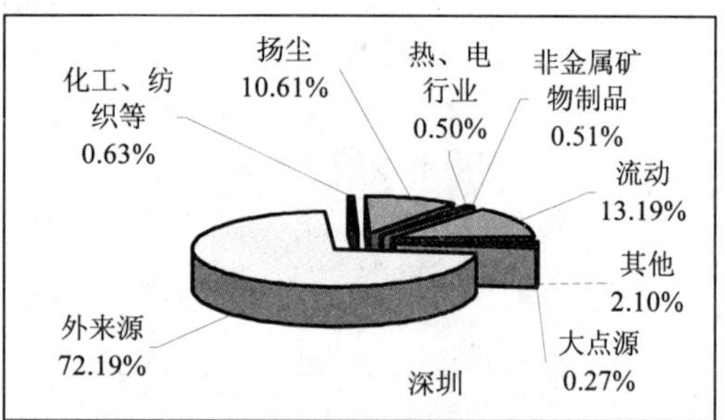

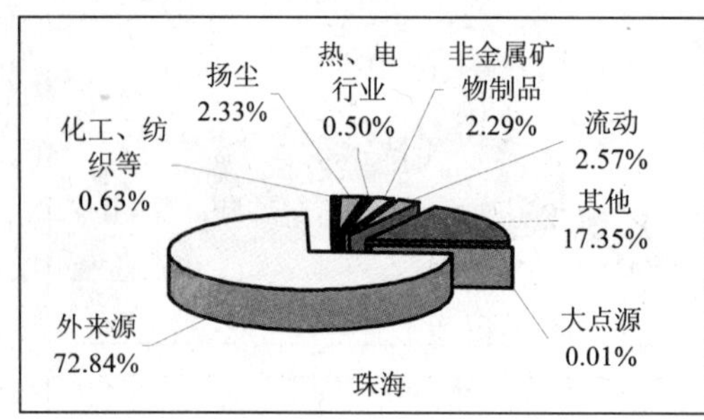

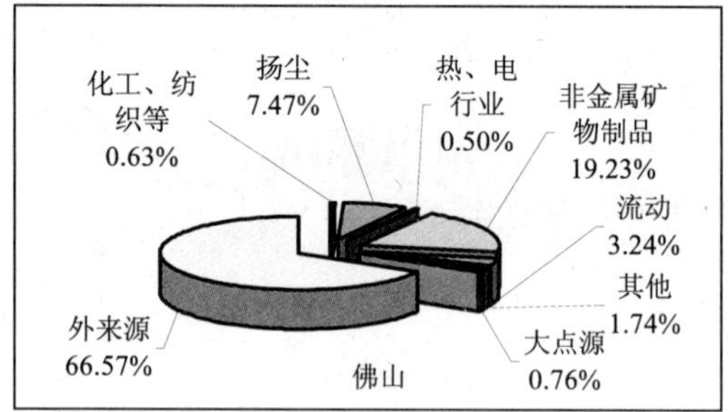

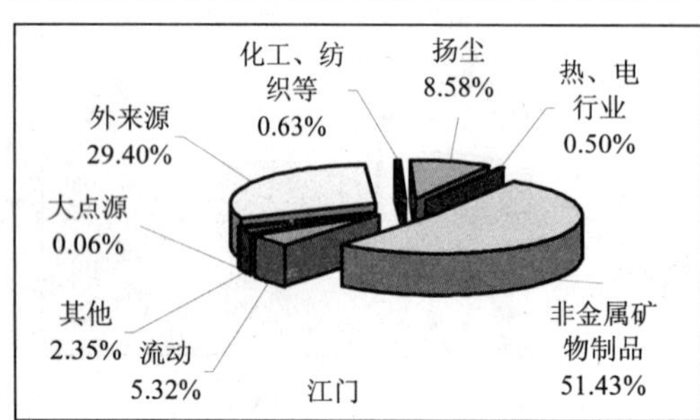

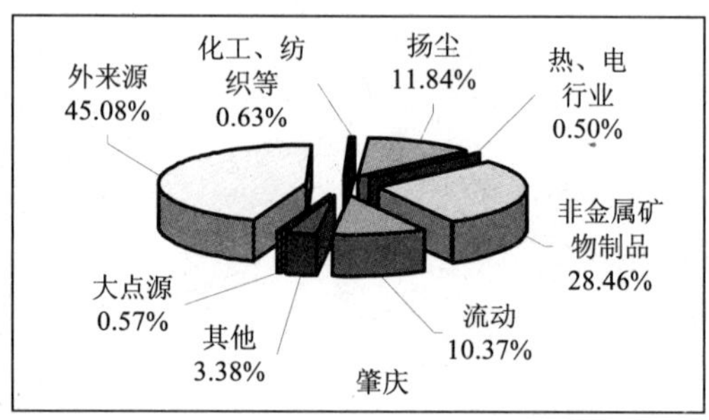

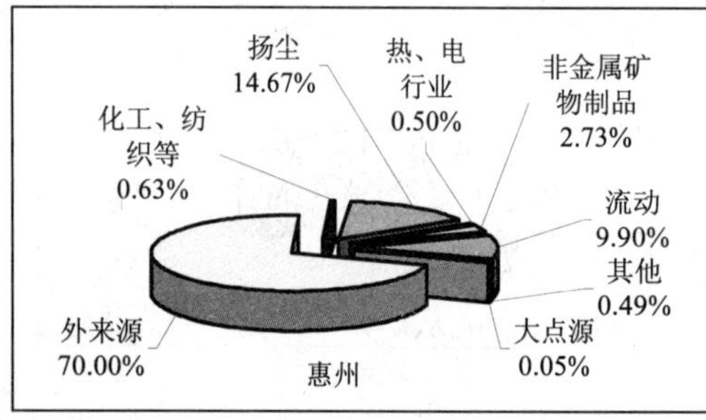

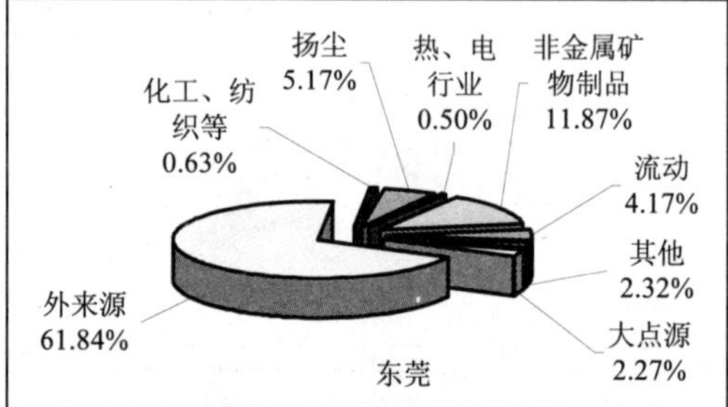

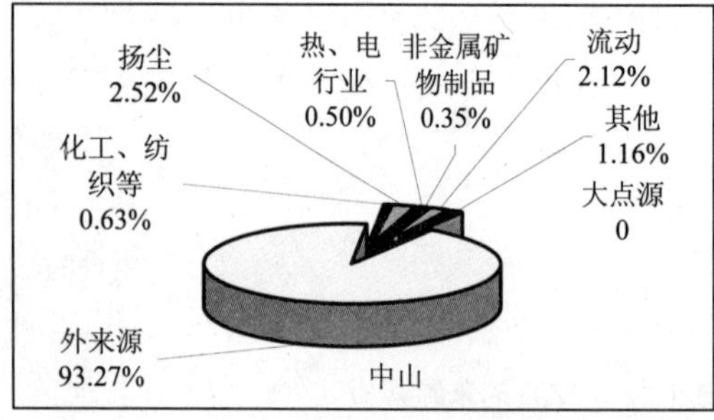

图 5-18　珠江三角洲各地级城市大气 PM_{10} 的来源解析

珠江三角洲城市群效应明显，城市间边界不明显，各地级市交界处污染来源复杂，局地污染源对大辖区平均污染物年均质量浓度的贡献作用明显减小，外地源排放成为影响各市污染物平均质量浓度的主要影响因素，表明了珠三角不同城市之间存在明显的相互污染作用，凸显珠三角大气污染的区域性。因此，对于珠江三角洲区域大气污染的状况和格局可以得到一个初步看法，各城市市区的空气质量主要受当地排放的影响，外地源对其有不同程度的影响；而辖区平均空气质量则主要受外地源排放的控制，凸显污染物输送对区域空气质量的显著影响。因此珠江三角洲区域性大气污染的格局已经形成，传统的仅针对单一城市的污染控制规划和措施对该地区已不完全适用。

5.1.3 区域性环境问题凸显，大气复合污染亟待解决

珠江三角洲地区是我国最具典型的城市群之一，在经济规模持续扩大和城市化进程加快的同时，区域内大气污染源密布，污染源排放的多种污染物通过大气在城市间相互传输，并在此过程中发生物理的和化学的反应，生成危害更加严重的二次污染物。一次污染物与二次污染物经耦合叠加，造成环境质量的明显下降。珠江三角洲地区已逐渐成为我国区域性空气污染的典型地区之一，区域空气污染类型由传统的煤烟型污染向煤烟型与机动车尾气复合型污染转变，区域性大气复合污染凸显。珠江三角洲区域大气污染呈现出“三高一严重”（细粒子浓度高、臭氧浓度高、酸雨频率高、灰霾污染严重）的特点，具体表现有：

（1）光化学烟雾污染潜势逐渐凸显。珠江三角洲机动车保有量大，其中无法达到国 I 排放标准的高能耗、高污染和高排放机动车占有相当的比例；火电及工业锅炉等固定源 NO_x 排放量大且去除率偏低；含 VOCs 的有机溶剂及其他消费品产品使用量大，其中的 VOCs 多以无组织源的形式挥发进入大气。各种固定源和移动源排放的 NO_x 和 VOCs 在大气中通过光化学反应生成 O_3，引起光化学烟雾污染。珠江三角洲日益加重的灰霾污染可能加重该地区光化学烟雾污染。

（2）酸雨污染未得到缓解。珠江三角洲总体属于重酸雨区（$pH<4.5$；$4.5\leqslant pH<5.0$，且酸雨频率$>50\%$），珠江三角洲地区的 9 个城市中，每年平均都有 5 个以上的城市属于重酸雨区，尤其是广州及佛山，都属重酸雨区，酸雨污染较为严重。资料显示，珠江三角洲降水酸度和酸雨频率没有明显好转，并且近些年酸雨污染类型从硫酸型向硫酸和硝酸复合型发展，酸雨污染形势依然严峻。

（3）灰霾污染加重，大气能见度急速下降。珠江三角洲地区大气能见度下降，灰霾天数居高不下。原因在于：第一，颗粒物细粒子的消光作用。珠江三角洲颗粒物中的细粒子比例明显上升，细粒子贡献了颗粒物消光系数的 90%以上，直接导致大气能见度下降。细粒子主要来自大气化学过程和高温燃烧，珠江三角洲大气氧化性增强加剧了二次颗粒物的生成。第二，地表风场的改变，阻碍污染物扩散稀释。珠江三角洲地区城市化进程加快，高楼林立，增大了地面摩擦系数，造成风流经城区时明显减弱。不利于大气污染物向城区外围扩展稀释，并容易在城区内积累高浓度污染。在出现逆温时，更加剧了污染物在低空的停留聚集，造成严重的灰霾污染。

5.2 规划目标、防治思路和策略

5.2.1 规划目标

到 2012 年年底，区域大气复合污染综合防治工作全面推进，区域大气污染防治法规政策进一步健全，地方大气环境标准体系基本建立，多种污染物联合减排初见成效，空气环境质量有所改善。到 2015 年年底，珠三角区域大气复合污染得到进一步改善，初步建立区域空气环境质量评价体系。到 2020 年年底，建立起先进的大气监测预警体系和完善的大气污染执法监督体系，大气复合污染综合防治体系基本完善，多种污染物联合减排效果显著，蓝天日数明显增加，空气环境质量接近世界先进水平。近期及远期，珠三角地区空气质量优于二级标准的天数均不少于 355 天。

5.2.2 控制思路

5.2.2.1 以全面改善区域空气质量为最终目标

珠三角大气环保一体化着眼于解决大气污染区域性、复合性的问题。针对该地区大气环境“三高一严重”（细粒子浓度高、臭氧浓度高、酸雨频率高、灰霾污染严重）的特点，分析确定造成区域大气污染的主要的污染物因子及其表征，追溯排放污染物的重点行业，以全面改善区域空气环境质量为目标，以减少污染物排放为根本，制定重点地区、重点行业污染物综合控制方案和计划，进行污染物的联合减排和协同减排，开展区域大气污染联防联控，加快解决区域大气复合污染。

5.2.2.2 以控制二次污染、关注公众健康为重点

珠江三角洲地区二氧化硫、氮氧化物、可吸入颗粒物等污染物排放尚未得到完全有效控制的同时，这些一次污染物在空气中相互作用或与空气的正常组分发生化学反应或者光化学反应而生成新的具有毒性、危害更大的二次污染物，如颗粒物细粒子、臭氧、醛类、硫酸盐和硝酸盐等，成为珠江三角洲地区面临的主要大气环境问题，制约了珠江三角洲城市群区域社会经济可持续发展。目前，大气二次污染对珠江三角洲区域整体大气环境质量的影响日益增强。大气二次污染及其污染物的形成机制和成分复杂，二次污染物一般是醛酮等，还有少量复杂有机化合物。二次污染的形成不仅受到源排放的一次污染物影响，而且与一定的气象条件、大气化学和物理的反应关系密切，不易直接控制，因此减缓二次污染要以其前体物，即相应的一次污染物为切入点：

（1）要因地制宜地研究珠江三角洲地区二次污染的形成机理、作用因素和污染物间的相互影响，包括光化学烟雾、大气灰霾和酸雨污染，并以此作为二次污染治理战略制定的科学依据；

（2）要在研究成果的指导下，以关注公众健康为政策制定的出发点，加强多污染监管，制定综合的多污染源和多污染物控制战略，优化污染治理设备的投资与配置，降低污染控制成本，同步解决污染对环境公众健康的危害。

5.2.2.3 以解决区域突出的大气污染问题为突破口

珠江三角洲的 SO_2、NO_x、PM_{10}、$PM_{2.5}$ 和 VOCs 之间存在复合反应，污染源控制与污染物减排之间存在交叉影响（图 5-19）。目前，珠三角大气环境一次污染依然严重，二次污染对珠三角城市群空气质量占主要影响。在污染现象上表现为大气氧化性增强、细颗粒物浓度增加、大气能见度显著下降和环境恶化趋势向整个区域蔓延。突出的环境问题是光化学烟雾、酸雨和细颗粒物污染严重，需要重点控制 SO_2、NO_x、PM_{10}、$PM_{2.5}$、VOCs 五种污染物。

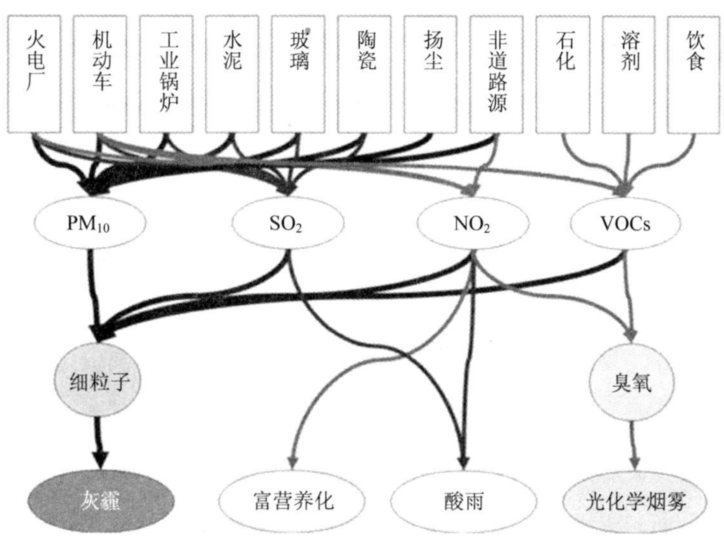

图 5-19　珠江三角洲大气环境问题、污染物与源排放关系图

根据重点污染源清单解析（图 5-20），火电厂和工业源是珠江三角洲地区 SO_2 最大的排放源，分别占排放总量的 46.3%和 39.7%；火电厂和道路源是 NO_x 最大的排放源，分别占排放总量的 37.7%和 35.6%；对于颗粒物排放，扬尘源的 PM_{10} 排放贡献率最大，占 PM_{10} 排放总量的 37.7%，工业源是 $PM_{2.5}$ 排放的最大贡献源，占 $PM_{2.5}$ 排放总量的 35.7%；道路源和含 VOCs 产品使用造成的 VOCs 排放是最大的排放来源，分别占排放总量的 41.3%和 27.1%。

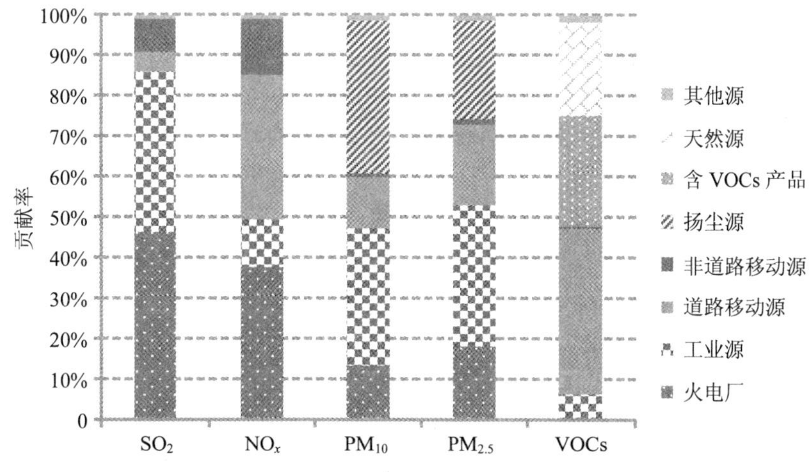

图 5-20　珠江三角洲大气污染物源排放清单

因此，要实现珠江三角洲区域空气质量全面改善目标，需要重点控制 SO_2、NO_x、PM_{10}、$PM_{2.5}$、VOCs 五种污染物，并且重点控制火电厂、工业锅炉、机动车、扬尘源、VOCs 排放典型行业等污染源。

（1）重点解决光化学烟雾污染，减少 NO_x、VOCs 排放。珠江三角洲已经逐渐出现光化学烟雾污染，是该地区亟待解决的重大环境问题。光化学烟雾是由机动车、电厂等排放的 NO_x 在阳光的作用下发生复杂的光化学过程形成的，主要污染物是 O_3、醛、酮、酸、过氧乙酰硝酸酯（PAN）等二次污染物。

根据对导致大气复合污染的关键一次污染物和关键污染源的识别，结合发达国家和地区在光化学烟雾污染控制的实践，珠江三角洲地区大气臭氧控制在近期应以 NO_x 和 VOCs 联合削减为策略，并且优先控制 VOCs。珠江三角洲城市群，电厂和机动车是珠江三角洲最主要的氮氧化物排放源，机动车、化工行业和溶剂涂料的使用是珠江三角洲 VOCs 主要排放源。因此，在控制 SO_2 和 PM_{10} 的基础上，要重点控制机动车、电厂、化工行业和溶剂涂料使用行业的排放，特别是控制机动车排放。

（2）加强酸雨治理，深化 SO_2 和 NO_x 控制。珠江三角洲区域性的酸雨问题主要是由电力行业高架源排放造成的。电力行业排放的污染物跨行政区远距离输送，对区域性的酸雨问题贡献较大。解决珠江三角洲区域性酸雨问题，应以控制电力行业二氧化硫和氮氧化物排放为主线，以区域总量控制为手段，严格控制新源的排放，逐步削减现有源的排放。

（3）大力控制灰霾，降低 SO_2、NO_x、PM_{10}、$PM_{2.5}$、VOCs 排放。灰霾污染造成大气能见度下降，并危害人体健康。大气能见度下降是由颗粒物的消光作用造成的。从颗粒物粒径分布上看，小于 1 μm 的粒子贡献了颗粒物消光系数的 90%以上；从颗粒物化学组成上看，硫酸盐、硝酸盐、颗粒有机物等二次气溶胶贡献了颗粒物消光系数的 80%以上。大气复合污染是珠江三角洲大气灰霾污染的关键内因，应大力降低 SO_2、NO_x、$PM_{2.5}$、VOCs 排放。行业控制应以电力、机动车、水泥、陶瓷等行业为重点。随着珠江三角洲脱硫等有效推进，未来硝酸盐和有机碳对灰霾的影响将更加突出，因此应逐步加强对氮氧化物和二次有机气溶胶前体物的控制。

5.2.3 防治策略

5.2.3.1 区域污染联防联控

珠江三角洲区域性大气污染的格局已经形成，传统的仅针对单一城市、单一行业和单一污染物的污染控制方案已不完全适用珠江三角洲区域性大气复合污染的防治，必须打破行政壁垒，实施区域联合防控。

区域性大气污染问题必须着眼区域整体空气质量，研究各地市对区域空气污染的分担，分析城市间相互影响，科学确定大气污染控制总量，开展区域总量控制。落实《珠江三角洲环保规划纲要（2004—2020）》确定的分区控制要求，严格实施环境准入制度。加强协商沟通，明确各市对珠江三角洲污染控制和空气质量改善具有共同但有区别的责任。在现行环境保护“属地管理”的基础上，构建统一规划、统一管理、统一标准、统一监测、统一评估的区域大气污染联防联控机制。

5.2.3.2 多种污染物协同控制

珠三角传统的排放控制政策为每种污染物制订单独的控制方案。这种方法对该污染物可能会很有效，但往往会无意中增加了其他污染的排放，不能实现整体性的环境或者公众健康目标。因此，需要整体上考虑各种控制措施的组合及其作用力度。

多种污染物协同控制方法的主要目标是要综合治理污染物，进行工业和企业污染控制技术和战略的规划，使所有排放目标有效降低。目前珠三角通过总量控制和大气污染物排放标准等不同政策，分别对电厂、工业和移动源的 SO_2、NO_x、颗粒物等污染物控制管理做出规定和控制措施，虽然这些措施都包含了多种污染物，但却缺乏一种综合的多污染物控制战略。为使这些措施能够转化为全面的控制体系，应考虑采用综合排放控制政策，实行严格的、渐进的、同步的减排目标，设置 SO_2、NO_x、颗粒物和汞的排放控制目标。如颗粒物、SO_2、NO_x 这三种污染物之间关联性明显（SO_2 和 NO_x 导致 $PM_{2.5}$ 的排放，SO_2 和 NO_x 又会同时导致酸雨），但其他污染物，如汞和 CO_2，也与 SO_2、NO_x 和颗粒物有关。

导致珠三角大气复合污染最根本原因是臭氧和细粒子及其前体物氮氧化物和挥发性有机物等多种污染物的污染，所以在环境管理的策略上，首先要树立多种污染物联合控制的观念，并采取有效措施来推进。以改善区域空气质量和保护人体健康为目的，构建系统、科学的空气质量标准和排放标准体系，从注重重点行业减排向全面防控转变，从单因子治理向多污染因子综合控制转变，实现多种污染物的协同有效控制，逐步解决区域光化学烟雾、酸雨和灰霾污染。

5.2.3.3 多种手段防治全面推进

采取综合性污染控制措施，建立全面综合的污染防治体系框架，推进大气污染防治。转变发展方式和调整经济结构，实现污染结构减排；制定环境管理和监督的地方区域性法规和政策，增强环境管理和执法的法律威信；完善区域标准体系，探索珠三角区域性空气质量评价体系，制定或收严污染物排放标准，制造污染减排压力；制定激励性的环境经济政策，激发减排积极性；建立区域性环境管理体制，实行污染治理目标责任制。总之，综合运用经济、政策、科技等各种手段，有效控制和削减大气污染排放。

5.3 控制 VOCs 和 NO_x，协同应对光化学烟雾污染

引起光化学烟雾的内因是大气复合污染，其污染程度和大气 O_3 质量浓度水平密切相关，O_3 质量浓度水平与其前体物 NO_x 和 VOCs 呈复杂的非线性关系。对 O_3 质量浓度高值的降低可通过削减 NO_x 和 VOCs 排放实现，即按照一定比例对 NO_x 和 VOCs 进行削减，实现珠三角 O_3 质量浓度高值的有效降低，从而达到对光化学烟雾的控制。研究结果显示，珠三角 O_3 的形成与该区域 VOCs 排放的关系更加密切。因此，解决珠三角区域光化学烟雾应以 NO_x 和 VOCs 联合减排为核心，并优先控制 VOCs。

全面实施生产企业的 VOCs 排放控制，加强含 VOCs 的有机溶剂和商业消费品的生产、使用登记及管理，增强饮食服务业油烟污染控制。以移动源为主线，分别针对道路移动源和非道路移动源制定相应控制措施，实现移动源 NO_x 排放控制。

5.3.1 重视典型行业 VOCs 排放控制

可挥发性有机物（VOCs）常见于溶剂漆料、印墨、有机溶剂和石油产品。炼油、有机化工、农药、医药、电子、印刷包装、铸造、涂装、塑料及橡胶制品、家具、制鞋、服装干洗等行业，由于大量生产或使用有机溶剂，广泛存在着 VOCs 排放。随着珠三角经济、社会的发展，常规污染物（SO_2、NO_x、颗粒物）普遍得到控制，但一些行业 VOCs 排放造成的臭氧浓度升高情况在城市地区越来越突出，迫切需要控制。

对于 VOCs 排放的典型行业，近期控制要求主要包括：①施行有机溶剂使用量申报与核查制度。各地方环保部门按年度制定本地有机溶剂使用类重点管理企业名录，对纳入重点管理名录的企业实施有机溶剂使用及挥发性有机化合物污染控制登记报告制度；②区域内各地纳入环保部门年度重点管理溶剂使用类工业企业名录的企业其使用的溶剂必须符合环境标志产品技术要求；③加大清洁生产推行和有机废气污染治理技术推广力度，减少生产过程中的有机气体散逸，建成首批典型行业有机废气治理示范项目。珠江三角洲各地区控制行业和要求详见附表 5-1。

5.3.1.1 石化、化工及含挥发性有机化合物产品制造企业

据广东省第一次（2007）污染源普查统计，珠三角有机溶剂使用量，如胶水、涂料、油漆、胶黏剂和油墨的使用量均占全省用量的 90%以上，是 VOCs 排放控制的重点地区。工业生产 VOCs 的控制应当从排放量大、易进行排放控制的典型行业（如石油加工、有机溶剂生产、印刷和包装）管理和控制入手，抑制 VOCs 排放增长的趋势。

在 2010 年年底前制定石油加工企业及涂料、油墨、胶黏剂等化学原料和化学制品制造生产企业重点监管名录；对重点名录中的企业强制推行清洁生产审核，并要求这些企业采用相应的 VOCs 污染源控制技术、工艺及设备，削减挥发性有机化合物排放，严控工艺过程中逃逸性有机气体的排放。

在新建涂料、有机溶剂等工业生产项目中推行低挥发性有机化合物排放的生产技术，鼓励生产水性、低毒或低挥发性有机化合物排放的产品。鼓励涂料、油墨、胶黏剂生产企业实施环境标志产品认证，逐步淘汰挥发性有机化合物含量高的油漆、涂料产品。

5.3.1.2 有机溶剂使用类工业企业

根据 2007 年广东省污染源普查，对珠三角各市有机溶剂使用情况进行了初步分析，各市主要的有机溶剂行业为木材加工、胶合板制造、塑料零件制造、包装装潢及印刷、木质家具制造、涂料制造、汽车制造和修理、船舶制造、陶瓷制造、集装箱制造、皮鞋制造、棉/化纤印染精加工、皮革鞣制加工、农药制造等。通过在这些行业实行有机溶剂使用量申报与核查制度，各地方环保部门按年度制定本地有机溶剂使用类重点管理企业名录，对纳入重点管理名录的企业实施有机溶剂使用及挥发性有机化合物污染控制登记报告制度，2012 年年底前，纳入名录企业使用溶剂必须符合环境标志产品技术要求，以此作为未来挥发性有机化合物总量控制、排放权交易、经济补贴等经济政策的基础。珠三角有机溶剂使用行业要参照表 5-3 和表 5-4 执行 VOCs 相关排放标准。

通过出台相关规范和激励型环境经济政策，鼓励企业在生产过程中使用水性、低毒或低挥发性有机化合物排放的有机溶剂。加大区域内印刷、制鞋、家具制造、汽车制造、纺

织印染等行业的清洁生产和污染治理力度，减少生产过程中的有机气体散逸。在珠三角的广州、深圳、佛山、东莞市率先开展首批典型有机废气污染治理示范项目建设。2010 年年底前制定珠三角印刷行业无组织挥发性有机物污染控制技术规范，并在 2012 年年前完成不符合技术规范企业的技术改造。

表 5-3　典型行业 VOCs 污染源经工业设备或车间排放的 VOCs 质量浓度限值

污染源	污染物项目	最高允许排放质量浓度/（mg/m^3）		总量排放限值
		Ⅰ时段	Ⅱ时段	
汽车制造涂装 汽车维修保养	苯	1	1	汽车制造涂装生产线应同时执行表 5-4 中规定的总量排放限值
	甲苯与二甲苯合计	30	18	
	非甲烷总烃	50	30	
金属铸造	非甲烷总烃	30	20	
半导体及电子产品制造	苯	1	1	
	甲苯与二甲苯合计	30	12	
	非甲烷总烃	50	20	
人造板与木质家具制造	苯	1	1	
	甲醛	15	5	
	甲苯与二甲苯合计	40	20	
	非甲烷总烃	100	50	
印刷、制鞋与皮革制品加工	苯	1	1	
	甲苯与二甲苯合计	30	15	
	非甲烷总烃	100	30	
涂料、油墨和胶黏剂生产，医药与农药制造	非甲烷总烃	100	20	
服装干洗	单位产品有机溶剂损耗量			20 g/kg（干衣物计）

表 5-4　汽车制造涂装生产线 VOCs 总量排放限值

车型	总量排放限值/（g/m^3）		说明
	Ⅰ时段	Ⅱ时段	
小汽车	60	45	GB/T 15089 规定的 M1 类汽车
货车驾驶仓	75	55	GB/T 15089 规定的 N1、N2 类车的驾驶仓
货车、箱式货车	90	7	GB/T 15089 规定的 N1、N2、N3 类车，但不包括驾驶仓
客车	225	150	GB/T 15089 规定的 M2、M3 类车

注：GB/T 15089 的规定，M1、M2、M3、N1、N2、N3 类车定义如下：
M1 类车指包括驾驶员座位在内，座位数不超过 9 座的载客汽车；
M2 类车包括驾驶员座位在内座位数超过 9 座，且最大设计总质量不超过 5 000 kg 的载客汽车；
M3 类车包括驾驶员座位在内座位数超过 9 座，且最大设计总质量超过 5 000 kg 的载客汽车；
N1 类车指最大设计总质量不超过 3 500 kg 的载货汽车；
N2 类车指最大设计总质量超过 3 500 kg，但不超过 12 000 kg 的载货汽车；
N3 类车指最大设计总质量超过 12 000 kg 的载货汽车。

5.3.1.3 商用及家用溶剂产品

严格管理干洗行业的干洗溶剂使用，推广使用低挥发性有机物含量溶剂，提高干洗业用溶剂冷凝回收率。同时，实施区域内指定类别的建筑涂料、民用干洗剂、家用清洁用品及个人护理产品的销售准入制度，实施挥发性有机化合物含量限值管理，研究制定商业消费品的含低挥发有机物的分级认证制度，为消费者选择低挥发有机物产品提供参考。研究并逐步推行含挥发性有机物产品卷标制度。制定鼓励市民使用低挥发性有机物含量产品的宣传教育计划，倡导消费低挥发性有机物产品。

5.3.1.4 加强饮食服务业污染治理

要求各市结合本地实际情况建立设施运行管理机制并实施有效监管。新建饮食服务经营场所必须统一规划，使用管道煤气、天然气、电等清洁能源，已建饮食服务经营场所要在限期改造期内完成清洁能源使用改造。未安装油烟治理设施的饮食业油烟排放单位必须安装油烟治理设施。

针对有机废气污染控制需要实施的重点工程见表 5-5，投资需 500 000 万元。

表 5-5 有机废气污染控制工程

项目名称	建设内容	起止年限	总投资/万元	近期投资/万元
有机废气污染控制工程	推进典型行业有机废气治理示范项目建设，加大包装印刷行业、表面涂装行业、家具制造行业、炼油与石油化学工业和皮革制品加工与制鞋行业等典型行业控制力度	2009—2013	500 000	200 000

5.3.2 加强移动源 NO_x 控制

5.3.2.1 道路移动源控制措施

2007 年，珠江三角洲机动车保有总量接近 800 万辆，其中，广州、东莞、佛山、深圳和江门的机动车保有量对珠三角机动车总量的贡献均分别超过 10%，这 5 市机动车保有量占珠三角总量的 81.3%（图 5-21）。

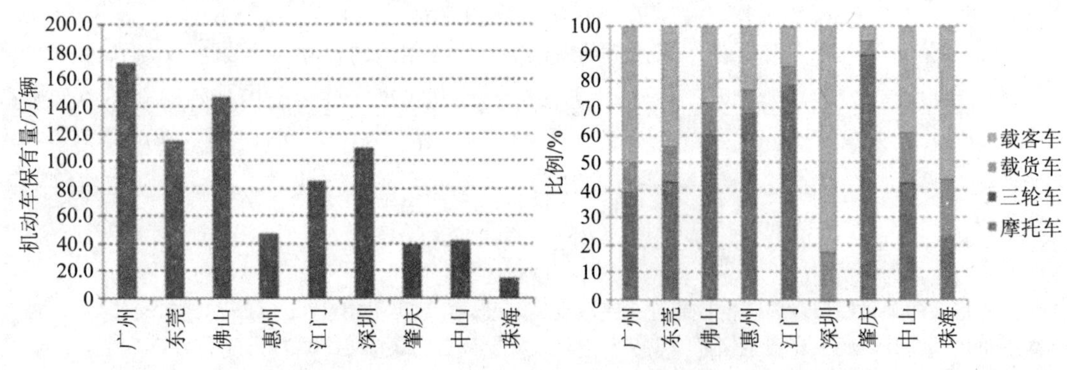

图 5-21 2007 年珠三角 9 个城市机动车保有量及构成情况

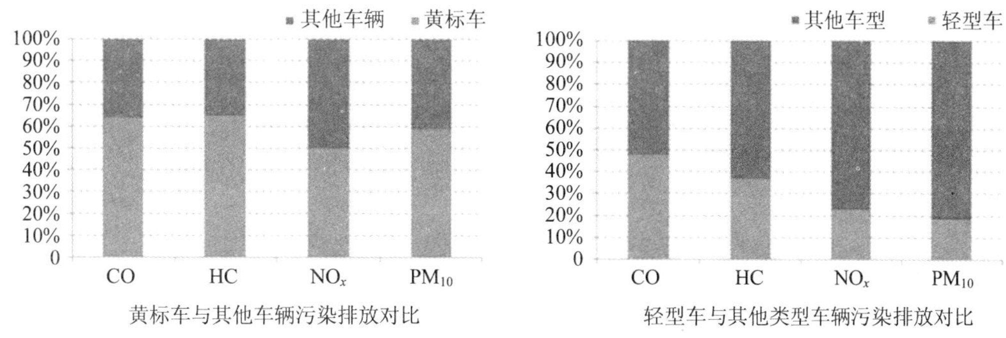

图 5-22　2007 年珠三角黄标车、轻型车和其他车辆污染物排放情况

从组成上看，珠三角各城市的机动车的组成结构存在差异，并且可分为 3 类组成结构：第一类，深圳。机动车构成以载客、载货汽车为主，基本无摩托车和低速三轮车；第二类，广州、东莞和中山，机动车构成以轻型车及大型载货车为主，摩托车所占比例少；第三类，肇庆、江门、惠州和佛山，摩托车所占比例高，为 60.6%～89.4%。

以 2007 年的珠江三角洲机动车保有量为基础，经测算，轻型车（包括微型车）、黄标车（国 I 以前排放标准的车辆）的 CO、HC、NO_x 和一次颗粒物排放量大（图 5-22），珠三角轻型车（包括微型车）的 CO、HC、NO_x 和颗粒物的排放量分别占各自污染物排放总量的 47.8%、36.9%、23.0%和 19.1%；珠三角黄标车 CO、HC、NO_x 和颗粒物的排放量分别占到各自污染物排放总量的 62.4%、64.9%、50.1%和 58.6%。因此，珠江三角洲的机动车污染控制应率先严控黄标车和轻型车的污染物排放，有效减少移动源污染排放。对道路移动源挥发性有机物、氮氧化物和可吸入颗粒物排放的控制措施包括：

（1）严格区域新车准入制度，力争提前实施国家第四阶段排放标准。力争在 2010 年 1 月 1 日，区域内汽车提前实施国家第四阶段排放标准，摩托车提前实施国家第三阶段排放标准。2015 年，区域内实施国家第五阶段机动车排放标准。对不符合相应标准的汽车和摩托车，不予办理登记手续。积极鼓励和扶持使用燃气、混合动力、电动等清洁能源汽车，推动无污染、轻污染机动车的使用，到 2015 年新能源环保汽车达到 5%以上。推进政府公务车绿色采购制度，把节能、环保作为重要的参考指标。

（2）强化在用车污染治理，加快更新淘汰“黄标车”等高排放车辆。区域内全面推行环保标志管理制度，规范机动车环保分类标志发放和管理工作。有条件的城市公布并实施本市车辆限行方案，对没有标志或持有特定环保标志的机动车，采取限制行驶区域、限制行驶时间或限制行驶车型的排气污染防治的交通管制措施。落实国家十部委《汽车以旧换新实施办法》，采用经济补偿或激励措施鼓励和加快老旧汽车及黄标车等高排放车辆的更新淘汰，完善在用车排气污染检查制度。

在 2010 年完成区域内所有城市轻型汽油车稳态工况法（ASM）和简易瞬态工况法（VMAS）、轻型柴油车和重型柴油车加载减速试验——不透光烟度法（LUGDOWN）检测线建设。加强机动车排气污染道路抽检和停放地抽检，有条件的城市可开展遥测法抽检，加大黄标车排放检查的频率和覆盖面积。

（3）提高车用燃油质量。在全面推广使用“粤III”车用成品油基础上，区域从 2010 年开始逐步供应“粤IV”车用成品油，实施满足国家第四阶段汽车排放控制要求的车用汽油和柴油标准，落实市场汽油、柴油的配套供应，降低机动车排气污染。

（4）实施机动车环保标志分类管理和区域内标志互认。在用机动车按阶段性排放标准发放环保标志，实施分类管理，区域环保标志在区域城市间互认通用。对没有标志或者持有特定环保标志的机动车，采取限制行驶区域、限制行驶时间或限制行驶车型的排气污染防治的交通管制措施。外省车辆在区域内城市道路行驶的，应当符合相应的标志管理规定。

（5）全面实施加油站油气回收。2010 年 9 月 30 日前，区域内各市完成全部加油站、油罐车和储油库的油气回收综合治理并完成验收。新建油库、加油站和新登记油罐车必须安装油气回收系统后才能投入使用，区域内各市油气回收工程项目见附表 5-2。

（6）建立机动车排气监督管理信息网络体系。2010 年 6 月 30 日前，区域内各市建成机动车排气监督管理信息网络体系，并将数据及时集中传输至省机动车排气检测数据管理中心。

（7）大力发展城际间轨道交通。大力发展公共交通是解决城市交通拥堵和民众“出行难”的有效途径。珠三角应通过加速建设以区域中心城市为核心的向整个区域辐射的网络状城际快速轨道交通系统，优化区域交通网络，打造方便、快捷、环保的区域交通运输体系。

综上所述，珠三角地区机动车污染控制工程及投资如表 5-6 所示，总投资需 180 300 万元。

表 5-6　机动车污染控制工程

项目名称	建设内容	起止年限	总投资/万元	近期投资/万元
机动车污染控制工程	机动车排气检测机构设备升级改造及区域机动车排气监督联网体系建设。完成珠江三角洲各市机动车排气工况法检测线建设；建立区域机动车排气监督数据中心和联网管理信息网络体系	2009—2010	7 300	7 300
	完成珠江三角洲 2 482 座加油站、107 个油库和 1 303 辆油罐车的油气回收综合治理改造，治理后满足《加油站大气污染物排放标准》（GB 20952—2007）、《储油库大气污染物排放标准》（GB 20950—2007）、《汽油运输大气污染物排放标准》（GB 20951—2007）要求	2009—2010	173 000	173 000
合计			180 300	180 300

5.3.2.2 非道路移动源治理

尽快制定非道路移动源（飞机、船舶、铁路机车、农用机械、工程机械等）的相关大气污染物排放标准，削减非道路移动源的大气污染排放。

对于非道路移动源，可以通过采用低硫柴油，采用 LPG、CNG 替代燃料，加装氧化催化器、PM 过滤器，采用选择性催化氧化法（SRC）等方法减少污染排放。另外限制施工时段，当附近街道上的行人较少时才允许施工，也是减少人群受非道路移动源污染危害的一种手段。

船舶，轮船发动机也是 NO_x 的一大排放源。珠江横穿市区，内河轮船航行带来的排放应引起重视。使用低硫柴油（S 含量 500 mg/kg）、氧化催化、PM 过滤器可以成功地减少颗粒物的排放，采用选择性催化技术可以大大降低 NO_x 排放。

5.4 全力推进脱硫脱硝，降低区域酸雨频率

珠三角地区的酸雨污染类型呈现从硫酸型向硫酸和硝酸复合型缓慢转变的趋势。尽管硫酸盐对酸雨的贡献仍占主导地位，但硝酸盐对该地区酸雨形成的贡献已经不容忽视。火电厂和工业锅炉是珠三角地区 SO_2 和 NO_x 的最大排放源，对区域空气质量影响大，因此解决珠三角的酸雨污染控制要双管齐下，继续推进并加强火电厂和工业锅炉的脱硫工程，同时全面开展火电厂和工业锅炉的降氮脱硝，全力解决珠三角酸雨污染问题。

5.4.1 继续加强火电大气污染治理

5.4.1.1 严格控制新建火电厂

珠江三角洲地区不再规划布点新建设燃煤燃油电厂。应跨越式发展核电，重点建设风力发电场和太阳能利用工程等新能源开发项目。

5.4.1.2 关停污染重、能耗高的火电机组

近期逐步关停如下机组：单机容量 5 万 kW 以下常规小火电机组；运行满 20 年、单机 10 万 kW 以下的常规火电机组；按照设计寿命服役期满、单机容量 20 万 kW 以下的各类机组；供电标准煤耗高于 390 g/（kW·h）的各类燃煤机组。按照《广东省小火电机组关停实施方案》，2010 年 1 月 1 日前，完成区域内 447.6 万 kW 污染重、能耗高的火电机组关停任务，见附表 5-3。

5.4.1.3 推进区域热电联产

编制热电联产规划，按照“统一规划、分步实施、以热定电、适度规模”的原则进行。以供热为主要任务，应满足城市居民生活、公共设施和工业厂矿对供热的需要。要结合近期和远期热负荷需求，分步实施，使热电联产规划具有较强的适应性。关停的小火电机组可依照规定进行热电联供改造。

5.4.1.4 继续推进火电厂烟气脱硫

（1）稳定脱硫设施运行效率。经改造，珠三角区域电厂脱硫设施运转率普遍提高，脱硫效率大幅提升。近期，在火电厂二氧化硫减排空间有限的情况下，应当通过提高现有脱硫设备年运行时间，实现脱硫设备运行稳定性，同时，环境管理部门利用烟气在线监测设备，加强火电行业二氧化硫减排效率监督，全力推进监管减排。

（2）继续推进脱硫工程。目前，区域内尚有 12 家电厂共 409.2 万 kW 火电机组尚待实施完成脱硫工程。2012 年年前，12 家电厂机组必须配套建设脱硫设施，设计脱硫率须达 95%以上。此外，本着源头减排的思想，区域内应鼓励燃油电厂实施油改气工程，按照初始放松、逐步加严的原则，要求 2010 年 9 月 30 日后，区域内电厂污染物排放须达到《广东省

火电厂大气污染物排放标准》（DB 44/612—2009）规定的要求，SO_2 排放质量浓度低于 200 mg/m^3。

（3）创新脱硫经济政策。加大二氧化硫排污收费力度，对超标和超量排放进行处罚；扩大二氧化硫收费范围，逐步提高二氧化硫排污收费标准，使其逐步达到或超过二氧化硫治理成本；研究制定鼓励控制二氧化硫的优惠政策，如对火电厂按上网电量征收脱硫调节资金，用于补助脱硫电厂的脱硫运行费；保证脱硫电厂和清洁能源电厂优先上网，为脱硫电厂营造公平竞争的市场环境；加大资金投入，逐步增加政府在珠江三角洲地区环保上的投入，积极争取国家资金对脱硫项目的支持，逐步使珠江三角洲脱硫产业走向良性发展轨道。

5.4.1.5 燃煤火电厂实施降氮脱硝工程

珠三角火电厂降氮脱硝工作刚刚起步，氮氧化物总体削减水平较低。现役机组已有的氮氧化物排放控制措施多采用早期低氮燃烧技术，烟气脱硝率与目前第三代低氮燃烧技术或选择性催化还原技术（SCR）相比较低，因此具有较大的削减潜力。鉴于氮氧化物对珠三角地区酸雨污染和 O_3 质量浓度高值贡献率的不断上升，以及目前火电厂氮氧化物排放量增长的形势，必须及早行动，严格控制。

（1）技术工程措施。珠三角火电行业降氮脱硝工程应当本着区别对待、逐步推进的原则，在“十二五”期间完成珠三角火电行业降氮脱硝改造。对于新建机组，因为目前锅炉出厂时均安装了低氮燃烧器，因此只需安装烟气脱硝设备。对于现役机组，力争 2012 年年底前，完成区域内所有 300 MW 以上（含 300 MW）的燃煤机组的降氮脱硝改造；2013 年年底前，关停区域内所有 100 MW 以下（含 100 MW）的常规燃煤火电机组，完成区域内所有 300 MW 以下常规燃煤火电机组的降氮脱硝改造。大力推进热电联产燃煤机组降氮脱硝改造，确保氮氧化物稳定达标排放。

（2）配套保障措施。为推动降氮脱硝改造顺利进行，需要从管理机制、经济政策、技术研究开发、原料保障等方面开展有效的配套保障措施，包括：

- ❖ 将火电厂降氮脱硝工程纳入各级地方政府环境保护考核内容，并根据考核情况进行奖励和惩罚。
- ❖ 研究制定脱硝电价。在电价、发电上网等方面给予脱硝电厂优惠政策，提高脱硝电厂的竞争力。有条件的地区，可以逐步引入火电厂烟气脱硝设施特许经营制度，推动烟气脱硝市场发展。
- ❖ 强化氮氧化物排污收费。研究氮氧化物的排污收费政策，提高氮氧化物的排污收费标准，督促企业增加氮氧化物排放治理投入，减少污染排放。
- ❖ 鼓励高效低氮燃烧技术的开发和应用，积极扶持具有自主知识产权的烟气脱硝技术及多种污染物协同脱除核心技术的研发。
- ❖ 保障还原剂供应。经测算，若实施火电厂降氮脱硝改造工程，广东省火电厂需要液氨 14.7 万 t/a 或者尿素 26.1 万 t/a 用于脱硝工程。而目前珠三角不具备尿素生产能力，液氨生产能力也仅有 2.3 万 t/a，需要从周边省市运至广东省。液氨属于重大危险识别源，具有腐蚀性且容易挥发，运输过程中化学事故发生率相当高，一旦发生泄漏，尤其是在人口稠密区，将对周围人群造成相当程度的危害。因此，要在珠三角或省内其他周边城市适当的地方建设液氨或尿素生产基地，以便尽可能安全地供应脱硝工程所需的液氨或者尿素，促使脱硝工程发挥应有的作用。

❖ 鼓励高性能催化原料、新型催化剂、失效催化剂再生及安全处置技术的开发和应用。目前火电机组脱硝装置一般都采用高温催化剂，该催化剂以 TiO_2 为载体，主要成分为 V_2O_5-WO_3（MoO_3）等金属氧化物，属于微毒物质。珠三角火电行业全面开展降氮脱硝工程及脱硝设施稳定运行后，每年将有大量失效且已无法使用的催化剂需要安全处置，这些废弃物必须严格按照危险固体废弃物处理要求进行专门处理，或者运送到省内的危险废物处置中心进行处置，防止脱硝带来二次污染。

珠三角火电厂脱硫、降氮脱硝工程及投资见表 5-7，总投资需 442 000 万元。

表 5-7　火电厂脱硫脱硝工程

项目名称	建设内容	起止年限	总投资/万元	近期投资/万元
火电厂脱硫脱硝工程	推动珠江三角洲地区尚未脱硫的 12 家、共 409.2 万 kW 的燃油电厂进行油改气或加装烟气脱硫设施配套建设	2009—2012	82 000	82 000
	2012 年年底前，完成珠江三角洲地区所有 300 MW 以上（含 300 MW）的燃煤机组的降氮脱硝改造；2013 年年底前，完成区域内所有 300 MW 以下常规燃煤火电机组的降氮脱硝改造。大力推进热电联产燃煤机组降氮脱硝改造，确保氮氧化物稳定达标排放。改造后，机组污染物排放达到相应排放标准要求	2009—2013	360 000	300 000
合计			442 000	382 000

5.4.2 加大工业锅炉治理力度

5.4.2.1 淘汰小型燃煤燃油锅炉

工业中小锅炉数量大、污染排放量大。在升级大型锅炉脱硫设施的同时，应积极开展工业中小锅炉二氧化硫减排，治理、改造或淘汰一批能耗高、污染重的锅炉。近期，力争淘汰所有 4 t/h（含 4 t/h）以下和使用 8 年以上的 10 t/h 以下燃煤、燃重油和燃木材工业锅炉（含生活锅炉与导热油炉）。推动各市企业实施集中供热或改燃清洁能源，1 t/h 以下锅炉鼓励使用电锅炉或天然气锅炉。使用不足 8 年的 10 t/h 以下、全部的 10 t/h 及以上工业锅炉，及早完成高效脱硫除尘设施建设或改燃低硫柴油、天然气等清洁能源，并达到新的《广东省火电厂大气污染物排放标准》排放限值要求（表 5-8）。

测算分析，集中使用一个 20 t/h 的蒸汽锅炉比单独使用 10 个 2 t/h 的蒸汽锅炉在单位运行成本上可降低 30%～40%；在除尘、脱硫、控制噪声等方面的投入上降低 40%～50%，经济效益、环境效益十分可观。

表 5-8 珠三角地区工业锅炉大气污染物排放控制要求

锅炉类别		SO_2 排放质量浓度/（mg/m^3）	NO_x 排放质量浓度/（mg/m^3）	烟尘排放质量浓度/（mg/m^3）	烟气黑度（林格曼黑度）/级
燃煤锅炉	≥煤锅炉度，锅炉	300	200	100	1.0
	其他容量锅炉	400	300	120	1.0
燃油锅炉		300	300	50	1.0

5.4.2.2 加快安装在线监测装置

珠三角地区锅炉总出力在 10 t/h（含 10 t/h）以上的 1 165 家燃煤、燃重油企业，要安装烟气在线自动监测装置，与当地人民政府环境保护主管部门联网，并保证其正常运行。2010 年，锅炉容量在 65 t/h 以上的企业完成在线监测设备的安装和联网；2011 年，锅炉容量在 20 t/h 以上的企业完成在线监测设备的安装和联网；2012 年，锅炉容量在 10 t/h 以上的企业完成在线监测设备的安装和联网。

5.4.2.3 积极推进工业锅炉烟气脱硫

2011 年 12 月 31 日前，10 t/h（含 10 t/h）以上燃煤、燃油、燃木材等其他燃料工业锅炉（含生活锅炉），要完成烟气脱硫设施改造工程，脱硫、除尘效率要分别达到 85%、99%以上。按锅炉容量计，珠三角各地市 2010 年和 2011 年分别完成 50%的锅炉烟气脱硫工程。2015 年 12 月 31 日前，10 t/h（含 10 t/h）以上燃煤、燃油、燃木材等其他燃料工业锅炉（含生活锅炉）脱硫效率需达到 90%以上。

5.4.2.4 开展工业锅炉降氮脱硝工程

安装低氮燃烧器（LNB）费用较低，近期珠三角地区控煤锅炉 NO_x 排放制燃主要以采用低氮燃烧技术为主。10～65 t/h 的工业锅炉，安装低氮燃烧器并保证综合脱硝率达 40%以上；大于 65 t/h 的大型工业燃煤锅炉，安装低氮燃烧器，综合脱硝率达到 60%以上。在实际操作过程中，应结合具体的企业情况要求相应的降氮效率。

工业锅炉实施脱硫、降氮脱硝重点工程见表 5-9，总投资需 490 000 万元。

表 5-9 工业锅炉大气污染控制工程

项目名称	建设内容	起止年限	总投资/万元	近期投资/万元
工业锅炉大气污染控制工程	对珠江三角洲 10 t/h 以上共 2 866 台，总容量 38 280 t/h 的工业锅炉安装高效除尘设备，并同步安装烟气脱硫设备。治理后大气污染物排放浓度达到最新的《广东省锅炉大气污染物排放标准》	2009—2014	150 000	90 000
	全面开展珠江三角洲区域内所有工业锅炉的降氮脱硝改造，65 t/h 及以上锅炉属整治重点。治理后，工业锅炉的氮氧化物排放浓度达到最新的《广东省锅炉大气污染物排放标准》中的相应要求	2009—2014	340 000	200 000
合计			490 000	290 000

5.5 突出抓好重点行业，减少颗粒物排放

颗粒物，尤其是细粒子的消光作用能够造成区域大气能见度下降，引起灰霾污染。细粒子主要来自二次污染过程，通过对火电行业、工业锅炉和移动源的 SO_2、NO_x 和 VOCs 的治理，可以有效控制细粒子形成。除此之外，工业生产过程中产生的一次颗粒物及细粒子也对灰霾的形成有重要贡献，需要严加控制。

珠三角水泥、陶瓷和平板玻璃生产这三大行业的粉尘排放是珠三角大气颗粒物的主要来源之一，对大气环境质量影响大，然而这三大行业只占珠三角地区绝大多数城市经济收入的很少一部分，是非支柱产业。这三大行业的治理，一要淘汰不符合相关政策及环保要求的落后产能，二要禁止新建低端落后工艺生产线，三要加大高效除尘设施安装率，提高除尘设施运行时间和稳定运行率。此外，城市扬尘也是一次颗粒物的重要来源，应通过加强城市扬尘污染全过程控制，减少扬尘造成的尘类污染。

5.5.1 水泥行业

水泥行业对珠三角 PM_{10} 和 $PM_{2.5}$ 排放总量贡献很大，在污染治理工作中，需要特别关注淘汰落后产能，不宜审批新建水泥熟料生产线（山区县除外）。从水泥市场中长期走势分析，珠三角水泥需求将呈低速持续增长的态势，但消费水平仍将保持高位运转。因此，珠三角水泥行业要通过进一步推进产业结构调整、上大压小、扶优限劣、有保有压，加快淘汰众多能耗高，污染严重的老式生产工艺线，加大循环经济的发展，做好水泥发展规划和结构调整意见执行情况的评估。

2010 年 9 月 30 日前，淘汰区域内全部立窑水泥，广州、惠州、江门和肇庆市分别淘汰 997.3 万 t、432 万 t、915.4 万 t 和 413.9 万 t 的立窑工艺水泥厂等落后产能。区域保留的水泥企业应安装高效除尘设备，使大气污染物排放达到《水泥工业大气污染物排放标准》（GB 4915—2004）的相应标准要求。支持和鼓励水泥企业充分利用当地粉煤灰等工业废物作为资源，改造为年产 100 万 t 及以上的大型水泥粉磨站或向下游产业发展。

从中期目标看，应在水泥行业推行全过程的清洁生产，降低单位水泥产能的污染排放与能源消耗。污染源的颗粒物排放质量浓度不超过 50 mg/m^3，吨水泥排放达到 0.15 kg/t 以下，并减少粉尘无组织排放；2008 年，全国平均吨水泥熟料综合能耗 135 kg 标准煤，吨水泥综合能耗 110 kg 标准煤。对于现役水泥生产企业，要求所有水泥生产环节必须达到国家环保要求，严格执行《水泥工业大气污染物排放标准》和《水泥工业除尘工程技术规范》，新建水泥项目必须安装在线排放监测装置，建立和完善水泥工业污染物控制指标的在线监测和评价体系，加快实施水泥企业污染物排放在线控制和监测，及时、准确、有效地控制水泥工业污染物排放。

从远期目标看，珠三角水泥行业需要积极学习欧洲国家在“熟料生产对天然化石燃料（煤、石油、天然气）零消耗”方面的先进技术，结合珠三角炉窑和可燃废物具体调查结果，全面开展区域水泥工业可燃废物利用的研究和实践，分期、分步逐渐实现水泥行业节约天然燃料资源，协助社会消纳废物，实现水泥行业对其周围生态环境（空气、水、土壤、

动植物、微生物、食物链等）的零污染。

5.5.2 陶瓷行业

珠江三角洲范围内不宜批准新建（包括扩建）一般性陶瓷生产企业，也不鼓励低端陶瓷企业在珠江三角洲范围内搬迁转移。鼓励现有的陶瓷生产企业进行改造、升级，转型向新型工业，保留高端产品生产企业、总部、研发中心、展厅等，进一步改造提升或发展总部经济，通过政策支持将陶瓷企业转移到气象条件好、原材料丰富、能源充足、市场广阔的东西两翼地区。同时加快淘汰污染大、效益低的低端陶瓷企业。

在陶瓷行业推行清洁生产，鼓励按照清洁生产标准，建立陶瓷清洁生产工业园区，园内进行集中供热供气、污水处理和循环利用，实现节能减排，分阶段强制推行清洁生产和开展 ISO 14001 环境管理体系认证。近期目标要求全部企业通过清洁生产审核，中期目标要求企业全部通过 ISO 14001 环境管理体系认证。

必须从源头上减少陶瓷废物的产生。鼓励企业研究开发和推广应用无辐射、无毒、低毒、低排放的新技术、新工艺、新设备，实现节能、降耗、减排，加大节约与替代技术、工艺、装备的研究开发和推广应用力度，推进资源节约与综合利用，达到资源能源低消耗、经济高产出、污染低排放或者零排放的目标。

按照“先治理，后规范，强化执法”的原则，对污染重、能耗高、安全生产和环保不达标的陶瓷生产企业采取治理、搬迁、关闭等措施，实现优化调整的目标。要求珠三角地区所有的陶瓷生产企业近期全部安装高效除尘设备和脱硫设施，排放达到《陶瓷工业污染物排放标准》（征求意见稿）相应标准要求（表 5-10）。对二氧化硫和粉尘排放不达标的陶瓷生产企业进行限期治理或实施关闭。

表 5-10　陶瓷企业大气污染物排放质量浓度限值（标准态）　　单位：mg/m^3

生产工序	原料制备、干燥		烧成、烤花	
生产设备	喷雾干燥塔		辊道窑、隧道窑、梭式窑	
燃料类型	水煤浆	油、气	水煤浆	油、气
颗粒物	50	30	50	30
二氧化硫	300	100	300	100
氮氧化物（以 NO_2 计）	240	240	550	200

5.5.3 平板玻璃行业

据广东省第一次（2007）污染源普查的数据统计，珠三角现有平板玻璃制造企业 29 家，未来珠三角区域内不宜再审批新建平板玻璃生产线（特殊品种的优质浮法玻璃生产线除外），应逐步改造和升级现有生产线运行技术，逐步淘汰所有垂直引上普通平板玻璃生产线和平拉工艺（含格法）平板玻璃生产线等落后产能，要求区域内所有平板玻璃生产企业全部安装高效除尘设备和脱硫设施以使污染排放达到《平板玻璃工业污染物排放标准》（征求意见稿）相应排放限值要求（表 5-11）。不达标的要限期治理，经限期治理后安全生产、环保等仍不达标的企业一律实施搬迁或关闭。

表 5-11　平板玻璃生产线大气污染物排放限值

污染物	项目	玻璃熔炉		
		重油为燃料	天然气为燃料	其他燃料
颗粒物	排放质量浓度/（mg/m^3）	50	50	50
	单位产品排放量/（kg/t）	0.165	0.15	0.15
二氧化硫	排放质量浓度/（mg/m^3）	500	300	500
	单位产品排放量/（kg/t）	1.65	1.2	1.5
氮氧化物	排放质量浓度/（mg/m^3）	700	700	700
	单位产品排放量/（kg/t）	2.3	2.1	2.1

5.5.4 加强城市扬尘污染全过程控制

区域内所有城市开展扬尘污染控制区的创建工作，2012 年年底前，各市扬尘污染控制区应达到建成区面积的 80%以上，扬尘污染得到有效控制。落实施工工地围蔽和清运淤泥渣土、喷水降尘等措施，做到“六个 100%”，即施工现场 100%围挡，工地沙土 100%覆盖，工地路面 100%硬化，拆除工程 100%洒水，出工地车辆 100%冲净车轮车身，暂不开发的场地 100%绿化。

加强市区内裸露土地的绿化或铺装，落实路面保洁、洒水防尘制度，减少道路扬尘污染。加强料堆站场扬尘污染控制，对煤炭、煤矸石、煤渣、煤灰、砂石、灰土等易产生扬尘物料的场所，要建成封闭设施、喷淋设施，以及表层凝结设施等。加强城市园林绿化建设，大力推广立体绿化、屋顶绿化、广场绿化、停车场绿化、墙面、桥体等垂直绿化方式，减轻大气污染，提高城市生态功能。

建材行业大气污染治理重点工程见表 5-12，总投资需 26 800 万元。

表 5-12　建材行业大气污染治理工程

项目名称	建设内容	起止年限	总投资/万元	近期投资/万元
建材行业大气污染治理工程	对珠江三角洲地区 70 家、年生产能力 10 095.3 万 t 的水泥企业进行高效除尘设备安装或改造，治理后污染物排放质量浓度应达到《水泥工业大气污染物排放标准》（GB 4915—2004）要求	2009—2012	7 800	7 800
	对珠江三角洲地区现有的共 338 家陶瓷生产企业进行高效除尘设备安装或改造，并同步安装烟气脱硫设施，治理后污染物浓度排放应达到最新的《陶瓷工业污染物排放标准》要求	2009—2012	19 000	19 000
	对珠江三角洲地区 29 家、年生产能力为 316 万 t 的平板玻璃生产企业进行废气治理设施改造，治理后大气污染排放浓度达到最新的《平板玻璃工业污染物排放标准》要求	2009—2012	1 500	1 500
合计			26 800	26 800

5.6 完善环境标准和环境质量评价体系

5.6.1 完善环境标准体系

5.6.1.1 探索区域 $PM_{2.5}$ 和 O_3 空气环境质量标准

珠三角地区 $PM_{2.5}$ 质量浓度高，是造成大气能见度恶化的主要因素；近地层 O_3 季节性超标情况较突出，对公众健康危害大。但是，我国现行的《环境空气质量标准》（GB 3095—1996）中尚没有 $PM_{2.5}$ 的质量浓度限制指标；对地面 O_3 我国的标准也过于宽松，只规定了 1 h 标准，而世界卫生组织（WHO）、美国、欧盟都制定了 O_3 的 8 h 质量标准（表 5-13），O_3 1 h 标准关注短时间、高质量浓度污染的影响，而 8 h 标准则能够提供中等质量浓度、更长时间暴露的限制水平。

加强 $PM_{2.5}$、O_3 控制，珠三角亟须参考美国、欧盟等相关标准（表 5-14），在“十二五”期间探索区域 $PM_{2.5}$ 和 O_3 空气环境质量标准的研究工作。

表 5-13 我国与其他国家或地区 O_3 质量浓度限值比较　　单位：μg/m³

O_3 标准	中国	韩国	日本	美国	欧盟	WHO
1 h 质量浓度	160（一级） 200（二级）	200	120			200
8 h 质量浓度		120		160	120	100（高水平） 240（IT-1）

注：IT 代表中期目标。

表 5-14 我国与其他国家或地区 $PM_{2.5}$ 质量浓度限值比较　　单位：μg/m³

中国	美国	欧盟	WHO
尚无	15	20	10 （IT-1：35，IT-2：25；IT-3：15）

注：IT 代表中期目标。

5.6.1.2 出台可挥发性有机物的行业排放标准

目前，国家关于控制可挥发性有机物的标准以综合标准为主，如《中华人民共和国国家标准环境空气质量标准》（GB/T 3095—1996）和《中华人民共和国国家标准大气污染物综合排放标准》，这些综合标准规定了苯并[*a*]芘、苯、甲苯、二甲苯、氯乙烯等 14 种可挥发有机物的最高允许排放质量浓度、最高允许排放速度和无组织排放限值。针对关于主要污染行业的 VOCs 控制标准少，目前制定的国家油墨工业、半导体行业和涂料工业的污染物排放标准仍处于征求意见稿阶段。标准的缺乏阻碍了对 VOCs 的控制，也不符合工业清洁生产的发展趋势。珠三角作为环境保护的先行地，近期完成印刷包装行业的 VOCs 排放标准制定，中期完成胶带制造、家具制造、制鞋等典型行业的 VOCs 排放标准制定，逐步建立以行业类为主的排放标准体系，增加行业型排放标准覆盖面，全面推动珠三角 VOCs

的排放控制。

5.6.2 建立区域空气质量评价体系

现行的城市空气质量评价指标体系仅有 SO_2、NO_x 和 PM_{10} 三项指标，随着大气污染类型的复杂化，采用仅包括三项指标的 API 空气污染指数评价、发布空气质量的评价方法已不能全面反映空气的污染状况。如按常规监测数据，珠江三角洲多数情况下首要污染物是 PM_{10}，多数是由 PM_{10} 监测浓度决定空气质量的污染等级。而国内的研究资料表明，造成大气能见度恶化的主要因素是 $PM_{2.5}$，采用 $PM_{2.5}$ 指标应该比 PM_{10} 更接近实际情况，API 污染指数将会较接近真实，也更能反映对人体健康的危害。但 API 评价指标体系中未纳入 $PM_{2.5}$，这就直接导致了经常会出现“城市空气质量日报”报告为“优”、“良”天气，但公众对空气质量的直观感受却与空气质量日报相差较大的矛盾现象。

要解决这个矛盾，需要针对珠三角大气复合污染的特点，在国家现有大气环境质量评价体系基础上，建立和完善区域空气质量评价体系。以关注大气环境质量对人体健康的影响为出发点，逐步将能见度、O_3、$PM_{2.5}$ 等指标纳入区域空气质量评价指标，完善区域空气质量评估体系，率先建立与国际接轨的区域大气环境质量评价体系，以应对新的形势变化和新的环境问题。

附表 5-1　珠江三角洲各市重点行业挥发性有机物（VOCs）污染控制项目表

所在市	重点控制的有机溶剂种类	行业类别		控制要求重点控制行业名称
		大类名称	小类名称	
广州	油漆 涂料 胶黏剂 天那水 油墨	木材加工及木、竹、藤、棕、草制品业	刨花板制造、胶合板制造	1．施行有机溶剂使用量申报与核查制度。各地方环保部门按年度制定本地有机溶剂使用类重点管理企业名录，对纳入重点管理名录的企业实施有机溶剂使用及挥发性有机化合物污染控制登记报告制度 2．区域内各地纳入环保部门年度重点管理溶剂使用类工业企业名录的企业其使用的溶剂必须符合环境标志产品技术要求 3．加大清洁生产推行和有机废气污染治理技术推广力度，减少生产过程中的有机气体散逸，建成首批典型行业有机废气治理示范项目
		交通运输设备制造业	金属船舶制造、汽车修理	
		金属制造业	金属包装容器制造	
		印刷业和记录媒介的复制	书、报、刊印刷；包装装潢及其他印刷	
		造纸及纸制品业	纸品制造	
		塑料制品业	塑料零件制造	
深圳	油漆 涂料 胶黏剂 天那水 油墨	印刷业和记录媒介的复制	本册印制；包装装潢及其他印刷	
		造纸及纸制品业	纸和纸板容器的制造	
		家具制造业	木质家具制造	
		化学原料及化学制品制造业	涂料制造	
		通用设备制造业	气体、液体分离及纯净设备制造	
		交通运输设备制造业	汽车修理	
		电气机械及器材制造业	通信设备、计算机及其他电子设备制造业	
		仪器仪表及文化、办公用机械制造业	家用厨房电器具制造	
珠海	油漆 涂料 胶黏剂 天那水 油墨	文教体育用品制造业	其他文化用品制造	同上
		通信设备、计算机及其他电子设备制造	印制电路板制造	
		交通运输设备制造业	船舶修理及拆船	
		电气机械及器材制造业	电线电缆制造	
		塑料制品业	塑料零件制造	
		化学原料及化学制品制造业	化妆品制造	
		造纸及纸制品业	其他纸制品制造	
佛山	油漆 涂料 胶黏剂 天那水 油墨	非金属矿物制品业	陶瓷制品制造园林；陈设艺术及其他陶瓷制品制造	
		金属制造业	金属表面处理及热处理加工	
		家具制造业	木质家具制造	
		印刷业和记录媒介的复制	书、报、刊印刷；装订及其他印刷服务活动	
		木材加工及木、竹、藤、棕、草制品业	胶合板制造	

所在市	重点控制的有机溶剂种类	行业类别		控制要求重点控制行业名称
		大类名称	小类名称	
江门	油漆 涂料 胶黏剂 天那水 油墨	木材加工及木、竹、藤、棕、草制品业	胶合板制造	同上
		金属制造业	集装箱制造	
		塑料制品业	其他塑料制品制造	
		印刷业和记录媒介的复制	书、报、刊印刷；包装装潢及其他印刷	
		造纸及纸制品业	纸和纸板容器的制造	
肇庆	油漆 涂料 胶黏剂 天那水 油墨	通信设备、计算机及其他电子设备制造	交通管理用金属标志及设施制造	同上
		有色金属冶炼及压延加工业	常用有色金属压延加工	
		造纸及纸制品业	其他纸制品制造	
		皮革、毛皮、羽毛（绒）及其制品业	皮鞋制造	
		印刷业和记录媒介的复制	书、报、刊印刷	
惠州	胶黏剂 天那水 胶水 油漆 油墨	印刷业和记录媒介的复制	书、报、刊印刷	
		皮革、毛皮、羽毛（绒）及其制品业	皮鞋制造	
		木材加工及木、竹、藤、棕、草制造业	木片加工	
		涂料制造	涂料制造	
东莞	油漆 胶水 胶黏剂 涂料 油墨	家具制造业	家具制造业	
		塑料制品业	其他塑料制品制造；塑料鞋制造	
		纺织业	棉、化纤印染精加工	
		皮革、毛皮、羽毛（绒）及其制品业	皮革鞣制加工	
		印刷业和记录媒介的复制	包装装潢及其他印刷	
		造纸及纸制品业	纸制品制造	
中山	天那水 胶黏剂 胶水 涂料	家具制造业	木质家具制造	
		文教体育用品制造业	玩具制造	
		皮革、毛皮、羽毛（绒）及其制品业	皮鞋制造	
		化学原料及化学制品制造业	化学产品制造	
		造纸及纸制品业	其他纸品制造	
		金属制造业	金属结构制造	

附表 5-2　珠江三角洲各市油气回收工程项目表

项目	适用城市	污染控制要求		督导单位
		任务	完成时间	
油气回收	广州	562 座加油站/19 个油库	2010 年 9 月 30 日	各市经贸委、技监局、环保局、交通局、中石油、中石化、质监局、安监局、公安消防局、公安局
	深圳	270 座加油站/2 个油库/135 辆油罐车	2009 年 12 月 31 日	
	东莞	289 座加油站/22 个油库	2010 年 9 月 30 日	
	佛山	391 座加油站/20 个油库		
	珠海	115 座加油站/17 个油库		
	中山	121 座加油站/3 个油库		
	江门	380 座加油站/20 个油库		
	肇庆	368 座加油站/10 个油库		
	惠州	326 座加油站/3 个油库		
新车准入标准	全部城市	汽车实施国Ⅳ排放标准，摩托车实施国Ⅲ排放标准	2011 年 1 月 1 日	
车用燃料	全部城市	供应粤Ⅳ车用成品油	2010 年 12 月 31 日	
检测线建设	全部城市	完成机动车检测线建设	2010 年 6 月 30 日	
信息网络	全部城市	建立区域机动车排气监督管理信息网络体系	2010 年 6 月 30 日	

附表 5-3　珠江三角洲关停小火电机组项目表

序号	电厂名称	城市	关停容量/万 kW	关停机组构成/（万 kW×台）	关停时间（年份）	督导单位
1	黄埔电厂 1～6 号机	广州（10 家）	110	12.5×4+30×2	2009	省发改委
2	明珠柴油机发电厂		3.81	0.949×2+0.959×2	2009	
3	西村柴油机发电厂		4.08	0.816×5	2009	
4	增城荔城电厂		2.47	0.71×2+1.05	2009	
5	广保电厂		4.75	0.95×5	2009	
6	西环电力有限公司		2.5	2.5×1	2009	
7	恒运 B 发电厂		15	5×3	2009	
8	南沙电厂		11.56	1.051×11	2009	
9	永大集团公司电厂		5.5	1.5×2+2.5	2009	
10	黄埔南岗电站		0.5	1×0.5	2009	
11	珠海机场发电厂	珠海（4 家）	2.24	1.12×2	2009	
12	珠海矿山发电厂		5.6	1.12×5	2009	
13	斗门柴油发电厂		3.87	0.968×4	2009	
14	洪湾柴油机电厂		11.19	1.243×9	2009	
15	惠阳电厂	惠州（1 家）	9.59	0.96×4+0.956×6	2009	
16	西江发电厂	江门（1 家）	5	5×1	2009	

附表 5-4 区域大气复合污染联防联控工程

项目名称	建设内容	起止年限	总投资/万元	近期投资/万元
火电厂脱硫脱硝工程	推动珠江三角洲地区尚未脱硫的 12 家、共 409.2 万 kW 的燃油电厂进行油改气或加装烟气脱硫设施配套建设	2009—2012	82 000	82 000
	开展珠江三角洲地区 100 MW 以上机组及 100 MW 以下热电联产机组、装机总容量共 15 370 MW 的现役燃煤火电机组的降氮脱硝改造。改造后，100 MW 以上机组氮氧化物排放质量浓度限值为 200 mg/m^3，100 MW 以下（含 100 MW）热电联产机组氮氧化物排放质量浓度限值为 400 mg/m^3	2009—2013	360 000	300 000
工业锅炉大气污染控制工程	为珠江三角洲 10 t/h 以上共 2 866 台，总容量 38 280 t/h 的工业锅炉安装高效除尘设备，并同步安装烟气脱硫设备。治理后大气污染物排放质量浓度达到最新的广东省锅炉大气污染物排放标准	2009—2014	150 000	90 000
	全面开展珠江三角洲区域内所有工业锅炉的降氮脱硝改造，65 t/h 及以上锅炉属整治重点。治理后，工业锅炉的氮氧化物排放质量浓度达到最新的广东省锅炉大气污染物排放标准中的相应要求	2009—2014	340 000	200 000
建材行业大气污染治理工程	对珠江三角洲地区 70 家、年生产能力 10 095.3 万 t 的水泥企业进行高效除尘设备安装或改造，治理后污染物排放质量浓度应达到《水泥工业大气污染物排放标准》（GB 4915—2004）要求	2009—2012	7 800	7 800
	对珠江三角洲地区现有的共 338 家陶瓷生产企业进行高效除尘设备安装或改造，并同步安装烟气脱硫设施，治理后污染物质量浓度排放应达到最新的陶瓷工业污染物排放标准要求	2009—2012	19 000	19 000
	对珠江三角洲地区 29 家、年生产能力为 316 万 t 的平板玻璃生产企业进行废气治理设施改造，治理后大气污染排放质量浓度达到最新的平板玻璃工业污染物排放标准要求	2009—2012	1 500	1 500
机动车污染控制工程	机动车排气检测机构设备升级改造及区域机动车排气监督联网体系建设。完成珠江三角洲各市机动车排气工况法检测线建设；建立区域机动车排气监督数据中心和联网管理信息网络体系	2009—2010	7 300	7 300
	完成珠江三角洲 2 482 座加油站、107 个油库和 1 303 辆油罐车的油气回收综合治理改造，治理后满足《加油站大气污染物排放标准》（GB 20952—2007）、《储油库大气污染物排放标准》（GB 20950—2007）、《汽油运输大气污染物排放标准》（GB 20951—2007）要求	2009—2010	173 000	173 000
有机废气污染控制工程	推进典型行业有机废气治理示范项目建设，加大包装印刷行业、表面涂装行业、家具制造行业、炼油与石油化学工业和皮革制品加工与制鞋行业等典型行业控制力度	2009—2013	500 000	200 000
合计			1 640 600	1 080 600

第6章 优化区域生态格局，维护生态安全

优化区域生态安全格局，构筑以珠江水系、沿海重要绿化带和北部连绵山体为主要框架的区域生态安全体系。保护重要与敏感生态功能区，加强自然保护区和湿地保护工程建设，修复河口和近岸海域生态系统，加强沿海防护林、红树林工程和沿江防护林工程建设，加强森林经营，提高森林质量和功能，维持生态系统结构的完整性。加强珠江流域水源涵养林建设和保护，综合治理水土流失。推进城市景观林、城区公共绿地、环城绿带建设，维护农田保护区、农田林网等绿色开敞空间。

6.1 区域生态状况

珠江三角洲地貌的形成，是由西、北、东三江会聚珠江所挟带的泥沙，沿流途经数千年的沉积而在中下游形成 40～60 m 厚度的冲积平原。随着自然环境的变迁，由西江、北江两个三角洲构成的古珠江三角洲逐渐连成一片，并与其后成陆的东江三角洲相连从而形成现代的珠江三角洲。珠江三角洲东、西、北三面被山地围绕，南临南海。三角洲内有 1/5 的面积为星罗棋布的丘陵、台地和残丘，沿海有数百个岛屿为屏障，海岸线长度 500 余 km。

多年来高强度资源开发和环境污染，导致区域生态退化严重，林地、耕地、果园等生态用地被大量挤占；城镇摊大饼式发展，城乡之间缺乏必要的生态隔离带；珠三角外围山地丘陵系统、三角洲平原系统和海域生态系统在生态过程上与格局上缺乏系统性和连续性。目前生态系统仍然脆弱，区域生态体系不健全。

6.1.1 生态保护建设进展

近年来，珠江三角洲各地市加大了生态保护的投入，从各个城市层面上，生态保护取得明显成效，生态退化的趋势得到一定缓解。

6.1.1.1 森林保护工作力度不断加大

珠江三角洲地区地带性植被为南亚热带季风常绿阔叶林，由于人类活动频繁，区域内原生植被几乎破坏殆尽，天然次生阔叶林也保存较少，大部分是马尾松、湿地松、杉树或相思树等单优势树种人工林。根据 2007 年统计，珠三角林业用地面积 160.1 万 hm^2，有林地面积 139.5 万 hm^2，活立木蓄积量 5 308 万 m^3，森林覆盖率 39.1%。

珠三角区划界定了国家重点公益林 7.42 万 hm^2，省级生态公益林 89.89 万 hm^2，市、县级的生态公益林 7.8 万 hm^2，分别占林业用地面积的 4.63%、56.15%、4.9%。从 1999 年

起，广东省开始落实生态公益林效益补偿制度，当年省财政的补偿标准为 2.5 元/（亩·a），2000—2002 年为 4 元/（亩·a），2003—2007 年为 8 元/（亩·a），2008 年为 10 元/（亩·a）。2004 年，国家建立了中央森林生态效益补偿制度，补偿标准为 5 元/（亩·a）。珠三角地区近年来森林公园建设保持稳步发展，到 2008 年，已建立各类森林公园 183 处，总面积 35.66 万 hm^2，其中国家级森林公园 10 处，面积 2.27 万 hm^2；省级森林公园 35 处，面积 4.7 万 hm^2；市县级森林公园 138 处，面积 28.69 万 hm^2。

6.1.1.2 自然保护区建设取得明显进展

珠江三角洲自 1956 年在肇庆鼎湖山建立第一个自然保护区开始，50 多年来，自然保护区有了较大发展，自然保护区数量和面积不断增加，自然保护区类型逐渐丰富，自然保护区的建设和管理工作水平有所提高，科研工作也在重点自然保护区逐步开展。至 2008 年底，珠江三角洲共建立不同级别、不同类型的自然保护区 55 个，总面积 28.23 万 hm^2。其中国家级自然保护区 2 个，省级自然保护区 8 个，市县级自然保护区 45 个，其中海域自然保护区 15.037 万 hm^2，陆域自然保护区 13.193 万 hm^2，自然保护区面积占国土面积的 4.77%，主要的保护对象为珍稀濒危动植物、南亚热带季风常绿阔叶林和湿地生态系统。

根据省人大常委会《关于加快自然保护区建设的决议》的要求，2001 年，省编办和省财政厅联合印发《关于广东省自然保护区管理体制和机构编制等问题的意见》，目前珠三角已落实了 2 个国家级、8 个省级自然保护区人员编制 158 名；2000—2008 年，省财政共下拨议案资金 2 610 万元补助珠江三角洲 22 个林业自然保护区。随着资金投入的增加，珠三角地区自然保护区基础设施也逐渐改善。据不完全统计，目前珠三角地区省级以上自然保护区建成办公室、宣教中心、实验室、标本室 1.45 万 m^2；护林站、瞭望哨 2 150 m^2；设置宣传牌、界碑、界桩 3 491 块（个）；修建区内公路 40.4 km，购置交通工具 14 辆（不含摩托车）。国家级、省级自然保护区有了固定的办公楼、护林站、瞭望哨等基础设施。市、县级自然保护区基础设施建设也取得了长足的进展。

6.1.1.3 河口海岸带湿地保护开始启动

珠三角是珠江流域的出海口，湿地类型多样、资源丰富、湿地文化悠久，包括河口、水道、滩涂、浅海、基围、三角洲、红树林沼泽、草本沼泽等众多的湿地类型，珠江三角洲桑基鱼塘是广东省最具特色的湿地，珠江口周围的五市共有湿地 49.28 万 hm^2，其中珠江口湿地东至香港，西至上川岛，北起各分流河口，南至淡水所及海域，总面积约 1 万 hm^2。《中国湿地保护行动计划》已将珠江三角洲湿地列入优先保护项目，已批准了国家湿地公园试点一个，面积 998 hm^2。

珠江三角洲地区，共有红树林湿地面积 1 899.3 hm^2，其中深圳湾福田的红树林被列为国家级红树林湿地保护区，惠东海龟国家级自然保护区被列入国际重要湿地名录予以重点保护。在广州、深圳、珠海、江门、中山市规划恢复红树林 1 160 hm^2，珠海淇澳岛红树林湿地、珠海万山群岛被列入抢救之列。深圳市近年来加大了湿地保护特别是红树林保护力度，深圳各种湿地的面积达到 200 多 km^2，占全市总面积的 1/10，深圳将进一步扩大红树林海滨生态公园、深圳湾等湿地的红树林面积，建设红树林“海滨长廊”。

6.1.2 区域生态主要问题

珠江三角洲在区域一体化发展进程中，高功能生态用地被不断占用，区域生态体系不健全，区域生态保护各自为政，缺乏统筹协调机制。

6.1.2.1 生态安全体系不完善，部分关键地区遭到破坏

珠三角周边包括珠三角西部、北部、东部和南部沿海地区，分布有山地及山地森林生态系统，从空间分布看，基本构成了环绕珠三角地区的生态防护体系，对保护区域的整体生态安全起着极其重要的生态屏障作用。区域生态发展不平衡，绝大部分森林生态系统集中分布在山区；而三角洲平原生态系统平板单调，在横向和竖向上缺乏层次性和异质性。区内各类用地的生态功能不明确，缺乏有效的控管和保护措施，各自发展，未形成整体化生态格局，生态效益低。外围近自然山地丘陵系统、三角洲平原系统和海域生态系统在生态过程上与格局上缺乏系统性和连续性，与区域生态体系未成为有机的整体。平原地区尤其是城市周边生态防护系统抗灾能力差。平原地区的河网系统的生态安全保护体系严重不足，水陆生态过渡带的自然过程被人为破坏，水体污染严重。城市缺乏控制性生态防护系统，生态保护带、生态隔离带等生态安全结构系统残缺不全。城乡之间缺乏必要生态隔离带，不能对城镇的无序发展和污染扩展形成有效控制。沿海平原和海岸生态防护体系还不完整，缺乏沿岸防护林带和平原防护林网，抗灾能力低。

海岸带对保护珠江三角洲平原的生境安全，提高生物多样性和提升滨海城市的形象有重要作用。但由于长期以来的开发和只注重堤坝防护，忽略生态建设，使得珠江三角洲河口海岸的生态景观较差，生态系统单调，缺乏系统的防风林带。

区域生态体系存在一些脆弱区，典型的如广州太和镇——白云山和帽峰山连接处、鼎湖山与栏河山连接地带的西江峡谷地带、惠阳通向大亚湾的山口处等地区，往往是人类活动最集中、最活跃的地区，小尺度上这些地段具有较高的区位价值和景观效果因而具有更高的开发价值，但从区域尺度上，这些地段对区域生态体系的健康和稳定起到至关重要的作用，目前还没有得到严格的保护。

生态保护各自为政，缺乏统筹协调保护机制。各个城市从各自管辖区域版图范围内的生态格局特征出发，确定开发格局，开展生态保护与建设，缺乏统筹协调，对于珠三角外围的山地生态屏障带、沿海的防护带和滨海湿地，珠江口湿地、城市间的绿色开敞空间以及珠江河网水系缺乏统筹考虑。各城市社会经济发展水平和对生态环境保护认识不同，生态保护和建设的投入力度和管理方式差异大。

6.1.2.2 高功能生态用地被不断侵占，生态功能下降，生态恢复质量低

珠三角地区城市化及工业化的快速发展，林地、耕地、果园等生态用地被大量占用，造成农用土地资源不断流失，自然生态环境质量不断下降。随着珠三角地区新一轮城市整合及调整，城市化的进程进一步加快，生态用地被蚕食的现象会更加突出。

海岸带生态破坏严重，红树林大量损毁。随着海岸带、浅海和海岛资源的开发利用，各行各业争用岸线、滩涂和岛屿开采沙石、修建海岸工程，以及围海造田、填海造陆的现象十分突出。1950—1997 年，珠江三角洲沿海滩涂围垦和填海造地面积累计达到 79 712 hm^2，相当于现有滩涂面积的 70.2%，造成珠江三角洲地区海岸带生态破坏严重，最近几十年红

树林面积大幅度减少。根据广东省林业局的调查资料，1980 年以来珠江三角洲被损毁和占用的红树林面积高达 1 082 hm^2，比现存红树林面积（996 hm^2）还要多 86 hm^2。

人工植被不断代替天然植被，物种多样性降低。随着珠江三角洲城市化的发展，城市的面积不断扩大，城市建成区的植被建设越来越多，导致人工植被比重越来越大。人工植被建设过程中，由于较少考虑物种的多样性和外来种的影响，造成城市植被物种多样性单一，生态系统的自我调节能力变差。同时，由于经济利益的驱动，某些地方追求经济利益的同时忽略了生态效益，盲目地在丘陵山地上大面积种植单一树种的速生人工林，致使天然林的比重不断减小。人工植被代替天然植被后，植被群落结构不合理，优势种过于突出，物种多样性降低。

山地丘陵地区森林覆盖率接近 65%，但由于新中国成立前后曾多次对森林进行过度砍伐，自然森林植被遭到破坏，天然林已极少，次生林比例较高。而且，生态公益林的比例低。由于商品林以林业经济为主要目的，林种单一，结构简单，森林生态系统的生态防护功能与生物性保育功能较差，生态调节功能不强。

据测算，珠江三角洲森林单位面积生物量和净生产量分别是 56.57 t/hm^2 和 10.41 t/（$hm^2 \cdot a$），只相当于生长良好的鼎湖山南亚热带常绿阔叶林（生物量 380 t/hm^2，净生产量 23.2 t/（$hm^2 \cdot a$））生物量的 14.89%和净生产量的 44.87%，也低于中国森林平均生物量（84.09 t/hm^2）的水平。

6.1.2.3 一些污染企业仍然在生态敏感区内，环境风险高

自广东省环境保护规划实施以来，通过实行分级控制，使重要的生态系统得到有效保护，但是仍然有一部分企业分布在严禁开发的严格保护区内，对区域生态环境产生严重影响。根据污普资料调查，严格控制区内分布着 2 057 个企业，涉及 34 个产业。其中占比重较大的行业有皮革、毛皮、羽毛（绒）及其制品业，纺织服装、鞋、帽制造业，塑料制品业，金属制品业等，分别占企业总数的 37.2%、8.1%、5.1%、4.6%。产生的污染物种类主要有 COD、BOD、氰化物、总铬、六价铬等。这些污染物的排放对严格保护区内的生态环境构成严重威胁。

6.2 优化区域生态安全格局

6.2.1 基本原则与要求

珠江三角洲地区处于珠江水系下游，由珠江水系带来的泥沙淤积而成，背面是南岭山脉支脉和余脉，左右延伸到珠江口，区内山、水、林、田、丘、岗、滩、海等生境元素丰富，自然条件优越。地貌形态上，东、北、西三面有山岭包围，冲积平原上有低山、丘陵、台地罗列其间，地区内水网密布，河渠纵横，最终汇入南海，成为珠江三角洲地区独特的自然地理基底。长期以来，三角洲地区的人民在利用自然、改造自然环境的过程中，形成了与自然环境和谐发展的基塘系统、岭南水乡，为城市群风貌特色提供了重要的生态基底。区域生态安全体系的构筑，需要充分尊重区域自然环境基础，尊重区域自然环境的物质、能量与信息的流通，加以必要的维护和修复，保护区域重要生态系统和主要服务功能，形

成山翠、水碧、林秀、田沃、城绿、乡净、滩美、海蓝城乡一体的生态体系。

构筑区域生态安全体系需要遵从以下原则：

（1）维护和强化区域自然山水格局的连续性。自然山水格局是区域生态体系的基础，是区域平衡和发展的地脉，维护自然山水格局的完整性是尊重区域自然环境、因地制宜地进行开发的首要条件。

（2）保护和建立多样化的乡土生境系统。城市化过程中，许多并不引人注目的乡土生境需要决策者、规划者和建设者精心保护。如河畔小块荒野地带，村落中小片风水林等，都是均质空间中宝贵的异质性斑块，见证了区域长期的变化历史，蕴涵着丰富的生态与文化信息，有可能成为小范围区域内生态和文化的支撑点。

（3）维护和恢复区域大型自然斑块。就物种保护和水源涵养而言，区域大型自然斑块的维护和恢复工作是区域生态体系构建的重要任务。也只有大型自然斑块，才能保存更多的本土物种、更复杂的生态系统和更强大的生态辐射能力，成为具有更高生态价值和更强影响能力的源区。

（4）尽量保留河道和海岸的自然形态。复杂多样的河流海岸形态不仅为水生生物提供了丰富多样的生境，也为人类提供了丰富优美的自然景观，而且复杂多样的河流海岸形态有利于抗击多样化的自然灾害。

（5）保护和恢复湿地系统。湿地被称为“地球之肾”，在维护多样化生境、保护物种、净化水体、调节气候和水量平衡等方面发挥着巨大的作用。

（6）将城市绿地系统建设与区域景观格局相结合。城市是区域自然山水体系的果实，在区域自然山水的滋养下发展，是区域景观的有机组成部分。充分利用外围地区的开敞绿地；构建城市绿色通道体系，将城市外围的生态辐射引入城市；接受区域景观功能分工，保留城市中的小型自然斑块，作为区域景观联系的踏脚石等。

（7）提高乡土物种在区域绿地中的比例。珠江三角洲地区大部分属于南亚热带季风气候区，亚热带季风常绿阔叶林为其地带性森林植被类型，组成种类以热带、亚热带科属为主，热带植物区系比例很大，树种丰富。给珠江三角洲城市群绿化系统和区域植被恢复提供了丰富的种子资源。在城市绿化、区域植被恢复和林业建设中强调优先采用本地物种，既具有较强的适应性和生命力，又可以和区域大型自然斑块的组分基本保持一致，有利于生态交流。

6.2.2 构筑区域生态安全体系

构筑珠江三角洲生态安全体系，在贯彻“优先格局”和“最优格局”理念的基础上，需要与现有的区域生态管理框架紧密结合，形成能为决策者和管理者服务的区域生态控制框架，为区域发展、城镇建设、产业布局和生态保护以及建设修复工程提供基础支持。重点与生态功能区划、区域绿地建设、基本农田保护、水源地保护、自然保护区建设以及湿地保护等区划和规划思路衔接，整合《珠江三角洲环境保护规划（2004—2020 年）》中提出的区域生态体系和生态分级控制规划方案，形成区域生态安全体系的宏观框架。

《珠江三角洲环境保护规划（2004—2020 年）》生态功能区划将珠江三角洲划分为 3 个一级生态功能区，7 个二级生态功能区和 76 个陆域三级功能区和 4 个沿海三级功能区的区划方案，其中一级区包括：Ⅰ环形山地森林生态安全屏障区、Ⅱ三角洲平原农业-都市经济区和Ⅲ南部沿海生态防护区等。

《珠江三角洲环境保护规划（2004—2020 年）》提出通过对大型自然斑块进行保护、抚育及自然恢复，形成稳定区域生态格局的结构性生态控制区；保护相对孤立的区域自然生态系统保留地，使之成为区域生态物种和信息扩散的前哨；加强对城市群之间的孤立山体绿地的保护和恢复，使之成为控制城市景观的生态绿核；通过对连绵山脉、大河干道进行维护形成连通区域各结构性生态控制区的生态通道；沿交通干道和经济走廊建立完善的防护体系；精心维护各生态通道的交叉点、脆弱点，保护大片城镇景观中残遗的小片自然斑块，作为区域生态交流的"踏脚石"等措施，在区域内重点维护"六区、六核、十六通道、十八节点"的区域生态体系。

为了便于管理，《珠江三角洲环境保护规划（2004—2020 年）》创造性地提出了生态分级控制方案，将珠江三角洲地区土地类型依据其生态敏感与重要程度以及生态保护控制的严格程度，分为"严格保护区、控制性保护利用区、资源开发与建设区"三个生态保护级别。严格保护区占 12.1%；控制性保护利用区包括重要生态功能控制区、城市群山地生态缓冲区和生态功能保育区等，总面积约 16 000 km^2，占区域总面积的 37.5%；资源开发与建设区包括引导性开发区（农业发展区）和建设开发区，面积分别占 35%和 14.4%。

根据《国民经济和社会发展第十一个五年规划》提出的主体功能区规划思路，概念上珠三角环保规划中提出的严格保护区基本相当于禁止开发区域，控制性利用区域基本相当于限制开发区域中的重要生态功能区，引导性开发区相当于限制开发区域中的基本农田，但珠江三角洲地区基本农田面积只有 82.93 万 hm^2，占区域面积不到 20%。

根据广东省建设厅印发的《珠江三角洲区域绿地划定及管理工作方案》（粤建珠字[2008]83 号），在珠三角环保规划提出的区域生态体系和分级控制规划的基础上，要求珠三角地区要划分出 8 300 km^2 的区域绿地，约占区域总面积的 20%，各市划定的区域绿地占市域（或本市属于珠三角范围）国土面积的比例，广州市、深圳市、珠海市、佛山市、东莞市、中山市等珠三角内圈层地市不得低于 20%，惠州市、江门市、肇庆市等珠三角外圈层地区不得低于 30%，永久保护，构成完善的城市群绿地系统。

根据环保部颁发的《国家重点生态功能保护区规划纲要》，国家和各地区要加大对重要生态功能区的保护与建设。在珠江三角洲，重点需要加强水源涵养区和河口海岸地区的湿地防护带的保护与建设，防治土壤侵蚀。水源涵养区和水土保持的重点区域都分布在周边的山地区域，河口海岸带湿地主要分布在南部珠江口和沿海地区，因此区域"生态高地"主要为珠三角"一环一带三脉"地区，"一环"以山地为主，"一带"以河口海岸带为主，"三脉"以西江、北江、东江干流为主的河流湿地。

"三江汇流、八门入海"是珠江口水系特色，西江、北江、东江从云贵高原和南岭山脉发源，在河海交汇地区，淤积形成珠江三角洲，经蕉门、洪奇门、横门、磨刀门、鸡啼门、虎跳门、崖门、虎门八大口流入伶仃洋，再进入南中国海。河网纵横、洪潮交叠，珠江流域每年有 3 260 亿 m^3 的水量通过八大口门注入南海，年输沙 7 000 多万 t，385 种鱼类繁衍生息在珠江水系，三江八口构成了区域主要生态通道，也是区域生态系统的轴心、重要的区域自然生态防护体系。

珠江三角洲是城市群高度发达的地区，区域生态安全体系的构建需要充分考虑城市发展与自然生态体系的协调，保障区域生态安全，保障区域农副产品生产，保障区域内城镇合理布局。因此从理念上，区域生态安全体系要使城市群融合、组织到大自然的天然网络体系中，保持岭南水乡环境特色，保障区域城市化和自然网络系统的平衡发展与演进，促进人与自然和谐。从空间上，要明确功能分区与管制要求，明确重要生态区域与廊道体系，明确“生态高地”与农田、城镇建设区域的生态保护要求。重构区域生态空间环境，构筑起具有珠三角特色的与城镇群建设体系相平衡的区域生态空间格局和区域生态绿地系统，实现城市空间（人工环境）与自然空间（自然环境）之间的协调及城乡大地园林化，促进城市群与自然的共生，形成城乡生态安全格局。

优先保护外围环状连绵山体、珠江河网水系和沿海湿地等“生态高地”，保障重要生态功能区和生态廊道、生态防护带的稳定、健康与安全。加强城市群区域绿地系统建设，重点保护城市之间的区域开敞绿色空间，避免城市群连片发展，加强重点开发区外围的绿地屏障带建设，形成“绿色项链”；加强城市绿地建设，创造良好的人居环境。

6.3 优先保护“生态高地”

优化区域生态安全格局，构筑以珠江水系、沿海生态防护带和北部连绵山体为主要框架的区域生态安全体系。

6.3.1 外围环状连绵山体保护

6.3.1.1 山地生态屏障区的范围

珠江三角洲地势三面环山，一面临海，北高南低，周边山体是主要的水源补给区，地势崎岖，水土流失风险高，局部地区水土流失严重。构筑区域生态安全体系首先要确保北面山区的生态稳定，构建西起台山镇海湾、古兜山，止于惠东大亚湾、稔平半岛，以莲花山脉、罗浮山脉、九连山脉、青云山脉、罗壳山、七星岩顶、天雾山等为支撑点的北部连绵山体保护带。宽度 10～80 km，面积近万平方千米。本带是珠江三角内东、西、北三江许多支流的发源地，为邻近地区的重要供水水源，维护区域生物多样性，防止水土流失，是珠江三角洲的生态屏障。

6.3.1.2 保护要求与方案

目前植被覆盖良好，森林覆盖率较高，主要土地利用类型为林业用地，作为区域生态体系中重要的物种栖息地、自然生态系统保留地和水源涵养地，要求与措施如下：

（1）加强生态培育，控制水土流失。限制一切导致区域生态功能继续退化的生产建设和其他人为破坏活动，重建和恢复已破坏的重要生态系统，严格控制水土流失。加大区域内的生态恢复和维护力度，改善植被的水源涵养功能，对于饮用水水源地及其上游地区，保护好现有植被尤其是天然植被，禁止采伐水源涵养林。加快生态公益林的建设步伐，严格区分公益林和经济林，对林木实行分类经营，逐步加大生态公益林的比重和保护的力度。努力提高管理水平，对大面积天然林区和已建成的水土保持综合治理区依法进行有效保护，巩固建设成果。正确处理资源开发利用与保护的关系，严格限制各类设施建设，避免造成新的植被破坏，要加大封山育林，充分利用自然修复能力，恢复植被。大力营造水源涵养林和水土保持林，加大低效林改造和退耕还林力度，坡度大于 25°以上耕地要尽快实现退耕。优化树种结构，优先选用乡土物种，维持自然生境，在一定范围内尽量维护控制区内生态系统的自然演替。注意保护保存良好的自然生态系统、野生物种生境和野生动物栖息地。在一般绿化和生态公益林的建设，优先选用本地物种。

（2）调整产业结构，减少生态破坏。调整区域产业结构，切断水源保护区水体的一切污染源头。禁止新建、扩建与供水设施和保护水源无关的建设项目，坚决禁止保护区内新建、扩建产生“三废”污染的工业企业，对原已建成的污染工业，制订拆除、改造计划，限期拆除、改造，逐步实现对现有禁建项目的转型或转移。鼓励通过开展生态旅游和多种经营，减少林场生产对森林砍伐的依赖。保护区范围内限制开矿，加强恢复治理，由于矿山开发导致土地毁损、植被破坏，加快对已破坏的自然生态景观的修复，加大立法执法力度，强化监督管理，坚决打击乱砍滥挖、无序开采等严重破坏生态环境的违法行为。

（3）合理规划区域开发布局，避免敏感地带的大规模开发。控制敏感地带的开发控制，肇庆西江走廊经济开发区位于西江峡谷地带，而且位于栏河山与鼎湖山的自然联系区，生态环境脆弱、敏感性高，开发区的建设对区域生态体系的完整、稳定和健康影响很大，需要慎重开发。博罗象头山与罗浮山脉的自然联系被横贯南北的公路分割，随着居民点建设和人类开发活动随公路展开，象头山区生态系统与罗浮山脉地区的联系将更加困难。外部环形山体同时也构成重要的生态通道，在珠江三角洲范围内，外围环形山体通道并没有完全连通，特别是在皂幕山的西部和花都西部，自然山体区域的绿色连绵带受人类开发影响形成两大断裂区。但在珠江三角洲外围，连绵的山体则和三角洲内的自然斑块一起形成一个完整的绿色环形通道，其流通和交换功能并没有受到太大的影响，是一条完整的生态通道，联系着整个珠江三角洲东部和西部山地生态屏障区。惠州东江沿岸、肇庆西江沿岸的城镇建设和农业发展开发应避免山地生态屏障带割裂。

6.3.2 珠江水系生态廊道保护

6.3.2.1 保护以江河干流为主的生态廊道

珠江三角洲以三江汇流、八口入海为特色的水系纵横交织在一起，形成区域生态体系的脉络，东江、北江、西江和潭江河流干道在维护区域水资源传输和平衡、河口地区的稳定和发展、养分的传输、生物的洄游和内河航运等方面具有重要意义，构成了区域联系山海、贯穿珠江三角洲大地的核心通道。主行洪河道 200 余条 2 000 余 km 长，在主行洪河道之间套有密集的小河涌，其总长超过 3 000 km，是世界上最为复杂多变的河网区之一。主干河流也是重要的饮用水水源地，但目前各行政辖区间跨界水污染问题很多，许多饮用水水源地，特别是乡镇饮用水水源地，还没有得到切实保护。在一体化建设过程中，需要将整个区域的江河水系和湖库的生态廊道建设与水源保护区建设结合起来，制定流域协同保护措施和建设方案。

沿珠江水系的西江、北江、东江两岸形成的生态廊道，一是南起珠江口，沿东江南北干流之间地带的东莞水乡片（农田、蕉园、水网）延伸，经惠州接珠三角东部森林及河源市。二是起于横门北、番禺万顷沙（沙田），经顺德、中山基塘区，南海西樵山，南沙涌、北江及两侧农田及三水大朗涡与四会大旺农场至珠三角西部森林及清远南的连片农田保护区。三是从虎门，沿西江及干流两侧的农田、低丘林地，经三水、肇庆接珠三角西部森林。

6.3.2.2 建设任务与要求

在主要江河道上，要求尽量减少水坝、水闸之类的截流设施建设。确有需要时必须进行严格的水文水情调查和对生物多样性影响的评估，必须保证鱼类等生物洄游通道的畅通，防治沿河湿地环境遭到重大破坏。

加强沿岸防护林和水源涵养林建设，减少入河泥沙。沿岸防护林建设优先采用本地树种，尽量使沿岸绿化带的树种结构与周边自然斑块的林相结构相似。尽量保留河流河岸的自然形态、控制水泥平滑护坡的建设，确有需要加强堤岸建设的河段，可以采用粗糙的本地石料进行加固，为水生生物保留栖息、觅食的环境。进行河流断面的设计和建设，努力形成如“沿岸绿地—近水湿生植物—挺水植物—浮水植物—沉水植物”的自然河道水生生态系统结构。

在河流入海和河流交汇的地方，开辟湿地，以保护多样性的生境，提高保护效率。另外，需要重点强调的内容是严格控制污水和垃圾排放，防止水环境污染等。

6.3.3 沿海湿地交错带保护

6.3.3.1 海岸带问题

珠江三角洲南临南海，沿海湿地西起川山群岛及镇海湾，经广海湾、稔平半岛、大襟岛、黄茅海、高栏列岛、万山群岛、大鹏湾、大鹏半岛、大亚湾，至红海湾与莲花山脉相接，大陆海岸线长 1 059 km，沿海岛屿约有 400 个，沿海湿地资源丰富，类型多样，有桑基鱼塘、红树林湿地、稻田湿地和河口海岸荒滩湿地，海岸山地、海湾、近岸岛屿、半岛相连接的水陆交错的生态保护带。是珠三角的门户屏带，也是海陆交接带，生态敏感。

改革开放以来，由于越来越严重的污染、围垦、海洋捕捞、气候变暖等因素使沿海滩涂、红树林湿地退化现象日趋严重。在经济利益驱使下，围海造陆及污染的事情时有发生。同时，各个地区政府在湿地保护的步调和措施上存在很大差异。从珠江口上游的南沙、广州到下游的中山、珠海、澳门等，每个城市均按照自己的发展思路各自为政地进行经济建设和湿地的开发利用，湿地保护状态不一，城市间、部门间协调机制不畅。

6.3.3.2 保护目标

到 2012 年，开展红树林和珍稀物种栖息地的抢救性保护，重点地区海岸带湿地占用和退化问题得到遏制。

到 2015 年，通过海岸带生态保护，使珠江三角洲海岸带环境质量得到恢复与改善，濒危珍稀野生动物等得到有效的保护，近岸海域水质恶化、富营养化的局面得到根本转变，典型生态系统得到恢复，逐步形成良好的海洋生态环境。

到 2020 年，海岸带生物多样性及濒危珍稀海洋生物及其生境得到有效保护，海洋生态系统达到稳定状态。红树林湿地生态系统得到恢复，面积达到 0.41 万 hm^2；在鱼虾繁育区里，人工鱼礁区、人工鱼礁座数和种苗增殖放流基地进一步增加。

6.3.3.3 分区保护重点

珠江三角洲海岸带可以分为大亚湾—大鹏湾、广州—万山群岛、珠海—台山赤溪半岛东部和川山群岛 4 个重要海洋生态区。

（1）大亚湾—大鹏湾区。本区主要由大亚湾、大鹏湾两个海湾及大鹏半岛、稔平半岛及邻近海岛海域组成。该区深水岸线长，利用优良的港口条件发展滨海工业是本区的主要开发方向之一，以南海石化为主的一系列滨海工业不仅为大亚湾经济开发区带来了良好的前景，而且将带动辐射惠东、惠阳至惠城区的整体发展。沙头角保税区是依托盐田港而发展的深圳东部工业区。

大亚湾—大鹏湾区大湾套小湾、旅游资源丰富，滨海旅游资源的开发利用将是深圳、惠州两市发展第三产业的重要支柱。同时该区也是重要渔业资源繁衍区。该区的大亚湾水产资源保护功能区是广东省划定的保护区，港口海龟自然保护区是国家划定的保护区，经过多年的保护已取得初步成效，但是随着港口建设、滨海工业和城市的发展，将带来船舶排污和港口污染以及城市废水污染等，必须严格执行大亚湾保护区的有关环境保护的规定，严格控制大亚湾开发区污水排放，加强环境监管，以确保大亚湾海洋生物和渔业资源的良好繁衍栖息环境。

（2）广州—万山群岛区。本区从广州黄埔区至万山群岛，包括广州、东莞、中山全部海域、海岛及深圳西部和珠海东区的海域及海岛，是珠江流域的虎门、蕉门、红奇门、横门等入海口，是广东省港口最为密集和吞吐量最大的区域。

该区城镇工业初步形成环伶仃洋、狮子洋两岸，东部直至深圳湾，西部至磨刀门的城镇工业带，属全国经济最发达的城市群之一。以广州为中心，深圳、东莞和珠海为两翼的滨海旅游业也是全国旅游发展最快的区域，既有人文景观、自然景观和海岛景观的综合旅游功能区，又有方便的进出口岸和陆、海、空的快捷交通网络，邻接香港、澳门，不久的将来，将形成粤、港、澳高新技术经济带，也将是旅游业最发达的区域。

该区是广东的城市、港口、滨海工业、旅游等发展重点岸段，开发程度大，经济发展和人口密度的增加，随之而来的环境保护问题越来越突出，海域、海岛的生态环境呈恶化趋势。

（3）珠海—台山赤溪半岛东部区。本区东起磨刀门，西至赤溪半岛东部，包括珠海西区、新会的全部海域、陆岸、海岛，台山的赤溪半岛以东的海域、海岛，是珠江流域的磨刀门、鸡啼门、虎跳门、崖门的入海口，其开发程度虽然较珠江口东部低，但也是珠江三角洲经济区的重要组成部分。

本区受珠江流域入海泥沙西移影响，自然的优良港湾较少，但珠海通过高栏岛筑堤连陆，利用海岛深水岸线，建设以高栏岛为主的南水岛、大杧岛、荷包岛等海岛组成的珠海深水港。台山利用赤溪半岛东南端水深条件较好的岸线建成台山电厂专用港。随着黄茅海航道的浚深，新会将开发银洲湖深水岸线，扩建新会港。随着上述港口的建设，邻接港区陆域将成为主要工业发展区。

该区磨刀门、鸡啼门、虎跳门、崖门四大口门承接珠江流域入海泥沙和水量的 50%以上，由于受珠江流域入海泥沙影响，本区滩涂发育迅速，为港口工业区提供了充裕的土地资源，使该区成为新中国成立后滩涂围垦的重点区域，并形成了珠江三角洲重要的农业生产基地和渔业养殖基地。但是由于泥沙来量大，拦门沙发育，珠江三角洲的排洪能力受到严重影响。

（4）川山群岛区。该区位于台山南部的川山群岛，有海岛 95 个，是广东省海岛面积大的海区，具有亚热带风光的岛群，旅游资源丰富，是滨海旅游开发较早、设施较好的旅游区。目前该区仍具有较大旅游资源挖掘潜力，如车旗顶森林公园，现有 1 300 多 hm^2 的常绿阔叶林，栖息约 2 000 只猕猴；拥有背靠森林山地、洁白细沙、海水清洁的大湾、独湾、细澳湾等适宜发展滨海度假旅游的旅游资源等。

该区拥有深水的沙堤渔港，拥有良好的广阔海水养殖条件，不仅岸线曲折，有沙质海岸、基岩海岸，而且沉积物有沙底、沙泥底、泥底、礁盘等，海域水质良好，可供养殖的渔业资源种类多，是发展潜力较大的海水养殖区。目前，渔业是上、下川岛的主要经济支柱。

该区上、下川岛海域是沿海拥有深水岸线较集中的区域，但因海岛未和大陆连接，近期开发利用难度较大，但南澳、下川岛东部海岛连岛，围夹岛和大湾等地都是未来发展大港口的理想海区。

6.3.3.4 主要措施

（1）落实近岸海域环境功能区划，加强排海环境管理。在巩固与稳定重点污染源达标的同时，进一步加强对工业污染企业的监督管理，实施污染项目达标排放；采取积极措施，加快产业结构调整，积极推行清洁生产，提高能源、资源利用率；实行污染物总量控制，严格执行国家关于建设项目的环境影响评价制度；在工业集中的区域建设大型的污水综合处理厂，提高工业污染的治理水平。

（2）保护沿海防护林。完善、保护惠东稔平半岛东海岸的黄茅坪山咀至大星山山咀及海丰南方澳海湾、惠东岗口的沙咀尾至平海碧甲的南孙岭、台山的甫草湾和大海湾之间沿海、台山茶湾、飞沙滩、高冠湾沿海防护林带，逐步改良林相结构；实行林地总量控制制度，严禁毁、占林地挖塘养虾、采矿和乱砍滥伐林木等行为；实施退塘（场）还林；严格控制旅游开发对防护林的破坏。

（3）控制滩涂围垦、填海和岛屿采沙。在惠州的考洲洋、范和港、大亚湾；深圳的大鹏湾、深圳湾、前海、交椅湾、狮子洋两岸、伶仃洋两岸、虎门、蕉门、洪奇门、横门、鸡啼门、磨刀门、崖门、虎跳门等口门；珠海的淇澳岛海域、香洲湾、磨刀门横洲南、横琴岛海域、黄茅海；台山的广海湾、南边海、镇海湾、上川岛大湾、下川岛王府洲至南澳港等地区严格控制滩涂围垦和填海；围、填海项目必须经过科学论证，严格执行环境影响审评制度；禁止破坏红树林以及海洋生物种苗场、产卵场和洄游通道或有争议的围垦项目上马；尽快清理不符合规划的围垦工程；严格控制岛屿采沙活动，逐步恢复因采沙破坏的生态环境。

（4）整治口门。在八大口门实行污染物排放总量控制制度和水产养殖容量和密度控制制度，加强面源污染控制；开挖、疏浚航道；依照《中华人民共和国防洪法》《中华人民共和国河道管理条例》和《河道管理范围内建设项目管理的有关规定》建设防洪及其他水利工程、滩涂开发利用工程以及跨河、穿河、穿堤、临河的桥梁、码头、道路、渡口、管道、缆线、取水、排水等工程设施；禁止建设妨碍泄洪、纳潮的建筑物、构筑物，倾倒垃圾、渣土，从事影响河势稳定、危害堤防安全和其他妨碍河口泄洪、纳潮的活动；禁止超出整治规划主导线在主泄洪、纳潮区内种植阻碍泄洪、纳潮的林木和高秆作物；划定河道砂石的可采区、禁采区，适时、适度采沙。

6.3.4 提高自然保护区建设水平

对珠三角地区重要生态系统和物种栖息地，开展“查漏补缺”的保护，适当增建自然保护区，优化自然保护区结构和层次，提高自然保护区建设水平和管理能力。

6.3.4.1 主要问题

现有自然保护区的数量和面积不能适应自然资源和生态环境保护的需要。珠江三角洲是人口众多、经济发展较快的地区，自然资源开发强度大，对自然生态环境影响也大，生物资源不断减少，已危及社会经济的持续发展。至 2008 年底，珠江三角洲已建立自然保护区占该区陆地面积比例仅达 4.16%，与全省和全国平均水平（分别为 12.6%、15.3%）相比差距很大。目前，该区自然保护区的建设分布不平衡，类型比较单一，以野生动植物和森林生态系统类型的自然保护区占多数，且集中分布在山区。珠江三角洲海岸线绵长，岛屿众多，海景资源、滩涂、海洋生物资源丰富，这些类型的自然保护区分布尚少。更为缺少的是典型构造现象、标准地层剖面、化石产地、独特地貌等自然保护区，这与珠江三角洲丰富的地质环境相比很不相称。

自然保护区管护能力薄弱。不少保护区没有设立管理机构或缺少编制，有的自然保护区虽有编制，但人数少，不能满足大范围保护区管护工作的需要。已建自然保护区的管理人员中科技人员比例数较低，缺乏研究经费，保护区基础监测和研究薄弱。

6.3.4.2 规划目标

结合实际情况，建立一个类型齐全、分布合理、面积适宜、建设和管理科学、效益良好的珠江三角洲自然保护区体系，市级以上保护区建设达到国家规范化建设水平要求。进一步完善自然保护区的法规体系，所有自然保护区都设置专职管理机构和配备必要的管理人员，自然保护区具备基本的保护管理设施。

到 2012 年，自然保护区占该区陆地面积的比例达到 5%，总面积 50 万 hm^2 以上；森林公园面积达到 21 万 hm^2 以上，占全区陆地面积的 5%以上。

到 2015 年，初步建立起结构合理，格局完善，管理体系健全的自然保护区体系，保护区面积占陆域国土面积的 5.5%以上。

到 2020 年，自然保护区占该区陆地面积的比例达到 6%以上，自然保护区总数达 80 个以上，总面积 50 万 hm^2 以上；森林公园面积达到 21 万 hm^2 以上，占全区陆地面积的 5%以上。

6.3.4.3 主要任务

（1）优化自然保护区结构。目前，珠三角地区已建立各级自然保护区 55 个，其中国家级 5 个，省级 15 个，地市级 25 个，县级 48 个。保护区总面积为 41.32 万 hm^2，其中海域自然保护区 15.94 万 hm^2，陆域自然保护区 25.39 万 hm^2。从保护区结构来看，该区自然保护区的建设分布不平衡，类型比较单一，以野生动植物和森林生态系统类型的自然保护区占多数，占 73%，且集中分布在山区。珠江三角洲海岸线绵长，岛屿众多，海景资源、滩涂、海洋生物资源丰富，这些类型的自然保护区分布尚少，仅占 5%。更为缺少的是典型构造现象、标准地层剖面、化石产地、独特地貌等自然保护区，这与珠江三角洲丰富的地质环境相比很不相称。因此，在未来的自然保护区建设中，应该加强海岸带湿地保护区建设，特别是加大对红树林生态系统的保护。此外，需要关注典型地质环境保护区的设置，加大在这方面的建设力度。

（2）提高自然保护区建设水平。目前珠三角自然保护区的建设水平难以满足保护区的要求。同时自然保护区观光旅游的发展，加大了保护区环境保护的压力。为了促进保护区保护工作的顺利开展，充分发挥自然保护区的多功能作用，需要加强对保护区基础建设的投资力度，增加自然保护区的管护、科研监测经费，完善自然保护区基础设施和设备。在自然保护区生活区和旅游区的基础设施建设中，自然保护区管护基础设施的建设必须同自然景观和谐一致，不影响或者有利于生态系统、物种和自然遗迹的保护，不能破坏自然景观和保护对象的栖息环境。

（3）加强自然保护区管理能力建设。目前珠三角自然保护区的管理人员共有 594 人，其中技术人员 138 人，平均每个保护区的技术人员不足 2 人，难以满足对自然保护区的管理。为了促进自然保护区的建设，需要加强自然保护区人员的配置，制定适应保护区发展的总体规划、管理计划以及日常管理制度，开展对外合作，加强人员培训，提高管理人员的素质，提高保护区的管理能力。

（4）开展自然保护区生态补偿试点。保护区的设立限制了区内与区外居民的发展，因此，生态补偿制度是协调自然保护区周边地区社会经济发展和生态保护的关键。2001 年 24 个国家级自然保护区进行了森林生态效益补助资金的试点，为我国各种类型的自然保护区建立生态补偿机制提供了样板。为了促进自然保护区的可持续发展，在一些条件成熟的保护区开展生态补偿试点工作，通过在保护区外围实验区适当发展生态旅游，让保护区周边的居民参与生态旅游的经营与管理，引导保护区及周边社区居民转变生产生活方式，降低周边社区对自然保护区的压力，提高其对自然保护区保护的积极性。从国家层面，通过国家财政转移，以及设立自然保护区生态补偿专项基金，向生态保护的获益部门与地区以及对保护区产生破坏者征收补偿费用。

6.4 加强城镇绿地系统建设

6.4.1 城市间绿色空间联片建设

6.4.1.1 城市间绿色空间规划基本思路

珠江三角洲是目前全国城镇连绵程度最高、城镇化水平最高和经济要素最密集的地区。城市规模的不断扩大，使城市间距离愈来愈近，逐渐形成同城化，最为典型的要数“广佛同城”。这种城市发展的结果之一，就是城市间的绿地系统被逐渐侵占，城市间的绿色空间逐渐萎缩。

城市间绿地系统的主要任务就是防范城市自由蔓延，系统地保留区域绿色基质和开敞空间。通过城市间绿地系统建设，一方面可以防止城市规模无限扩大，另一方面可以大幅度提高绿化面积，调节温度，涵养水分，维护区域生态平衡；还可以降低噪声，增湿滞尘，减少城市环境污染，同时为城市提供减灾、防灾、避灾的场地，建立起一个保护城市生态安全的绿色屏障。

为了实现珠三角重要功能区的同保共育，促进城市健康发展，要从区域均衡发展的角度上，加强对具有生态屏障作用的城市间绿色空间的建设与保护。

6.4.1.2 城市间绿色空间格局与分布

珠三角城市间绿地大致分为自然山体绿地、基塘农田绿地。珠江三角洲地区自然山体绿地主要包括深—莞—惠和博罗县城之间绿核区、中山珠海之间以五桂山—凤凰山为中心的城市绿核、广州北部城市连绵带中以白云山—帽峰山—万亩果园—大夫山为中心的城市绿核、江门新会之间以圭峰山—白水带—东湖公园连绵带为中心的城市绿核区、肇庆端州区鼎湖区和高要之间的栏河山区。基塘农田绿地主要有三处，其一是东江下游三角洲地区上溯到增城东部，其二是北江和西江干道之间连片基塘农田区，其三是新会和斗门之间的成片农田区（表 6-1、表 6-2）。

表 6-1　珠三角自然山体绿地范围

序号	自然山体绿地	范围	面积/km^2
1	深—莞—惠和博罗县城之间绿核区	以羊台山、大岭山、白云嶂为中心的自然山体	1 362.3
2	中山—珠海之间的山地城市绿核	以五桂山—凤凰山为中心自然山体	378.9
3	广州北部城市连绵带中城市绿核	以白云山—帽峰山—万亩果园—大夫山为中心的自然山体	133.8
4	江门新会之间的城市绿核	以圭峰山—白水带—东湖公园连绵带为中心	69.8
5	肇庆端州区鼎湖区和高要之间的城市绿核	以栏河山为中心的自然山体	161.7

表 6-2　珠三角基塘农田绿地范围

序号	基塘农田绿地	范围	面积
1	东江下游—增城基塘农田绿地	东江下游三角洲地区上溯到增城东部	
2	北江和西江干道之间连片基塘农田绿地	介于北江和西江干道之间	
3	新会—斗门农田绿地	介于新会和斗门之间	

6.4.1.3 保护与管控的要求及措施

珠三角城市间绿地分三级进行管制，列入一级管制区域的城市间绿地主要有东江下游—增城基塘农田绿地、北江和西江干道之间连片基塘农田绿地、新会—斗门农田绿地。列入二级管制区域的城市间绿地有深—莞—惠和博罗县城之间绿核区、中山珠海之间以五桂山—凤凰山为中心的城市绿核、广州北部城市连绵带中以白云山—帽峰山—万亩果园—大夫山为中心的城市绿核、江门新会之间以圭峰山—白水带—东湖公园连绵带为中心的城市绿核区、肇庆端州区鼎湖区和高要之间的栏河山区。

在一级管制区中，绝对保持区域内自然状态或原有状况，除了维护或改善原生体系的必需设施外，禁止一切其他开发建设行为，原有不符合功能要求的各类人工设施，应逐步迁出，并加强对原生环境的恢复、维护与保育。

在二级管制区中，必须严格限制开发建设行为，只能适度进行维护、保育和经营活动；建筑密度低于 2%，容积率应低于 0.04，建筑层数不能高于 2 层。

6.4.2 城镇绿地系统建设

6.4.2.1 珠三角城镇绿地系统建设的现状

城市绿地系统由公园绿地、生产绿地、防护绿地、风景林地等构成。城镇绿地具有重要的生态功能、集空间、大气、水体、土地、植物、动物、微生物于一体的综合建设，对特大城市环境系统的稳定性具有调控作用。城市的公园、街头绿地、庭园、苗圃、自然保护地、农地、河流、滨水绿带和山地等纳入绿色网络，构成一个自然、多样、高效、有一定自我维持能力的动态绿色景观结构体系，促进城市与自然的协调。城市绿地系统对于改善城市生态环境，塑造城市形象有着不可替代的巨大作用，在城市生态的建设和维护以及为市民创造一个良好的人居环境，促进城市的可持续发展等方面起到城市的其他系统无可替代的重要作用。

珠江三角洲各地市城镇绿地分布不均，其中深圳、东莞的人均绿地面积较高，达到了 16 m^2 以上；佛山、江门的人均绿地面积在 10 m^2 左右；广州、肇庆、中山、珠海、惠州的人均绿地面积在 13 m^2 左右。在部分地区，城市建设用地和居民用地的扩张导致城市绿地减少。此外，珠三角地区企业密度大，污染源排放量大，防护绿地的设置不尽完善，起不到屏蔽、消解污染物的作用。

6.4.2.2 城镇绿地建设的目标与指标

根据《城市总体规划》中的城市性质、发展目标、用地布局等规定，科学制定各类城市绿地的发展指标，合理安排城市各类园林绿地建设和市域大环境绿化的空间布局，提高绿地配置和养护水平，丰富城市景观效果，缓解城市化带来的消极影响，实现城市人居环境和生态环境的明显改善。加强对区域和城市生态具有重大影响的生态绿地、沿海滩涂、河流水系、各类湿地的保护和绿化建设，实现区域生态环境的共保、共建和共享，维护城市和区域的生态安全。在结构上实现各市公园绿地、生产绿地、防护绿地、附属绿地等绿地类型合理分布。

按照《珠江三角洲环境保护规划》的珠江三角洲现代化指标体系要求，珠三角人均公共绿地面积在 2012 年要达到 13 m^2，在 2020 年达到 15 m^2。在城市绿地物种选择和绿地配置上，按照城市气候特征与地理特征因地制宜确定裸子植物与被子植物比例、常绿树种与落叶树种比例、乔木与灌木比例、木本植物与草本植物比例、乡土树种与外来树种比例、速生与中生和慢生树种比例。在绿地建设过程中，要强化对生物多样性的保护，制定珍稀濒危植物和古树名木的保护与对策。

6.4.3 区域绿道系统建设

6.4.3.1 区域绿道规划思路

绿道是指沿着河滨、溪谷、山脊线、风景道路等自然和人工走廊建立的，包括可供行人和骑车者进入的景观线路，兼具生态保育、休闲游憩、保护历史文化遗产和科研教育等多种功能，在公园、自然保护区、风景名胜区、历史古迹和城乡居民居住区之间起重要连接作用的绿色开敞空间。绿道是具有公益性的公共产品，主要是对现有的基础设施进行改造、提升和美化，能够有效节约集约利用土地。

《省委办公厅、省政府办公厅关于建设宜居城乡的实施意见》明确提出了“编制省立公园——珠江三角洲绿道建设规划”的任务要求。在珠三角区域绿地的框架下，沿着河滨、溪谷、山脊等自然走廊，或者铁路线、沟渠、风景道路等人工走廊建立线性开敞空间，把公园、自然保护地、名胜区、历史古迹以及其他高密度住区内的开敞空间联系起来，构建珠三角绿道网，并选取若干“区域绿道”按照“省立公园”的模式进行保护和利用。通过构建融合生态、环保、教育和休闲等多种功能的“绿道”体系，逐步形成联系城镇内部绿化绿地与外部区域绿地之间、城镇与乡村之间的绿色串联网络，既可起到构筑区域生态安全网络、防止城市无序蔓延，优化城乡生态格局与生态环境的作用，又可为居民提供健康可供游憩娱乐的绿色开敞空间，有力推动区域生态保护和生活休闲一体化以及宜居城乡建设，提高珠三角城乡居民的生活品质。

6.4.3.2 区域绿道建设目标

在珠江三角洲地区规划建设6条区域绿道，形成珠江三角洲区域绿道网络的主体框架。其中湾区生态休闲绿道，长度约394 km；东江生态休闲绿道，长度约88 km；西江生态休闲绿道，长度约102 km；广佛肇生态休闲绿道，长度约158 km；深莞惠生态休闲绿道，长度约124 km；珠中江生态休闲绿道，长度约94 km，6条绿道总长约为960 km。同时，引导和促进各城市在调整完善城市绿地系统规划的基础上，规划建设城市与社区绿道，并与区域绿道网相连接。

到2012年，以广佛肇生态休闲绿道、深莞惠生态休闲绿道、珠中江生态休闲绿道为试点，建成区域绿道376 km。

到2015年，完成湾区绿道、东江绿道、西江绿道、广佛肇水乡文化绿道、深莞惠创新园区网络绿道和珠中江生态休闲绿道等6条绿道建设，形成珠江三角洲区域绿道网络的主体框架。

到2020年，完成区域绿道、城市和社区绿道的连接，形成联系城镇内部绿化绿地与外部区域绿地之间、城镇与乡村之间的绿色串联网络（表6-3）。

表6-3 区域生态同保共育工程

项目名称	建设内容	起止年限	总投资/万元	近期投资/万元
环状山体生态屏障区保护工程	对周边环状山体、主要水源涵养区开展天然林保护、生态公益林建设、林相改造、水土流失治理和矿山环境恢复，生态公益林占林业用地的比例达到60%以上	2009—2020	250 000	80 000
南部沿海生态防护带保护工程	重点保护大亚湾—大鹏湾、广州—万山群岛、珠海—台山赤溪半岛东部和川山群岛重要四个海洋生态区。建设完善南部沿海地区约300 km沿海防护林带，开展湿地修复（加规模）对红树林湿地生态系统进行恢复，到2020年面积达到0.37万hm^2	2009—2020	100 000	50 000

项目名称	建设内容	起止年限	总投资/万元	近期投资/万元
自然保护区建设工程	新建30个自然保护区，到2020年，自然保护区占该区陆地面积的比例达到6%以上，建设完善自然保护区基础设施、管护设施，达到规范化建设要求	2009—2020	100 000	30 000
区域绿道建设工程	建设深莞惠、东江、广佛、西江、珠中江等区域主干绿道约1 690 km	2010—2012	850 000	850 000
区域绿地建设工程	保护深—莞—惠和博罗县城之间绿核区、中山珠海之间以五桂山—凤凰山为中心的城市绿核、广州北部城市连绵带中以白云山—帽峰山—万亩果园—大夫山为中心的城市绿核、江门新会之间以圭峰山—白水带—东湖公园连绵带为中心的城市绿核区、肇庆端州区鼎湖区和高要之间的栏河山区、东江下游三角洲地区上溯到增城东部的基塘农田绿地、北江和西江干道之间连片基塘农田区、新会和斗门之间的成片农田区	2009—2020	200 000	50 000
合计			1 500 000	1 060 000

第 7 章　强化产业环境调控，优化经济发展

充分发挥环境保护对产业的调控作用，严格落实生态分区控制要求，统一协调重大建设项目布局，实施更严格行业和区域污染物排放标准，加快淘汰落后产能，提升工业污染治理水平，积极发展低碳经济，促进区域产业结构和布局优化调整。

7.1 现状与问题分析

7.1.1 珠三角产业发展现状

7.1.1.1 规模

珠三角地区经济发展水平一直位于全国前列。2007 年，珠三角 GDP 为 25 450.2 亿元，经济总量已经超过新加坡、香港地区和台湾地区，占广东经济总量的 83%，地区生产总值中一、二、三产业的比重为 2.5∶51.4∶46.1。从增长速度上看，近年来珠三角地区工业发展势头迅猛，增速快于同期 GDP 的增长率，如图 7-1 所示。2007 年，珠三角地区生产总值中工业部分为 12 302.5 亿元，约占同期 GDP 的 48%。

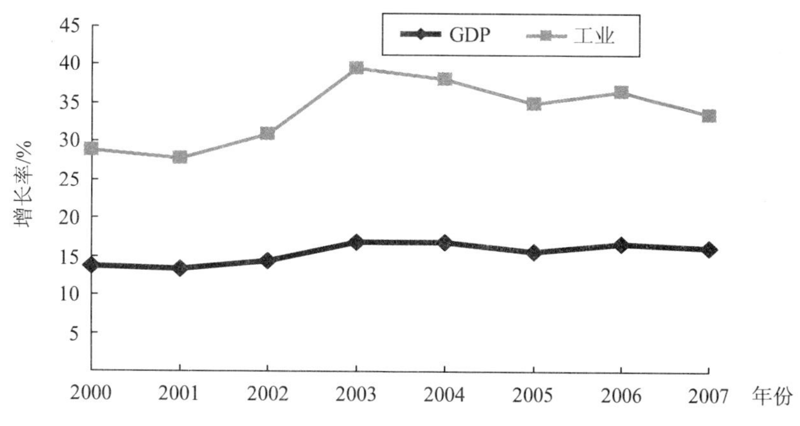

图 7-1　珠三角 GDP 和工业增长速度

7.1.1.2 结构

改革开放之后，珠三角地区的经济迅速发展，产业结构比重排序从“一二三”迅速演变成“二三一”，并延续至 20 世纪末。1993 年，珠三角人均 GDP 达到 1 588 美元，三次产业

增加值比例为 8.8∶50.7∶40.5，呈现出典型的“二三一”排序。到 2002 年，珠三角人均 GDP 达到 3 131 美元，三次产业增加值比例为 4.1∶47.2∶48.7，首次出现人均 GDP 超过 3 000 美元，三次产业比重为“三二一”的排序，但这种状况只维持了两年（2001—2002 年）[①]。

从近期看，珠三角地区人均 GDP 与第三产业比重变动方向并不一致。2003 年起，第三产业增加值比重不仅没有随人均 GDP 增长而上升，而且连年下降。2002—2007 年，珠三角人均 GDP 从 3 131 美元上升至 7 000 多美元，5 年间经济发展水平提高了一倍多，但第三产业增加值比重则从 48.7%下降到 46.6%，距离 2012 年率先建成全面小康社会的标准还有 6.4 个百分点的差距。从工业行业内部的结构来看，加工制造业仍然占据主导地位，优势大体上集中在电子信息、家用电器、纺织服装等行业（表 7-1）。

表 7-1　珠三角工业行业结构[②]（2007 年）

序号	行业	行业总产值/亿元	占珠三角地区工业总产值比重/%
1	通信设备、计算机及其他电子设备制造业	13 033.8	27.3
2	电气机械及器材制造业	5 925.4	12.4
3	交通运输设备制造业	2 865.5	6.0
4	电力、热力的生产和供应业	2 612.4	5.5
5	金属制品业	2 320.7	4.9
6	化学原料及化学制品制造业	2 291.2	4.8
7	塑料制品业	1 718.7	3.6
8	非金属矿物制品业	1 312.6	2.7
9	仪器仪表及文化、办公用机械制造业	1 307.8	2.7
10	纺织业	1 165.0	2.4

7.1.1.3 布局

随着经济的不断发展，珠三角地区产业布局分工也呈现一定特点。第一产业主要分布在肇庆、广州、惠州、佛山等市，2006 年以上四市第一产业产值占整个珠三角的 74%。第二产业主要分布在珠江口东岸的深圳、东莞和北岸的广州、佛山等市，2006 年以上四市第二产业产值占整个珠三角的 80%。工业布局体现出以香港为物流中心，呈半径线状并依托各市县城区及交通干线分布的特点。随着退城进园步伐的加快，各市县的园区已成为工业项目布局的主要载体。铁路、港口、高密度公路对工业项目布局的作用越来越大，多数工业园区以及重大工业项目纷纷布局在铁路、高速公路和港口沿线。第三产业则主要集中于广州、深圳两大中心城市和其他各市县城区。

目前珠三角已经初步形成了三大具有一定特色的产业分工体系：第一是以珠三角东岸的东莞、深圳、惠州的电子及通信设备制造业为主的全国最大的电子通信制造业基地，被称为“广东电子信息产业走廊”。第二是以珠三角西岸的珠海、中山为中心形成的以家庭耐用品、五金制品为主的产业带。如中山市以“一镇一品”为特色，北部为小家电、小五

① 邱俊，产业结构“离经”与优化升级——珠三角经济发展现象研析，2007 年。

② 广东统计年鉴数据，2008 年。

金，中部为服装业和家具业，西北部为灯饰加工，南部以外向出口加工企业为主。第三是以中部的广州、佛山、肇庆为中心形成的传统的电气机械、钢铁、纺织、建材产业带（表 7-2）。

总体看来，珠三角地区初步形成了交通运输设备、电气机械及器材、通信设备、计算机及其他电子设备、仪器仪表及文化、办公用机械制造等优势产业。广州的汽车制造、饮料、烟草制造产业，深圳的通信设备、计算机及其他电子设备制造业、石油和天然气开采业，佛山的非金属矿物制品业、有色金属冶炼及压延加工业、电气机械及器材制造业，惠州的通信设备、计算机及其他电子设备、化学原料及化学制品制造业，东莞的文教体育用品、家具制造业、造纸及纸制品业等均具有较强的优势。

表 7-2　珠三角各市工业增加值位居前两位的行业[①]（2007 年）

城市	集中度（C2R）	位居前两位行业	比重/%
广州	40.0	交通运输设备制造业	24.0
		化学原料及化学制品制造业	16.0
深圳	55.7	通信设备、计算机及其他电子设备制造业	43.2
		石油和天然气开采业	12.5
珠海	49.3	电气机械及器材制造业	26.1
		通信设备、计算机及其他电子设备制造业	23.2
佛山	32.8	电气机械及器材制造业	23.3
		非金属矿物制品业	9.5
惠州	56.8	通信设备、计算机及其他电子设备制造业	37.4
		化学原料及化学制品制造业	19.4
东莞	34.7	通信设备、计算机及其他电子设备制造业	22.6
		电气机械及器材制造业	12.0
中山	31.0	电气机械及器材制造业	20.8
		通信设备、计算机及其他电子设备制造业	10.2
江门	26.0	金属制品业	15.5
		电力、热力的生产和供应业	10.5
肇庆	23.6	金属制品业	14.1
		有色金属冶炼及压延加工业	9.6

7.1.2 珠三角产业与环境协调发展存在的问题

虽然从规模上看，珠三角地区的经济总量较大，已经超过新加坡、香港地区和台湾地区。但是随着改革的深入，珠三角地区的政策优势逐渐弱化，资源、环境以及发展成本的制约日益凸显。近年来，由于外部市场空间压缩、环境容量约束以及生产成本提高，珠三角地区产业结构调整面临着越来越大的压力；其鲜明的外源经济特征、粗放的经营模式和高强度的资源环境负荷使得珠三角经济发展日益暴露出旧有模式的弊端，成为困扰其持续

① 广东统计信息网，珠三角走向科学发展的分析与思考，2008 年。

快速发展的障碍。

7.1.2.1 产业布局不合理，同构化现象严重

传统的“自下而上”发展模式使珠三角的产业布局呈现出“村村点火、户户冒烟”的分散格局。整个区域大大小小各类园区分布于各市县，但多数是综合性园区，特色园区少，几乎每个园区都有电子、机械、纺织、化工等产业。园区缺乏明显的产业分工，区域内产业分工弱化。此后，为扭转服务业滞后的局面，广东实施了“大经贸”战略。战略的实施虽加快了第三产业的发展，但由于规划滞后，网点无序发展，造成整个商业网点布局与市场需求和城市规划不协调。大型商业项目过多集中于大城区，区域内商业主次功能格局不够明显，各市县商业分工也不够清晰，市与市之间商业发展模式过于类同，网点分散布置，造成了商业资源分散，无法形成区域集聚和功能集聚。

由于缺乏区域功能定位和布局的统一规划，珠三角产业布局分散零乱，区域内几乎所有镇街都有工业，而且一些工业占据市区黄金地段；由于历史的原因，一些镇街生产、居住、商贸等功能区混杂。产业布局分散，不仅影响资源的高效利用，特别是影响了级差地租作用的充分发挥，造成珠三角土地资源得不到集约高效利用、浪费严重，土地产出率不高。而且加剧了环境污染，一些同类企业进驻不同的园区，既无法实现资源共享，又使污染得不到集中治理，引起生存环境恶化，居民生活质量下降①。

此外，珠三角地区产业同构问题相当突出。研究显示，珠三角 9 个城市中工业结构相似系数超过 90%的有 5 个，其中珠海与东莞、东莞与深圳相似系数分别达到 95.8%和 97.0%②；9 个城市的工业产值 47%以上集中在食品、纺织、机械工业、电气机械、电子及通信设备 5 个行业。由于产业地区结构趋同，行业内部分布高度集中，企业缺乏规模效益，造成过度竞争。产业同构无疑将成为珠三角一体化的一大阻碍，使得各城市之间的竞争紊乱无序，既削弱了珠三角城市群的核心竞争力，也造成城市间的重复建设和资源浪费。推进珠三角一体化必须破解城市间的产业同构现象，让各地产业取得“生态平衡”，错位发展，上下游相互依赖、相互支撑。

7.1.2.2 主要污染物排放总量大，排放强度偏高

统计数据显示③，广东省污染源分布不均衡，主要集中在珠三角地区，共有污染源数量 420 507 个，占全省总数的 70%。2007 年，珠三角区域化学需氧量排放总量达 156.7 万 t，占全省比重为 58.6%；SO_2 排放总量为 58.3 万 t，占全省比重为 55.7%；NO_x 排放量达 82.2 万 t，为全省排放量的 58.3%；相比之下，珠三角地区面积不到广东国土面积的 1/3。这表明该地区的环境负荷远超其他地区，是广东省环境问题最为突出的区域（图 7-2）。

从排放强度来看，珠三角部分地市的排放强度也偏高。肇庆、江门、东莞、中山等市的万元工业产值化学需氧量排放量高于全省平均值，肇庆、江门等市 SO_2 排放强度较高。因此，珠三角地区需要继续提升产业技术水平，降低排放强度（图 7-3）。

① 中国网，优化珠三角产业布局的对策建议，2008 年。
② 中山大学城市与区域研究中心调查数据，2008 年。
③ 2007 年污染源普查数据。

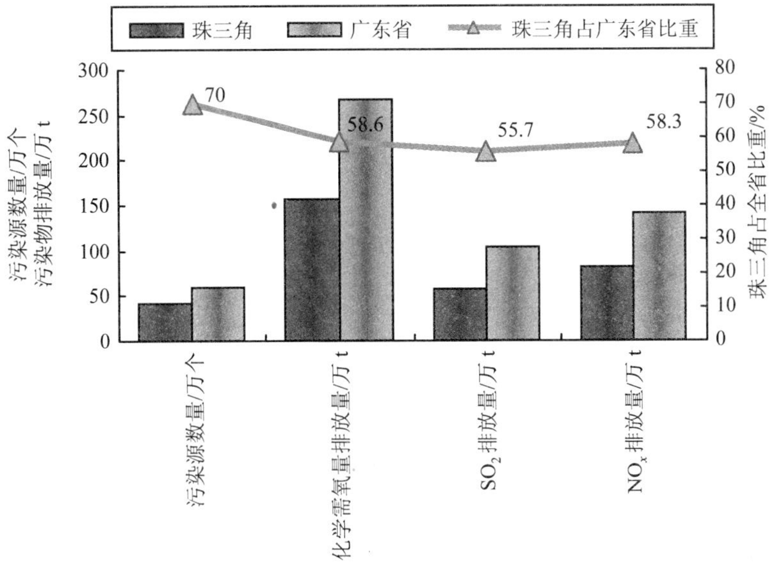

图 7-2　珠三角区域主要污染物排放情况

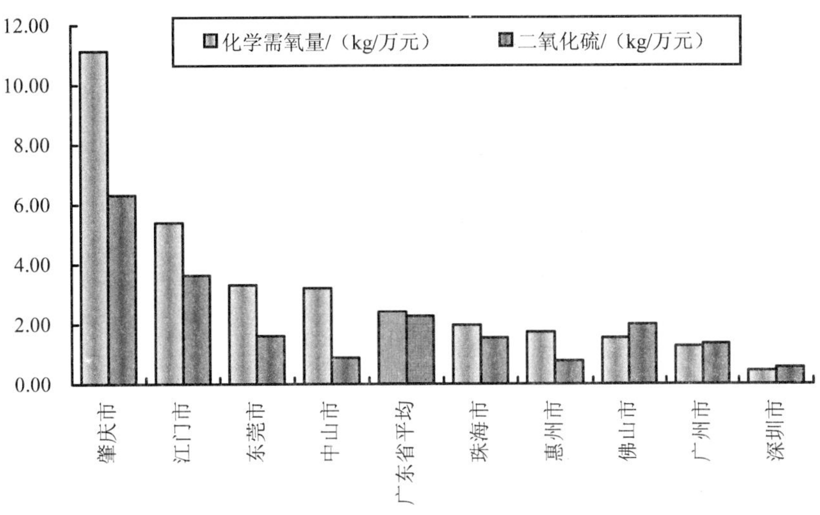

图 7-3　珠三角地市单位工业产值化学需氧量和 SO_2 排放强度

7.1.2.3 工业结构性污染特征十分明显，中小企业监管乏力

近年来，珠三角地区工业一直保持快速发展，产业结构调整虽然取得一定进展，但是调整步伐偏慢，工业行业结构性污染特征仍然十分明显。2007 年污染源普查数据显示，纺织、造纸、金属制品、农副食品加工和电子通信制造五个行业排放的化学需氧量占工业比重为 67.8%；电力、非金属矿物制品业、纺织和造纸等行业是主要的工业 SO_2、NO_x 排放源，占工业 SO_2、NO_x 排放量的比重均在 80%以上。

表 7-3 珠三角工业行业主要污染物排放量占比情况

污染物	序号	行业	百分比/%	累积百分比/%
COD	1	纺织业	30.5	67.8
	2	造纸及纸制品业	21.4	
	3	金属制品业	6.2	
	4	农副食品加工业	5.1	
	5	通信设备、计算机及其他电子设备制造业	4.6	
SO_2	1	电力、热力的生产和供应业	40.4	84.9
	2	非金属矿物制品业	25.3	
	3	纺织业	8.2	
	4	造纸及纸制品业	8.0	
	5	石油加工、炼焦及核燃料加工业	2.9	
NO_x	1	电力、热力的生产和供应业	62.1	91.9
	2	非金属矿物制品业	19.3	
	3	造纸及纸制品业	5.0	
	4	纺织业	3.4	
	5	黑色金属冶炼及压延加工业	2.1	

中小企业是工业污染治理的难点。珠三角地区的中小型企业数量占企业总数的 95%以上，其中小型企业占总数的 80%以上。由于中小企业数量庞大，经营分散，环境治理能力低下，管理水平不高，而且政府的环境监察能力有限，使得这些中小企业一直是监管的难点。尽管节能减排、淘汰落后产能，提高清洁生产技术水平等政策和措施已取得明显成效，但未来污染防治任务仍十分艰巨，特别是造纸、纺织、化工、电子等小型企业、乡镇私营企业的分散经营状况，使监管任务十分繁重。

7.1.2.4 环境治理设施运行负荷不足，污染源稳定排放达标率有待提高

2007 年全省工业废水处理率为 68.7%，珠三角地区拥有的工业废水处理设施数量占全省的 65.5%，处理设施投资额占全省的 85%。珠三角地区废水处理设施存在的问题主要是运行负荷不够，只有广州、肇庆的运行负荷高于 75%，其他地市均在 75%的负荷以下运行。运行负荷偏低的原因主要是小型企业废水处理设施运行负荷不够，不到 40%。因此，珠三角地区必须大力提高废水处理设施的运行负荷，尤其是提高数量大、分布散的小型企业废水处理设施运行负荷（图 7-4）。

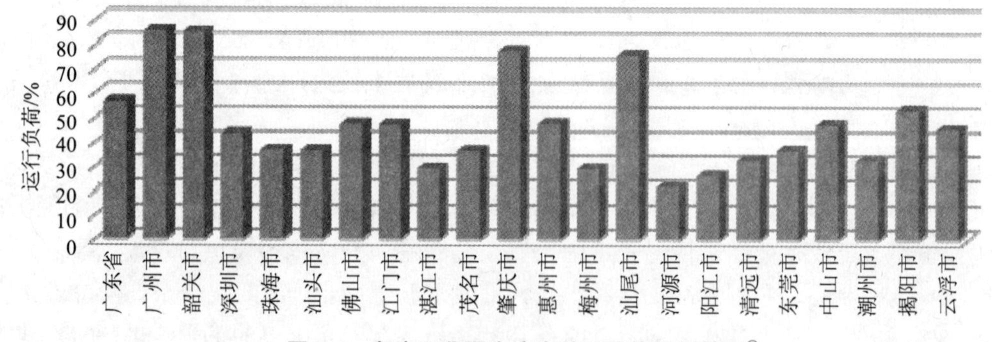

图 7-4 各市工业配套废水处理设施运行情况[①]

① 广东省污染源普查统计数据。

2007 年全省工业 SO_2 平均脱硫率为 50.7%，珠三角地区脱硫率高于全省平均水平的城市只有广州、东莞、珠海、江门 4 个城市，其中最高的广州市，脱硫率为 77.0%（见图 7-5）。降氮脱硝处理设施严重不足，脱氮率亟须提高。2007 年全省工业源废气 NO_x 的脱氮率仅为 2.5%，脱氮率最高的是肇庆市，脱氮率还不到 8%。因此，必须加大大气污染治理设施投入力度，控制珠三角地区的大气复合污染。

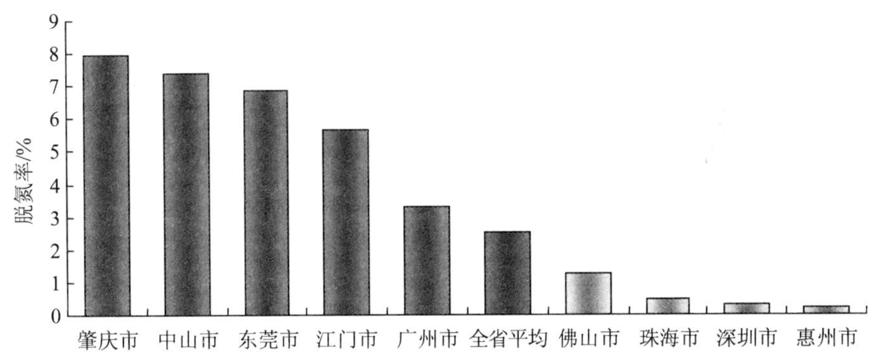

图 7-5　珠三角各市工业 NO_x 的脱氮率

从排放达标率[①]来看，废弃资源和废旧材料回收加工业、木材加工业、文教体育用品制造业和专用设备制造业的废水排放达标率低于 80%，其中文体制造业和专用设备制造业低于 70%，较大一部分工业行业废水未达标排放。纺织业为排放废水最多的行业，其废水排放量达标率为 90%。化学原料及化学制品制造业、食品制造业、造纸及纸制品业等行业排放废水较多，但排放达标率却不高，低于 90%，10%的纺织工业废水未经过达标处理即排放。

SO_2 排放达标率较低的为废旧资源和废旧材料回收加工业、通用设备制造业，低于 50%，超过一半以上的行业污染物未经达标处理排放。非金属矿物制造业、石油加工等行业排放 SO_2 较多，但 SO_2 排放达标率均低于 90%。NO_x 排放达标率最低的行业为有色金属矿采选业，为 48%，其次为化学纤维制造业、医药制造业和食品制造业，三者排放达标率仅为 60%、62%和 65%。从烟尘排放达标率看，达标率最低的行业为烟草制造业，仅为 18.01%，石油加工、专用设备制造业、金属制品业也较低。造纸及纸制品业、黑色金属冶炼及压延加工业等行业不仅排放量比较大，而且达标率也不高。见图 7-6。

从区域来看，2008 年珠三角工业废水排放达标率最低为江门市，惠州市 SO_2 排放达标最低，广州市排放达标较低的污染物为烟尘，而工业粉尘排放达标率较低的为江门和肇庆，珠三角工业污染排放达标率表现出一定的地域性。见图 7-7～图 7-10。

① 排放达标率引用 2008 年广东省环境统计年鉴数据。

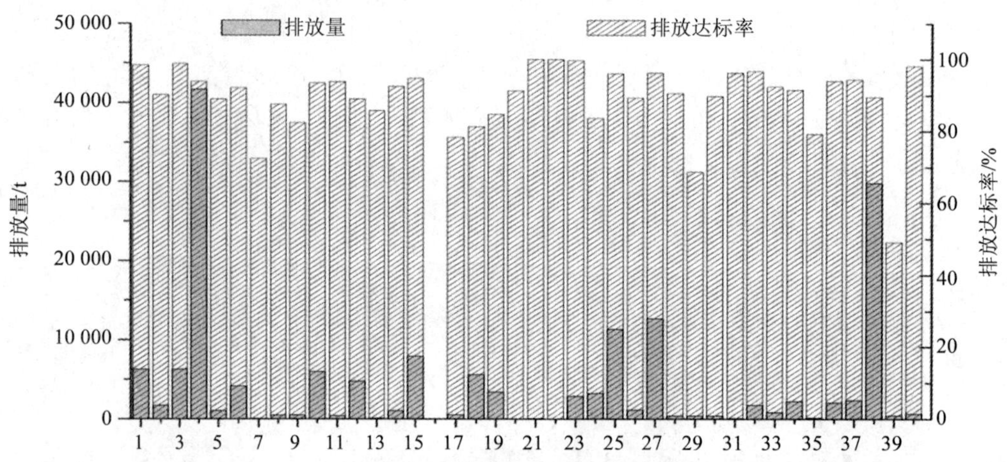

图 7-6　工业各行业废水排放达标率

注：1. 电力、热力的生产和供应业；2. 电气机械及器材制造业；3. 纺织服装、鞋、帽制造业；4. 纺织业；5. 非金属矿采选业；6. 非金属矿物制品业；7. 废弃资源和废旧材料回收加工业；8. 工艺品及其他制造业；9. 黑色金属矿采选业；10. 黑色金属冶炼及压延加工业；11. 化学纤维制造业；12. 化学原料及化学制品制造业；13. 家具制造业；14. 交通运输设备制造业；15. 金属制品业；16. 煤炭开采和洗选业；17. 木材加工及木、竹、藤、棕、草制品业；18. 农副食品加工业；19. 皮革、毛皮、羽毛（绒）及其制品业；20. 其他采矿业；21. 燃气生产和供应业；22. 石油和天然气开采业；23. 石油加工、炼焦及核燃料加工业；24. 食品制造业；25. 水的生产和供应业；26. 塑料制品业；27. 通信设备、计算机及其他电子设备制造业；28. 通用设备制造业；29. 文教体育用品制造业；30. 橡胶制品业；31. 烟草制品业；32. 医药制造业；33. 仪器仪表及文化、办公用机械制造业；34. 饮料制造业；35. 印刷业和记录媒介的复制；36. 有色金属矿采选业；37. 有色金属冶炼及压延加工业；38. 造纸及纸制品业；39. 专用设备制造业；40. 其他

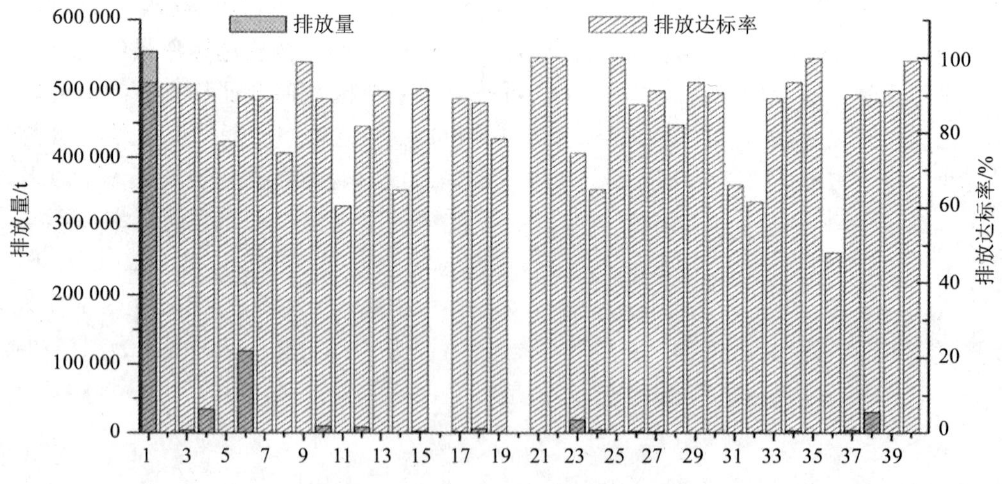

图 7-7　工业各行业 SO_2 排放达标率

注：序号意义同上

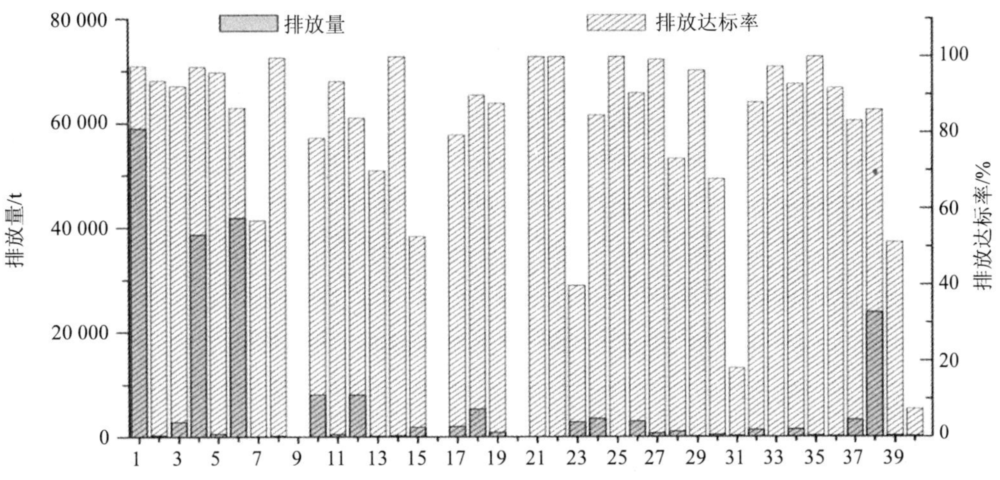

图 7-8　工业各行业 NO_x 排放达标率

注：序号意义同上

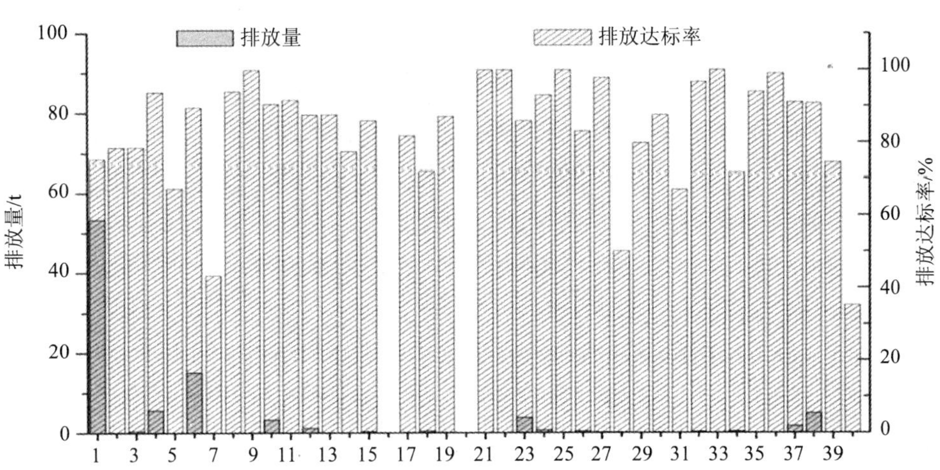

图 7-9　工业各行业烟尘排放达标率

注：序号意义同上

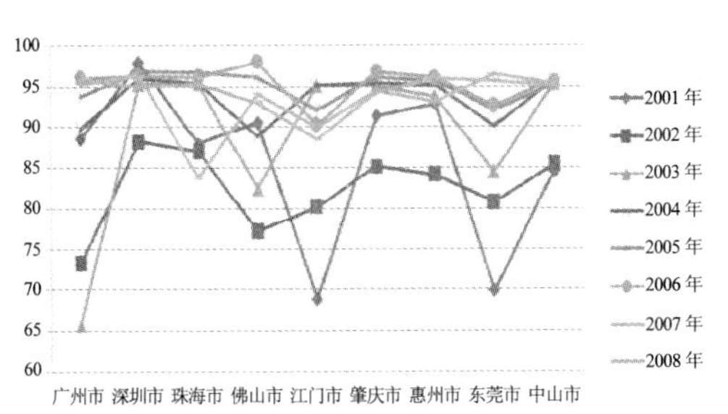

工业废水

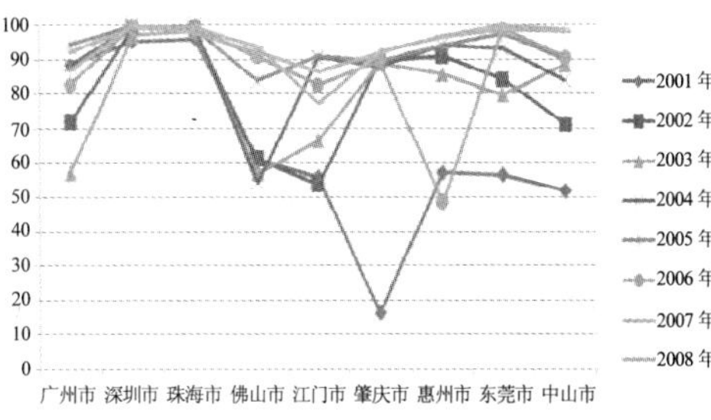

SO_2

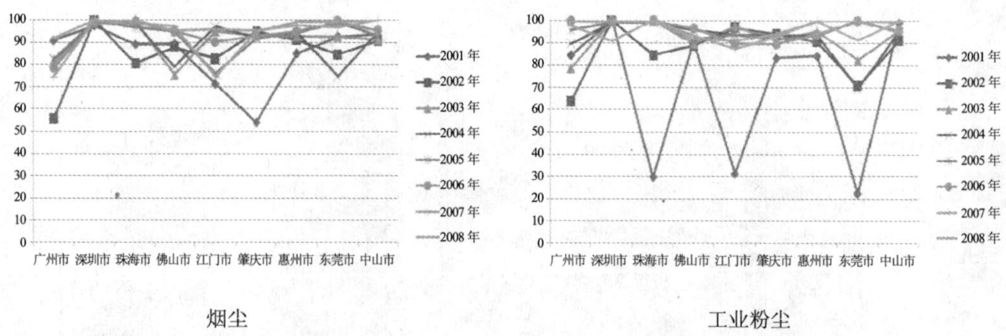

烟尘　　　　工业粉尘

图 7-10　珠江三角洲各地市工业污染排放达标率比较

7.1.2.5 产业环境政策执行不统一，阻碍产业优化升级的进程

近年来，珠三角地区开始了轰轰烈烈的产业结构调整和升级，但是珠三角 9 个地市的经济发展水平本身存在差异，各地进行产业升级的步伐、执行的标准和调整的决心也存在较大差异。经济实力较雄厚的深圳、佛山、东莞等地开始不断提高产业准入水平和标准，加大了重污染行业、落后产能的淘汰、改造力度，分别制定了产业结构调整指导目录和产业转移实施方案，遏制粗放的产业扩张模式。比如佛山市近年来大幅提高了陶瓷、水泥等行业的准入门槛，深圳、东莞、佛山等市先后制定了国家高新技术产业开发区工业项目的准入标准，强制相关企业开展清洁生产审核，有效地提升了产业结构的优化和升级。但是，珠三角其他部分地市却没有同步跟进，使得在一些地方被淘汰拒绝的产业和项目，在另一个地方改头换面重新上马，大大削弱了珠三角地区产业结构升级的整体进程。由此可见，珠三角地区产业发展存在的一个严重问题是缺乏统一的准入门槛，没有按照条件建立起一套产业引进标准，有选择、有重点地引进产业，区域内企业规模和标准参差不齐，给环境保护与治理带来较大挑战。

7.2 思路与目标

7.2.1 总体思路

超越珠三角 9 市按行政区划独自规划、发展产业的旧格局，以生态功能分区和环境容量为基础，统一优化产业布局，统一产业政策和环境政策；突出特色，分工协作，以节能减排为硬抓手，积极引导低投入、低消耗、低排放和高效率的现代产业发展，大力发展绿色经济、循环经济和低碳经济，加快产业结构的优化调整与升级步伐；以制度和标准建设为切入点，严格环境准入，加强污染源深度治理，构建全防全控的工业污染防治体系，不断提高区域竞争力和工业污染防治水平。

7.2.2 基本原则

合理布局原则。发挥生态功能区划的基础性作用，调整产业空间布局和重大建设项目的布局，发挥广州—佛山—肇庆、深圳—东莞—惠州和珠海—中山—江门三大经济圈的带动作用和联动作用，对电镀、造纸、印染等重污染行业实行统一规划、统一定点，构建特色突出、集约发展、错位发展、梯度发展、优势互补的区域产业格局。

绿色引领原则。充分发挥珠三角各市在资源、人才、技术、企业等方面所拥有的比较优势，以绿色、循环、低碳为导向，推动有限的资源向具有一定优势或潜在优势的产业配置，推动产业结构调整和产业优化升级，严格控制“两高一资”行业增长，加快淘汰落后生产能力，壮大先进制造业和高新技术等产业，推动节能环保产业发展，提升产业竞争力。

统一准入原则。综合运用法律、经济、技术和必要的行政手段来防治工业污染，统一珠三角地区内产业政策和环境保护政策，统一产业准入标准、环境准入标准和污染物排放标准，建立统一的落后产能退出机制，对跨区域的重大规划和重大项目实行战略环评和联合审查审批。

7.2.3 发展目标

到 2012 年，小火电、小钢铁、小水泥、小陶瓷、平板玻璃等落后产能基本得到淘汰，珠三角各市污染物排放标准、产业环境准入标准得到提升、统一，产业布局基本合理。

到 2015 年，产业发展与污染防治一体化初见成效。珠三角各市产业分工基本合理，工业结构调整和优化升级初步完成。传统落后产业得到基本改造，绿色经济、低碳经济得以快速发展，以先进制造业、高新技术产业、节能环保产业、现代服务业为基础的产业体系初步形成，统一的产业政策和环境保护政策得以初步建立。

到 2020 年，产业发展与污染防治一体化全面推进。建立起布局科学、健全完善、符合珠三角生态功能区分区控制要求的产业和重大建设项目布局体系。形成先进制造业、高新技术产业和现代服务业为主导的产业结构，建立起以节能环保产业为主的绿色经济体系，建立起统一的产业与环境协调发展的法律法规体系、政策制度体系、技术创新体系及有效的激励和约束机制。

7.3 重点任务和措施

7.3.1 以分区控制为基础，调整产业布局

珠三角地区过去的产业规划以及相应的环境基础设施建设统筹考虑不足，导致各地产业分工不合理，产业相似度高，同构现象严重；土地利用粗放，人地矛盾、建设用地和生态用地矛盾突出；污染治理设施不配套，污染物排放量大；区域生态破碎化现象严重，生态调节功能明显下降等严重的生态和环境问题。珠三角地区 2007 年的废水排放量、化学需氧量、SO_2 等污染物的排放量分别占广东省总量的 72.2%、59.6%和 49%，以不到全省 1/4 的土地面积承载着全省一半以上的污染负荷。

珠三角地区的产业布局优化，应该避免再走基本依靠企业自发集聚和组织发展的老路，从生态保护和环境治理的角度统一协调，统一布局，促使产业发展兼顾经济、社会和生态等多方面的效益。在切实保障区域生态安全和环境质量的前提下，充分发挥环境保护对产业的调控作用，严格落实生态分区控制要求，统一协调重大建设项目布局，努力增加

产业链环节和各环节间的配合，避免各地市在产业发展规划中重点扶持发展相同或相近的行业，减少重复建设，资源浪费和恶性竞争，促进珠三角各地区产业的有序发展。

7.3.1.1 加强产业一体化的分区控制和调整

以《珠江三角洲环境保护规划纲要》和《广东省环境保护规划纲要》确定的分级控制要求为基础，结合主体功能区规划，根据珠三角地区的社会经济发展、生态环境保护和资源开发利用的要求，实行产业布局的分区管理和控制。以资源环境的承载能力和区域生态功能的保护或恢复为约束，调控和引导未来珠三角的产业布局调整和优化，改变目前珠江三角洲整体密集开发的无序局面，构筑经济社会与环境协调发展的空间格局。珠三角产业一体化布局的分级控制区划将珠三角地区分为禁止开发区域、限制开发区域和集约利用区域，对产业发展分别提出不同的要求，以在保障区域生态安全和环境质量稳定或提高的基础上促进产业优化布局和合理发展。

（1）禁止开发区域。禁止开发区域主要包括珠三角地区的自然保护区、水源保护区、风景名胜区、森林公园，以及区域内典型原生生态系统、珍稀物种栖息地、重要水源涵养区、生态公益林、水土流失高敏感区、生物迁徙洄游通道与产卵索饵繁殖区等生态极敏感区和生态功能极重要区等需要严格控制的地区。延续《广东省环境保护规划》中生态功能区分级管理和控制战略划定的严格控制区规定的范围，实行强制性保护，严格控制与环境保护和生态建设无关的开发活动。

在此区域范围内，禁止一切可能危害生态和破坏环境的产业发展、开发活动和排污行为，禁止新建污染企业，对已经存在的污染企业应严格推行清洁生产一级标准，通过土地置换、税收减免等措施，逐步引导污染企业淘汰或迁出。对已受破坏的重要生态系统和企业搬迁退出的工矿废弃地，开展生态环境建设和恢复重建工作，遏制生态环境恶化，逐步提高此类区域的物种、生境和生态系统多样性，增强涵养水源、净化空气、生态防护等生态功能和环境效益。

（2）限制开发区域。限制开发区域依据《广东省环境保护规划》划定的有限开发区，加上广东省主体功能区划的北江上游限制开发区和西江流域限制开发区（肇庆市怀集县和封开县）综合划定。其主要指珠三角地区的生态环境高敏感区和重要生态功能区，生物资源较丰富，森林覆盖率较高，在生物多样性保护、水源涵养、水土保持、保障与改善环境质量方面有关键作用。但部分地区周边开发强度较高，目前的自然生态环境质量较差，对外来干扰抵抗力弱，生态恢复较难，水土流失敏感性高、生态环境比较脆弱。具体类型大致可以分为重要生态功能控制区、城市群绿岛生态缓冲区和生态功能保育区三类。要以保护为主，实施限制开发，加强污染企业的清理和整顿。

该区域可以容纳一定的人口规模和开发活动，但需重点维护生态服务功能，促进环境质量的改善与生态服务功能的提高。应该开展跨行政区的天然林、生态公益林、自然保护区等的同保共育，积极恢复自然植被，逐步提高生态系统的连通性。严格限制产生污染、破坏生态环境、损害主导生态服务功能的产业发展和建设活动，不进行大规模的产业开发和城镇建设，开发建设活动以不损害生态系统服务功能为原则。对目前存在的污染企业应严格排污限制，积极推行清洁生产标准，逐步提高清洁生产水平，促进污染企业向清洁、节能、高效的方向转变。加强对污染源的在线监控设施建设，杜绝企业偷排、漏排现象的发生，对不能稳定达标排放的企业予以淘汰或搬迁转移，减小环境容量透支区域的工业污染和产业规模。

（3）集约利用区域。集约利用区域主要指珠三角的农业开发区和城镇开发区，是《广东省环境保护规划》划定的集约利用区与广东省主体功能区划的珠三角优化开发区和珠三角外围重点开发区的相互重合部分。该区交通便利，城市和产业发展集中，经济技术基础好，人口聚集程度高，适合产业集聚和升级提高，是珠三角的产业发展的重点地区。但生态和环境压力较大，应转变发展方式，不断提高环境保护要求，严格控制工业污染。

产业发展需大力提高环境资源的利用效率，以产业升级来带动污染减排，推进产业入园，形成与环境相协调的产业发展格局。原则上不再规划新建燃煤燃油电厂，不再新建、扩建钢铁、水泥、平板玻璃制造企业，严格控制石化、陶瓷等制造企业。限制建设印染、造纸、电镀等重污染企业，逐步淘汰落后产能，大力削减排污总量。产业开发以严格的土地管理来实现节约和集约利用土地，避免侵占有限的生态和农业用地。现有工业应逐步上大压小，调整产业结构和规模，提高环保标准和污染治理水平，走集中发展，集中治污的道路。建设一批集聚效益明显，污染治理程度高，污染物排放量小的产业园和工业区。积极引导区域产业向生态和环境容量较大，污染物控制和削减水平较高的工业园区集中，逐步推行工业入园和生态工业。对现有工业企业和园区，要逐步加大污染治理力度，引导、鼓励企业实行清洁生产，改造提升传统优势产业，大力发展先进制造业，减少“三废”排放。同时，利用自身的基本、技术、基础设施、信息、组织管理等社会经济优势，努力提高传统优势产业，加快发展高新技术产业和高附加值的现代加工业和现代服务业（表 7-4）。

表 7-4　珠三角各市三级产业布局控制区的面积　　单位：km^2

	禁止开发区域	限制开发区域	集约利用区域
广州市	854.61	2 463.65	4 115.74
佛山市	39.59	865.41	2 943
肇庆市	2 684.52	11 340.48	831
深圳市	155.19	876.18	921.63
东莞市	15.44	702.52	1 747.04
惠州市	1 837.64	6 089.80	3 230.56
珠海市	48.42	687.29	952.29
中山市	10.32	458.44	1 331.24
江门市	1 424.17	4 329.47	3 787.35

7.3.1.2 继续抓好重污染行业的统一规划、统一定点

各级政府及有关部门对重污染行业统一定点基地的建设要发挥主导作用。其中，广东省将重点放在制定重污染行业的发展规划及组织行业协会准入标准上；各地级以上市根据本地区实际情况制定本地区重污染行业的统一规划、统一定点实施方案，组织做好基地总体规划，并制定政策和引导措施。

（1）电镀。原则上每个地级以上市设 1～2 个定点基地，部分沿海地级以上市根据需

要可增设 1 个定点基地，不得在城区、水源保护区、风景名胜区以及特殊保护区域设定点基地。各定点基地选址要符合城市总体规划和区域环保规划、流域水质保护规划要求，建设与管理必须严格执行建设项目环境管理法律法规和总量（容量）控制要求，在基地建设的可行性研究阶段进行区域环境影响评价，环境影响报告书经省环保厅批准后，基地方可开工建设。入基地单个项目应按照国家和省建设项目环保管理的有关规定和程序办理环评审批手续，其中在广州、深圳、珠海和汕头，属省环保部门审批环境影响报告书的项目委托所属市环保部门审批。

对现有的电镀生产企业，经清洁生产审核达到国家发展改革委《电镀行业清洁生产评价指标体系（试行）》规定的清洁生产先进企业要求，在不危及饮用水源安全，实现污染物达标排放，满足污染物总量控制要求的前提下，应在 2010 年底之前搬迁入电镀基地。

珠三角地区新、扩、改、迁建的电镀项目一律进入电镀基地，各地不得审批在电镀基地外建设电镀项目。设定企业入电镀基地条件，对不符合国家产业政策和清洁生产要求的电镀类企业，不得审批其进入电镀基地。

（2）化学制浆。综合考虑珠三角制浆资源分布特点，按照有利于林材资源有效利用、合理利用海洋环境容量、避免在水源保护区及其上游地区设点的布点原则，结合国务院批准的《全国林纸一体化工程建设“十五”及 2010 年专项规划》的要求，除在广东省沿海地区设立化学制浆定点基地外，珠三角地区不再设点。各定点基地选址要符合城市总体规划、区域环保规划、流域水质保护规划要求，建设与管理必须严格执行建设项目环境管理法律法规和总量（容量）控制要求，在基地建设的可行性研究阶段进行区域环境影响评价，环境影响报告书经省环保厅批准后基地方可开工建设。

凡新建设的化学制浆项目必须进入统一定点工业基地建设、生产和经营。不得再审批新的化学制浆项目在定点基地以外建设。鼓励化学制浆下游配套项目如造纸、再生纸等进入基地建设。

非化学制浆造纸项目除以下两种情况外：①选址位于规划（区域）环评经有审查（审批）权的审批机关审查（审批）的区域和国家、省级开发区，且符合区域总体规划的非化学制浆项目。②珠三角地区规模达 40 万 t/a 以上的非化学制浆造纸项目；新、扩建非化学制浆造纸（含废纸造纸）项目须进入造纸定点基地内建设。

（3）其他行业。除选址位于规划（区域）环评经有审查（审批）权的审批机关审查（审批）的区域和国家、省级开发区，且符合区域总体规划的漂染、鞣革项目外，其他新、扩建生产过程含洗毛、染整或脱胶工段的纺织印染项目或有精炼废水等产生的丝绸项目、以原皮和蓝湿皮等为原料、需要鞣制工序的制革项目原则上也必须进入定点基地。

厂址位于基地外的现有漂染、鞣革项目，符合下列条件并经地级以上市环保部门审核后方可保留，但不得扩建（增产不增污项目除外）：①选址位于非环境敏感区、有环境容量；②符合国家和省现行产业政策要求；③污染物能够全面稳定达标排放，污染物排放总量符合地方核定的总量控制要求；④达到国内先进清洁生产水平，并经省认定的清洁生产企业。不符合上述条件的项目由地级以上市政府限期搬迁进入定点基地，属国家产业政策淘汰类的应加快淘汰。

以焚烧和填埋方式处置危险废物、固体废物的重污染行业必须实行统一规划、统一定点。固体废物综合利用规划出台前综合利用固体废物的项目一般不作此要求。危险废物和医疗垃圾处理项目环境影响评价文件由省环保厅审批，凡新建的危险废物综合利用、处理处置项目，未经省环保厅批准不可动工建设。新项目配套建设危险废物处理处置设施和现有危险废物产生单位建设危险废物处理处置设施，用于处理自身产生的危险废物，必须符合省重污染行业统一规划、统一定点的要求，由所在地政府将其纳入当地废物处理处置基地规划，并且基地的环评经省环保厅审批同意，才能将项目报有审批权的环境保护行政主管部门按照从严掌握的原则审批同意后方可建设；已由市、县（区）环保部门审批同意建设的，应报省环保厅复核。

在抓好化学制浆、电镀、印染、鞣革、危险废物处置五类污染行业的统一规划、统一定点工作的同时，化工（含石化）、建材、冶金、发酵、一般工业固体废物处置等重污染行业，各地级以上市根据有关规定及本市实际情况，要按照“入园管理、集中治污”的原则进行合理布局。

7.3.1.3 防止产业转移造成新的环境污染

广东省产业格局不平衡，珠三角地区产业高度密集，而东西两翼和山区产业发展则严重滞后。珠三角地区土地紧缺，劳动力成本上升，环境压力加重，部分产业竞争力下降，加上“双转移”政策的引导，部分产业向东西两翼和山区转移的速度加快。这有利于珠三角地区淘汰落后产能，培育更有发展潜力的现代产业体系，让承接转移产业的地区获得了加快发展的机会。但同时也伴随着污染转移的风险。

珠三角地区在转移产业的过程中要将区域内原本散乱分布的同类企业，通过统一协调、统一布局，最后集中到环境条件合适的东西两翼或粤北山区建立行业特色鲜明、污染治理设施配套齐全的产业转移园区，以保证产业转移不会将污染转移到珠三角的上游地区。

（1）加强产业转移的规划引导。以《广东省产业转移区域布局总体规划》为指引，充分考虑环境容量、资源环境承载能力等因素，统筹规划产业转移的区域布局。制定珠三角各地的产业转移规划和东西两翼、粤北山区各市的产业承接布局规划，引导和推动产业有序转移和合理布局。产业转入地在承接产业转移过程中要加强资源、能源节约和环境保护工作，产业承接对生态环境的影响要达到国家和省规定的环境保护要求，坚决不能以牺牲环境换取产业发展。禁止东西两翼和粤北山区承接产品目录详见粤经贸工业[2008]385 号文附件 2 的规定。

（2）建立产业转移、区域产业布局的协同机制。珠三角各市相关部门定期召开联席会议，研究促进产业转移合理布局的政策措施，统筹重大产业转移项目的区域布局和要素配置，协调解决项目转移承接中的重大问题。各市要把产业转移工作纳入经济社会发展规划和年度计划，制定科学合理的产业转移规划和实施方案，建立相应的领导机构和工作机制，加强组织领导和统筹协调，明确工作职责和工作目标，推进产业转移合理布局工作。

（3）重点处理好产业入园和产业转移园区建设的突出问题。目前产业转移园区的开发建设，要突出处理好以下几个问题：①大力促进产业集聚，引导工业进园、企业进园、项目进园，实现集中发展，集中监管，集中治污；②严格按照规划及环评要求进行土地开发和产业类型的引入；③严格环保准入，限定污染物排放总量，提高资源能源效率，降低污染排放强度；④落实污染治理设施的建设、运行和管理，环保基础设施建设要与园区同时规划、同时建设、同时投入运营；⑤加强环境管理，保证环保要求切实落实，注重环境风险防范和风险事故应急，保障饮用水源和环境安全。

7.3.2 以结构调整为主线，淘汰落后产能

7.3.2.1 大力发展低碳经济，提升产业竞争力

以节能减排为硬抓手，积极引导低投入、低消耗、低排放和高效率的现代产业发展，加快产业结构的优化调整与升级步伐。大力发展节能、降耗、减污、增效的先进制造业，提高先进制造业在工业中的比重。大力发展金融、现代物流、会展、旅游、文化、传播媒体、信息服务等市场潜力大、能耗低、污染少的现代服务业，积极发展生产服务业，促进服务业与工业的协调发展。做大做强高新技术产业，加快珠三角地区高技术产业发展步伐，进一步提高服务业和高技术产业在经济中的比重和水平。改造提升优势传统产业，推行绿色制造，大力发展绿色经济、循环经济，促进节能环保产业发展。

积极落实国家应对气候变化战略，大力发展低碳经济，提高碳生产力，建设国家低碳经济试验区。优化能源结构，建设高效、清洁、低碳的能源供应体系，积极开发新能源和可再生能源。到 2020 年，建成供应能力强、结构优、效率高的现代能源保障体系。加快工业、建筑、交通等领域的节能降耗技术改造，提高能源利用效率，到 2020 年单位地区生产总值能耗下降到 0.57 t 标煤，单位 GDP 二氧化碳排放比 2005 年下降 40%～45%。实行用水总量控制和定额管理，到 2020 年，工业用水重复利用率达到 80%。积极引导公众选择合理健康的消费模式，促进可持续消费，推动全民参与节能减排工作。深圳、珠海等城市要率先试点，加快建设低碳经济示范城市。

7.3.2.2 实施结构减排，依法淘汰落后产能

为推动产业结构调整和优化提升，珠三角地区应统一行动起来，按照《广东省节能减排综合性工作方案》《广东省“十一五”主要污染物总量减排工作方案》《广东省小火电机组关停实施方案》《广东省关停和淘汰落后钢铁生产能力实施方案》《关于做好广东省淘汰落后水泥生产能力有关工作的通知》等文件来加快淘汰落后产能，在“十一五”关停、淘汰落后小火电、小钢铁、小水泥、小造纸、小印染、小电镀等产能的基础上，根据国家节能减排的战略部署，继续全力推进污染结构减排，促进产业结构的转变。

同时，珠三角地区应制订更为严格的淘汰落后产能方案，定期统一发布淘汰、限制生产、限制进口产品、工艺目录，统一更新强制淘汰和限制高排放、高消耗的落后生产能力、工艺、设备和产品目录，作为产业发展的风向标，引导未来产业发展。在现有淘汰落后产能的基础上，应进一步提高淘汰标准、扩大淘汰产品和工艺范围。另外，应积极引导重污染行业采用先进技术和工艺，加快电力、石油化工、钢铁、非金属矿物制品、造纸及纸制品和纺织印染等重污染行业的生态转型，从源头减少污染物排放。

（1）小火电。按照《广东省小火电机组关停实施方案》，完成小火电机组关停任务。2010 年 1 月 1 日前，完成区域内 447.6 万 kW 污染重、能耗高的火电机组关停任务。

（2）钢铁。到 2010 年，关停和淘汰落后钢铁生产能力的范围包括：容积 300 m^3 以下高炉（专业铸铁管厂除外）；公称容量 20 t 以下转炉；公称容量 20 t 以下电炉（机械铸造

和生产高合金钢产品除外）以及中频感应炉等落后工艺技术装备。

（3）水泥。加快推进淘汰能耗高，污染严重的老式生产工艺，同时支持和鼓励水泥企业充分利用当地粉煤灰等工业废物作混合材资源，改造为年产 100 万 t 及以上的大型水泥粉磨站或向下游产业发展。2010 年 9 月 30 日前，区域内各市完成淘汰全部立窑工艺水泥厂等落后水泥产能任务。

（4）陶瓷。区域内不再审批新建（包括扩建）一般性陶瓷生产企业，也不鼓励陶瓷企业在区域内搬迁转移。在 2010 年年底前，区域内保留的陶瓷生产企业要全部安装高效除尘设备和脱硫设施，达到排放限值要求。对于不达标的要限期治理，经限期治理后安全生产、环保、能耗等仍不达标的企业一律实施搬迁或关闭。

（5）平板玻璃。区域内不再审批新建平板玻璃生产线（特殊品种的优质浮法玻璃生产线除外），并逐步对现有生产线进行技术改造和升级。2010 年 9 月 30 日前区域内淘汰所有垂直引上普通平板玻璃生产线和平拉工艺（含格法）平板玻璃生产线等落后产能。

7.3.2.3 建立和完善淘汰落后产能的机制政策

（1）加强淘汰落后产能的行政权威。建立和完善淘汰落后产能、强力应对环境违法的行政机构，将机构设置延伸至镇（街道）以及村（组），在村一级明确第一责任人，逐步建立起“区镇（村）联动、属地负责、部门参与、强势推进”的工作格局。通过法定决议，提升节能减排治污工作的公信力和法律权威，避免各种阻碍和干扰。在企业关停和环境综合整治过程中，要建立和形成党政领导，发改、环保、工商、经贸、税务、公安等多个职能部门参与的部门联动机制，综合运用多种行政手段应对各种环境违法行为。

（2）建立健全淘汰落后产能的退出机制。充分借助污染减排的倒逼机制，按市场化原则积极制定落后产能退出的经济激励或补偿政策，鼓励重污染企业主动退出。对列入国家产业结构调整指导目录和珠三角地区相关产品目录的淘汰类产品的产能，综合运用价格、环保、土地、市场准入制度、安全生产等多种手段，促使其加快退出；对符合法律、法规、政策和技术标准的项目，在政策上予以倾斜和支持。在珠三角地区推行统一的鼓励淘汰落后产能的经济政策，以提高节能减排的积极性和效率。①统一运用价格机制促进污染减排，如污水处理费统一不低于 0.8 元/t；②采用统一的补贴标准，如制定鼓励落后钢铁、水泥、造纸、印染、电镀等产能的补贴标准，统一安排资金；③实施统一的差别电价，如淘汰类钢厂差别电价提高到 0.4 元，限制类钢厂提高到 0.1 元；④实施统一的奖励政策，如设置“环保贡献奖”，安排专项奖励资金，对按要求关停、提前关停的企业予以奖励；实行“转型转产奖”，对在产业转型后土地使用权及出让、项目引进、转型转产投资等方面进行奖励。

（3）完善落后产能退出的操作方式。研究制订珠三角淘汰落后产能分地区、分年度的具体工作方案，并认真组织实施。建立高耗能、高污染行业新上项目与地方节能减排指标完成进度挂钩、与淘汰落后产能相结合的机制。各地市要制定淘汰落后产能的具体目标和措施。对没有完成淘汰落后产能任务的地区，实行项目区域限批。对不按期淘汰的企业，当地人民政府要依法予以关停，有关部门依法吊销其生产许可证和排污许可证并予以公布，电力供应企业依法停止供电。要积极引导，防止社会不稳定事件的发生。

7.3.3 以制度建设为基础，严格环境准入

7.3.3.1 对重大项目实施战略、规划环评与联合审查审批制度

推进区域战略环境影响评价和规划环境影响评价，建立区域、流域、相关城市环境影响评价审批的信息通报制度。积极建立环保与发改、规划、国土、经贸、建设、交通、水利、农业、林业、旅游、海洋渔业等部门的联动机制，推动规划环评早期介入，与规划编制互动。近期重点抓好石化、钢铁、水泥、火电等行业发展规划的环境影响评价工作，对未纳入相关规划或未进行环境影响评价的规划所包含的建设项目不予受理。突破行政区划界线，对可能造成跨行政区不良环境影响的重大规划、区域性开发和重大建设项目，实行珠三角环境影响评价联合审查审批和信息通报。对列入国家《产业结构调整指导目录》中限制类或淘汰类的建设项目；不符合国家产业政策，不符合环保审批要求的建设项目，各级环保部门不得批复其环境影响评价文件。在纺织印染、造纸、电镀等重污染行业的环境影响评价中强化清洁生产评价。对新建化工、石化项目，在环境影响评价审批中，将项目环境风险评价作为必要条件，无环境风险评价专章的，不予受理；整改措施不能按期完成的，暂缓审批其新的建设项目，不批准其试生产；环境风险应急预案和事故防范措施不落实的，不予验收。

通过联合审查审批制度，严格限制高物耗、高能耗、高水耗型项目，对不符合产业政策、有关规划、生态功能区控制要求，达不到排放标准和总量控制目标的项目，一律不予批准建设。控制“两高一资”、产能过剩和低水平重复建设项目，严肃查处未批先建、批小建大、擅自投产、久拖不验、拆分环评等违法违纪行为。严把建设项目验收关，加强建设项目建成后评价工作，对不履行环保“三同时”或试生产中污染防治设施没有正常运行的，投产后达不到标准的，不能继续生产，并责令限期改正。

7.3.3.2 对新增污染排放项目实施严格的总量前置审核制度

对新增污染排放项目实施严格的总量前置审核，把流域、区域的污染物排放总量指标作为审批项目环评的前置条件。研究明确珠三角地区的流域、区域环境污染物排放总量控制指标。导致新的污染排放的项目，必须先经过对总量的限批审核，否则不允许进行建设。对超过主要污染物排放总量控制指标且环境无容量的地区，暂停审批新增主要污染物排放的建设项目环境影响评价文件。

珠江三角洲中部（特别是广州、佛山及东莞）的大气环境容量已趋于饱和，原则不再新建大气污染排放量大的项目。从产业政策、发展规划和二氧化硫总量控制角度提高项目受理门槛，杜绝珠三角地区火电项目无序建设、盲目竞争的局面。珠三角地区的淡水河、石马河、独水河、前山河等污染严重，污染负荷超过水环境容量的流域，原则上不得再新建水污染物排放量大的项目。

7.3.3.3 建立行业污染物产生和排放强度“双约束”制度

到 2015 年，在珠三角地区率先研究建立漂染、造纸、鞣革、电镀、发酵、饮料、建材等高耗能、高耗水、高排放的重点行业的单位产值（产品产量）污染物产生和排放强度的综合评价体系，并进行定期统计、评估和发布。在此基础上，逐步建立与污染物产生与排放强度评估结果相关联的“准入”、“标杆”管理制度，强化企业污染防治的倒逼传导机

制，逐步减少污染物产生量和资源能源消耗量，提升产业水平。

通过对 2007 年全国第一次污染普查的广东省珠三角地区工业污染源普查资料进行统计分析，针对纺织印染、造纸、皮革、电镀、农副食品加工、饮料、非金属矿物制品、黑色金属冶炼、有色金属冶炼和石油加工 10 个行业，分别计算了这些行业主要污染物的单位产值污染物产生强度、单位产值污染物排放强度，并综合两个因子，通过加权平均求得综合污染物产排强度系数。综合计算结果和现有的各行业清洁生产标准，确定珠三角地区这 10 大行业的污染物产排强度的准入、标杆管理方案为：对在行业评估结果中产排污综合系数排名前 20%的企业作为“标杆值”，在贷款、水价、电价、排污收费等方面予以优惠，在政策上适度倾斜和支持，激励工艺先进的企业建设和发展，促进产业优化升级。对在行业评估结果中排名位居中间 60%的企业作为“准入值”，对不能达到该水平的工艺或企业，需要建立和完善对这些企业的重点监管制度，取消一切优惠政策，督促企业实施严格的“三同时”制度，实现稳定达标排放，进行工艺升级，削减污染排放。各行业污染物产排污强度计算结果如表 7-5～表 7-14 所示。

表 7-5　纺织业 COD 产排污强度　　单位：kg/万元

从小到大排序/%	COD 产排综合系数	COD 产生强度	COD 排放强度
0	0.000 4	0.000 8	0
10	0.232 5	0.28	0.185
20	0.634 5	0.8	0.469
30	1.25	1.6	0.9
40	2.424 5	3.214	1.635
50	4.41	5.9	2.92
60	8.04	10.75	5.33
70	15	20.9	9.1
80	35.625	52.5	18.75
90	104.6	163.4	45.8
100	4 469.15	5 580	3 358.3

注：产排综合系数=污染物产生强度×0.5+污染物排放强度×0.5。
表 7-6～表 7-14 表头物理量关系也与此相同。

表 7-6　造纸业 COD 产排污强度　　单位：kg/万元

从小到大排序/%	COD 产排综合系数	COD 产生强度	COD 排放强度
0	0.000 05	0.000 1	0
10	0.021 25	0.03	0.012 5
20	0.070 25	0.087 5	0.053
30	0.169	0.2	0.138
40	0.398	0.476	0.32
50	0.93	1.1	0.76
60	2.205	2.56	1.85
70	4.85	5.7	4
80	15.85	22.3	9.4
90	79.5	125	34
100	4 068	5 636	2 500

表 7-7　皮革行业 COD 产排污强度　　单位：kg/万元

从小到大排序/%	COD 产排综合系数	COD 产生强度	COD 排放强度
0	0.000 1	0.000 1	0
10	0.090 0	0.091 7	0.066 7
20	0.340 3	0.343 3	0.266 7
30	0.800 0	0.833 3	0.607 5
40	1.566 7	1.632 0	1.093 8
50	3.400 0	4	2.025 0
60	8.316 7	9.268 8	4
70	16.228 0	20	8
80	34.596 8	45.960 0	15.584 6
90	80.07	115.034 7	45.355 2
100	2 736.6	3 000	2 736

表 7-8　电镀行业六价铬产排污强度　　单位：kg/万元

从小到大排序/%	六价铬产排综合系数	六价铬产生强度	六价铬排放强度
0	0.000 000 011	0.000 000 015	0
10	0.000 2	0.000 3	0.000 002
20	0.001 8	0.002 7	0.000 1
30	0.017 8	0.034 3	0.000 4
40	0.074 7	0.140 8	0.001 2
50	0.260 1	0.483 8	0.003 8
60	0.618 7	1.011 1	0.009 9
70	0.970 8	1.556 0	0.021 5
80	1.601 9	2.593 2	0.057 3
90	3.087 0	5.396 1	1.164 0
100	124.537 5	124.537 5	124.537 5

表 7-9　农副食品加工业 COD 产排污强度　　单位：kg/万元

从小到大排序/%	COD 产排综合系数	COD 产生强度	COD 排放强度
0	0.000 2	0.000 4	0
10	0.34	0.46	0.22
20	1.175	1.6	0.75
30	3.45	5	1.9
40	7.185	9.4	4.97
50	12.67	16	9.34
60	31.35	44.7	18
70	68.25	90	46.5
80	129.2	153.4	105
90	327.5	430	225
100	9 556	9 556	9 556

表 7-10　饮料业 COD 产排污强度　　单位：kg/万元

从小到大排序/%	COD 产排综合系数	COD 产生强度	COD 排放强度
0	0.001 05	0.002 1	0
10	0.205	0.25	0.16
20	0.635	0.82	0.45
30	1.895	2.58	1.21
40	5.19	7.58	2.8
50	12.83	19.26	6.4
60	35.15	46.9	23.4
70	131	200	62
80	325	400	250
90	878	1 040	716
100	7 264.95	10 654.9	3 875

表 7-11　非金属矿物制品业 SO_2 产排污强度　　单位：kg/万元

从小到大排序/%	SO_2 产排综合系数	SO_2 产生强度	SO_2 排放强度
0	0.000 097 2	0.000 097 2	0.000 097 2
10	1.035 5	1.071	1
20	5.785 5	6.571	5
30	10.916 5	11.733	10.1
40	21.45	22.9	20
50	43.875	45.5	42.25
60	65.3	66.1	64.5
70	87.05	88.1	86
80	110.4	111.8	109
90	154.75	157	152.5
100	7 333.3	7 333.3	7 333.3

表 7-12　黑色金属冶炼及压延加工业 SO_2 产排污强度　　单位：kg/万元

从小到大排序/%	SO_2 产排综合系数	SO_2 产生强度	SO_2 排放强度
0	0.002 5	0.002 5	0.002 5
10	0.233 5	0.254	0.213
20	0.898	0.92	0.876
30	1.23	1.26	1.2
40	2.058	2.1	2.016
50	3.987	3.987	3.987
60	4.162	4.162	4.162
70	4.667	4.667	4.667
80	7.698 5	8.747	6.65
90	20.458	25.5	15.416
100	230	230	230

表 7-13　有色金属冶炼及压延加工业 SO_2 产排污强度　　单位：kg/万元

从小到大排序/%	SO_2 产排综合系数	SO_2 产生强度	SO_2 排放强度
0	0.000 22	0.000 368	0.000 073 7
10	0.121	0.158	0.084 3
20	0.355	0.425	0.285
30	0.544	0.575	0.512
40	0.663	0.715	0.61
50	0.877	0.918	0.835
60	1.184	1.234	1.133
70	1.702	1.818	1.586
80	2.688	2.875	2.5
90	10.090	11.25	8.93
100	196.426	196.651	196.2

表 7-14　石油加工行业 COD 产排污强度　　单位：kg/万元

从小到大排序/%	COD 产排综合系数	COD 产生强度	COD 排放强度
0	0.000 138 5	0.000 277	0
10	0.008 15	0.011 7	0.004 6
20	0.056 5	0.083	0.03
30	0.114	0.148	0.08
40	0.163 5	0.244	0.083
50	0.331	0.462	0.2
60	0.615	0.89	0.34
70	0.995	1.5	0.49
80	2.59	3.88	1.3
90	9	12	6
100	61.35	80.7	42

7.3.4 以重污染行业和流域为对象，实施从严的排放标准

珠三角地区一直是广东省环境问题最为突出的地方，主要污染物排放量占全省比重均在 50%以上，因此必须作为重点控制地区进行重点控制，实施更为严格的排放标准，促进区域环境质量改善。

7.3.4.1 制定实施从严的重污染行业污染物排放标准

珠三角地区大气主要污染物排放数量巨大，大气复合污染形势严峻。工业锅炉和火电是最主要的工业大气污染物排放部门，必须从严控制，在工业锅炉和火电行业实行比其他地区更严格的排放标准。

水污染物排放涉及的行业众多，在近期内优先选择部分排放量大和高污染行业进行严格控制，并逐步制定其他重点行业的水体污染物排放标准。根据 2007 年污染物普查数据，纺织、造纸、石油化工、电镀、通信电子设备制造、皮革、食品制造加工等 12 个行业是主要的水体污染物排放源，占工业水体污染物排放总量 70%以上。印染和电镀作为统一规

划和统一定点的重点行业，优先在这两个行业试行严格的排放标准。

实施严格的锅炉大气污染物排放标准[①]

（1）严格控制新建、改建和扩建锅炉大气污染物排放水平。

燃煤锅炉：≥10 t/h 燃煤锅炉其 SO_2、NO_x 和烟尘排放质量浓度最高允许排放质量浓度分别为 300 mg/m³、200 mg/m³、100 mg/m³；10 t/h 以下燃煤锅炉其 SO_2、NO_x 和烟尘排放质量浓度最高允许排放质量浓度分别为 400 mg/m³、300 mg/m³、120 mg/m³。

燃油锅炉：其 SO_2、NO_x 和烟尘排放质量浓度最高允许排放质量浓度分别为 300 mg/m³、300 mg/m³、50 mg/m³。

燃气锅炉：其 SO_2、NO_x 和烟尘排放质量浓度最高允许排放质量浓度分别为 50 mg/m³（以高炉煤气、焦炉煤气为燃料的锅炉的限值为 100 mg/m³）、200 mg/m³、30 mg/m³。

（2）收严在用锅炉的大气污染物排放控制水平。

在 2012 年 12 月 31 日前

- 燃煤锅炉：≥10 t/h 燃煤锅炉其 SO_2、NO_x 和烟尘排放质量浓度最高允许排放质量浓度分别为 450 mg/m³、400 mg/m³、120 mg/m³；10 t/h 以下燃煤锅炉其 SO_2、NO_x 和烟尘排放质量浓度最高允许排放质量浓度分别为 500 mg/m³、400 mg/m³、150 mg/m³。
- 燃油锅炉：其 SO_2、NO_x 和烟尘排放质量浓度最高允许排放质量浓度分别为 400 mg/m³、400 mg/m³、80 mg/m³。
- 燃气锅炉：其 SO_2、NO_x 和烟尘排放质量浓度最高允许排放质量浓度分别为 50 mg/m³（以高炉煤气、焦炉煤气为燃料的锅炉的限值为 100 mg/m³）、200 mg/m³、30 mg/m³。

从 2013 年 1 月 1 日起

- 在用锅炉大气污染物排放水平提高到与新建、改建和扩建锅炉大气污染物排放水平同等标准（表 7-15、表 7-16）。
- 根据测算，在实行严格的排放标准后，珠三角地区每年可削减 SO_2 23.5 万 t，NO_x 12.8 万 t，烟尘 1.8 万 t[②]，环境效益显著。

表 7-15　在用锅炉烟尘、SO_2、NO_x 最高允许排放质量浓度和烟气黑度限值

锅炉类别		SO_2/（mg/m³）	NO_x/（mg/m³）	烟尘/（mg/m³）	烟气黑度（林格曼黑度）/级
燃煤锅炉	≥10 t/h 锅炉	450	400	120	1.0
	其他锅炉	500	400	150	1.0
燃油锅炉	柴油、煤油、重油及其他燃料油锅炉	400	400	80	1.0
燃气锅炉	以高炉煤气、焦炉煤气为燃料的锅炉	100	200	30	1.0
	其他燃气锅炉	50			

① 锅炉大气污染物排放限值引用广东省《锅炉大气污染物排放标准》（DB 44/765—2010）数值。

②《广东省锅炉大气污染物排放标准编制说明（征求意见稿）》。

表 7-16　新建、扩建和改建锅炉烟尘、SO_2、NO_x最高允许排放质量浓度和烟气黑度限值

锅炉类别		SO_2/（mg/m^3）	NO_x/（mg/m^3）	烟尘/（mg/m^3）	烟气黑度（林格曼黑度）/级
燃煤锅炉	≥10 t/h 锅炉	300	200	100	1.0
	其他锅炉	400	300	120	1.0
燃油锅炉	柴油、煤油、重油及其他燃料油锅炉	300	300	50	1.0
燃气锅炉	以高炉煤气、焦炉煤气为燃料的锅炉	100	200	30	1.0
	其他燃气锅炉	50			

注：在用锅炉 2012 年 12 月 31 日前执行表 7-14 规定的排放限值，自 2013 年 1 月 1 日起执行表 7-15 规定的浓度限值；新建、改建和扩建锅炉执行表 7-16 中的浓度限值。

*根据时段和机组燃料类型严格控制火电行业大气污染物*①

（1）对在役火电机组。

从 2010 年 1 月 1 日起

❖ 1996 年 12 月 31 日前建成的火电厂，燃煤锅炉、燃油锅炉、燃气锅炉（燃气轮机组）的烟尘排放限值分别为 200 mg/m^3、100 mg/m^3、5 mg/m^3（燃用高炉煤气锅炉限值为 50 mg/m^3）；

燃煤锅炉、燃油锅炉、燃气锅炉（燃气轮机组）的 SO_2 排放限值分别为 400 mg/m^3（以煤矸石等为主要燃料、入炉燃料收到基低位发热量小于等于 12 550 kJ/kg 的资源综合利用火力发电锅炉限值为 480 mg/m^3）、400 mg/m^3、35 mg/m^3（燃用高炉煤气锅炉限值为 200 mg/m^3）；

干燥无灰基挥发分小于 10%、在 10%和 20%之间、大于 20%的燃煤锅炉 NO_x 排放限值分别为 1 100 mg/m^3、800 mg/m^3、650 mg/m^3；燃用天然气锅炉 NO_x 排放限值为 200 mg/m^3，燃油和其他气体锅炉 NO_x 排放限值为 400 mg/m^3。

❖ 1996 年 12 月 31 日以后，2009 年 8 月 1 日之前建成的火电厂，燃煤锅炉、燃油锅炉、燃气锅炉（燃气轮机组）的烟尘排放限值分别为 50 mg/m^3（以煤矸石等为主要燃料、入炉燃料收到基低位发热量小于等于 12 550 kJ/kg 的资源综合利用火力发电锅炉限值为 100 mg/m^3）、50 mg/m^3、5 mg/m^3（燃用高炉煤气锅炉限值为 30 mg/m^3）；

燃煤锅炉、燃油锅炉的 SO_2 排放限值分别为 400 mg/m^3（以煤矸石等为主要燃料、入炉燃料收到基低位发热量小于等于 12 550 kJ/kg 的资源综合利用火力发电锅炉限值为 480 mg/m^3）、400 mg/m^3，燃用高炉煤气锅炉的 SO_2 排放限值为 200 mg/m^3，其他燃气锅炉的 SO_2 排放限值为 35 mg/m^3，燃气轮机组的 SO_2 排放限值为 20 mg/m^3；

干燥无灰基挥发分小于 10%、在 10%和 20%之间、大于 20%的燃煤锅炉 NO_x 排放限值分别为 650 mg/m^3、450 mg/m^3、450 mg/m^3；燃油和燃气锅炉 NO_x 排放限值

① 火电大气污染物排放限值参考《广东省火电厂大气污染物排放标准》（DB 44/612—2009）和 2009 年国家火电厂大气污染物排放标准（征求意见稿）（DB 44/612—2009）。

为 200 mg/m^3；燃气轮机组 NO_x 排放限值为 80 mg/m^3。

从 2015 年 1 月 1 日起

- 1996 年 12 月 31 日前建成的火电厂，燃煤锅炉、燃油锅炉、燃气锅炉（燃气轮机组）的烟尘排放限值分别为 100 mg/m^3、50 mg/m^3、5 mg/m^3（燃用高炉煤气锅炉限值为 30 mg/m^3）；

  燃煤锅炉、燃油锅炉、燃气锅炉（燃气轮机组）的 SO_2 排放限值分别为 200 mg/m^3（以煤矸石等为主要燃料、入炉燃料收到基低位发热量小于等于 12 550 kJ/kg 的资源综合利用火力发电锅炉限值为 400 mg/m^3）、200 mg/m^3、35 mg/m^3（燃用高炉煤气锅炉限值为 200 mg/m^3）；

  燃煤锅炉 NO_x 排放限值为 200 mg/m^3；燃用天然气锅炉 NO_x 排放限值为 150 mg/m^3，燃油和其他气体锅炉 NO_x 排放限值为 200 mg/m^3，燃用天然气的燃气轮机组 NO_x 排放限值为 80 mg/m^3，燃用其他燃料的燃气轮机组 NO_x 排放限值为 150 mg/m^3。

- 1996 年 12 月 31 日以后，2009 年 8 月 1 日之前建成的火电厂，燃煤锅炉、燃油锅炉、燃气锅炉（燃气轮机组）的烟尘排放限值分别为 30 mg/m^3（以煤矸石等为主要燃料、入炉燃料收到基低位发热量小于等于 12 550 kJ/kg 的资源综合利用火力发电锅炉限值为 100 mg/m^3）、30 mg/m^3、5 mg/m^3（燃用高炉煤气锅炉限值为 30 mg/m^3）；

  燃煤锅炉、燃油锅炉的 SO_2 排放限值分别为 200 mg/m^3（以煤矸石等为主要燃料、入炉燃料收到基低位发热量小于等于 12 550 kJ/kg 的资源综合利用火力发电锅炉限值为 400 mg/m^3）、200 mg/m^3，燃用高炉煤气锅炉的 SO_2 排放限值为 200 mg/m^3，其他燃气锅炉的 SO_2 排放限值为 35 mg/m^3，燃气轮机组的 SO_2 排放限值为 20 mg/m^3；

  燃煤锅炉 NO_x 排放限值为 200 mg/m^3；燃用天然气锅炉 NO_x 排放限值为 150 mg/m^3；燃用其他气体和燃油锅炉 NO_x 排放限值为 200 mg/m^3；燃用天然气的燃气轮机组 NO_x 排放限值为 50 mg/m^3，其他燃气轮机组 NO_x 排放限值为 80 mg/m^3。

（2）对新建、改建、扩建火电机组。

- 2009 年 8 月 1 日之后新建、改建、扩建的火电厂，燃煤锅炉、燃油锅炉、燃气锅炉（燃气轮机组）的烟尘排放限值分别为 30 mg/m^3（以煤矸石等为主要燃料、入炉燃料收到基低位发热量小于等于 12 550 kJ/kg 的资源综合利用火力发电锅炉限值为 100 mg/m^3）、30 mg/m^3、5 mg/m^3（燃用高炉煤气锅炉限值为 30 mg/m^3）；

  燃煤锅炉、燃油锅炉的 SO_2 排放限值分别为 200 mg/m^3（以煤矸石等为主要燃料、入炉燃料收到基低位发热量小于等于 12 550 kJ/kg 的资源综合利用火力发电锅炉限值为 240 mg/m^3）、200 mg/m^3，燃用高炉煤气锅炉的 SO_2 排放限值为 200 mg/m^3，其他燃气锅炉的 SO_2 排放限值为 35 mg/m^3，燃气轮机组的 SO_2 排放限值为 20 mg/m^3；

  燃煤锅炉 NO_x 排放限值为 200 mg/m^3；燃用天然气锅炉 NO_x 排放限值为 150 mg/m^3；燃用其他气体和燃油锅炉 NO_x 排放限值为 200 mg/m^3；燃用天然气的燃气轮机组 NO_x 排放限值为 50 mg/m^3，其他燃气轮机组 NO_x 排放限值为 80 mg/m^3（表 7-17～

表 7-20）。

表 7-17 在役火力发电锅炉烟尘排放质量浓度和烟气黑度限值

时段	烟尘排放质量浓度/（mg/m³）				烟气黑度（林格曼黑度）/级
	第 1 时段（1996.12.31 之前建成的电厂）		第 2 时段（1996.12.31—2009.08.01 建成的电厂）		
实施时间	2010.01.01	2015.01.01	2010.01.01	2015.01.01	2010.01.01
燃煤锅炉	200	100	50	30	1.0
燃油锅炉	100	50	100[2]	100[2]	
燃气锅炉及燃气轮机组	5 50[1]	5 30[1]	5 30[1]	5 30[1]	

注：1）燃用高炉煤气锅炉执行该限值。

2）以煤矸石等为主要燃料、入炉燃料收到基低位发热量小于等于 12 550 kJ/kg 的资源综合利用火力发电锅炉执行该限值。

表 7-18 在役火力发电锅炉 SO_2 排放质量浓度限值

时段	SO_2 排放质量浓度/（mg/m³）			
	第 1 时段（1996.12.31 之前建成的电厂）		第 2 时段（1996.12.31—2009.08.01 建成的电厂）	
实施时间	2010.01.01	2015.01.01	2010.01.01	2015.01.01
燃煤锅炉	400 480[2]	200 400[2]	400 480[2]	200 400[2]
燃油锅炉	400	200	400	200
燃气锅炉及燃气轮机组	35 200[1]	35 200[1]	35 200[1] 20[3]	35 200[1] 20[3]

注：1）燃用高炉煤气锅炉执行该限值。

2）以煤矸石等为主要燃料、入炉燃料收到基低位发热量小于等于 12 550 kJ/kg 的资源综合利用火力发电锅炉执行该限值。

3）燃气轮机组执行该限值。

表 7-19 在役火力发电锅炉 NO_x 排放质量浓度限值

时段		NO_x 排放质量浓度/（mg/m³）			
		第 1 时段（1996.12.31 之前建成的电厂）		第 2 时段（1996.12.31—2009.08.01 建成的电厂）	
实施时间		2010.01.01	2015.01.01	2010.01.01	2015.01.01
燃煤锅炉	V_{daf}<10%	1 100	200	650	200
	10%<V_{daf}<20%（含 10%和 20%）	800		450	
	V_{daf}>20%	650		450	
燃油锅炉及燃气锅炉		200[1] 400	150[1] 200	200	150[1] 200
燃气轮机组		—	80[1] 150	80	50[1] 80

注：1）燃用天然气锅炉执行该限值。

表 7-20　新建、改建、扩建（2009.08.01 之后）火电锅炉大气污染物排放限值

	烟尘/（mg/m³）	SO_2/（mg/m³）	NO_x/（mg/m³）	烟气黑度（林格曼黑度）/级
实施时间	2010.01.01			
燃煤锅炉	30 100[2]	200 240[2]	200	1.0
燃油锅炉	30	200	200	
燃气锅炉	5 30[1]	35 200[1]	150[3] 200	
燃气轮机组		20	50[3] 80	

注：1）燃用高炉煤气锅炉执行该限值。
2）以煤矸石等为主要燃料、入炉燃料收到基低位发热量小于等于 12 550 kJ/kg 的资源综合利用火力发电锅炉执行该限值。
3）燃用天然气的锅炉执行该限值。

电镀行业执行严格的水体污染物排放限值

电镀企业原则上必须进入统一规划、统一定点的电镀基地经营，实行生产量等量淘汰，总量平衡，污染物大幅削减，严控新增电镀企业。按国家现行清洁生产电镀行业标准实施清洁生产，新建企业应达到二级以上清洁生产水平，现有电镀企业应在 2012 年末达到二级清洁生产水平；所有电镀企业在 2020 年达到一级清洁生产水平。

根据国家《电镀污染物排放标准》（GB 21900—2008），在国土开发密度较高、环境承载力开始减弱，或水环境容量较小、生态环境脆弱，容易发生严重水环境污染问题而需要采取特别保护措施的地区，应严格控制设施的污染物排放行为，执行水污染物特别排放限值，主要污染物项目排放限值均比其他地区更为严格。珠三角地区作为国土开发密度非常高的地区，理应执行《电镀污染物排放标准》（GB 21900—2008）中水污染物特别排放限值（表 7-21）。

表 7-21　电镀行业水污染物特别排放限值

序号	污染物项目	排放限值	污染物排放监控位置
1	总铬/（mg/L）	0.5	车间或生产设施废水排放口
2	六价铬/（mg/L）	0.1	车间或生产设施废水排放口
3	总镍/（mg/L）	0.1	车间或生产设施废水排放口
4	总镉/（mg/L）	0.01	车间或生产设施废水排放口
5	总银/（mg/L）	0.1	车间或生产设施废水排放口
6	总铅/（mg/L）	0.1	车间或生产设施废水排放口
7	总汞/（mg/L）	0.005	车间或生产设施废水排放口
8	总铜/（mg/L）	0.3	企业废水总排放口
9	总锌/（mg/L）	1.0	企业废水总排放口
10	总铁/（mg/L）	2.0	企业废水总排放口
11	总铝/（mg/L）	2.0	企业废水总排放口

序号	污染物项目	排放限值		污染物排放监控位置
12	pH 值	6～9		企业废水总排放口
13	悬浮物/（mg/L）	30		企业废水总排放口
14	化学需氧量（COD_{Cr}）/（mg/L）	50		企业废水总排放口
15	氨氮/（mg/L）	8		企业废水总排放口
16	总氮/（mg/L）	15		企业废水总排放口
17	总磷/（mg/L）	0.5		企业废水总排放口
18	石油类/（mg/L）	2.0		企业废水总排放口
19	氟化物/（mg/L）	10		企业废水总排放口
20	总氰化物（以 CN^-计）/（mg/L）	0.2		企业废水总排放口
单位产品基准排水量/[L/m^2（镀件镀层）]		多层镀	250	排水量计量位置与污染物排放监控位置一致
		单层镀	100	

注：引自《电镀污染物排放标准》（GB 21900—2008）。

严格控制纺织染整行业水体污染物排放

在国务院、国家有关部门和省人民政府规定的风景名胜区、自然保护区、饮用水保护区和主要河流两岸边界规定范围内不得新建印染项目；已在上述区域内投产运营的印染生产企业要根据该区域规划，通过搬迁、转产等方式逐步退出。

新建或改扩建印染项目必须符合《印染行业准入条件》，采用先进的工艺技术和节能环保设备，禁止采用列入《产业结构调整指导目录》限制类、淘汰类的落后生产工艺和设备。新建或改扩建印染项目应按照规定进行节能评估，其资源能源消耗水平应达到《印染行业准入条件》中“新建或改扩建印染项目印染加工过程综合能耗及新鲜水取水量”的规定要求，现有印染企业应加快技术改造（表 7-22）。

表 7-22　印染项目（企业）印染加工过程综合能耗及新鲜水取水量

分类	综合能耗（标煤）		新鲜水取水量	
	新建企业	现有企业	新建企业	现有企业
棉、麻、化纤及混纺机织物	≤38 kg/100 m	≤54 kg/100 m	≤2 t/100 m	≤3 t/100 m
丝绸机织物	≤30 kg/100 m	≤35 kg/100 m	≤2 t/100 m	≤2.6 t /100 m
针织物及纱线	≤1.2 t /t	≤1.6 t /t	≤120 t/t	≤150 t /t

注：1）引自《印染行业准入条件》（发展改革委 2008 年第 14 号）。
2）机织物 100 m 基准值为布幅宽度 106 cm、布重 12.00 kg/100 m 的合格产品，当机织产品布幅宽度或布重不同时，可按标准进行换算。

2008 年，国家发布了新的纺织染整工业水污染物排放标准（征求意见稿），明确规定在国土开发密度已经较高、环境承载能力开始减弱，或环境容量较小、生态环境脆弱，容易发生严重环境污染问题而需要采取特别保护措施的地区，上述地区的企业执行更严格的水污染物特别排放限值。特别排放限值规定排入地面水体的纺织染整工业化学需氧量

（COD_{Cr}）、氨氮和总磷的排放限值分别为 60 mg/m³、10 mg/m³、0.5 mg/m³；单位产品基准排水量为 210 m³/t 产品。珠三角地区作为国土开发密度十分高的地区，可以提前实施国家新的纺织染整工业水污染物排放标准中的特别排放限值（表 7-23）。

表 7-23　现有和新建纺织染整企业水污染物特别排放限值

项目	排放限值	污染物排放监控位置
pH 值	6～9	企业废水处理设施总排放口
化学需氧量（COD_{Cr}）/（mg/L）	60	企业废水处理设施总排放口
生化需氧量（BOD_5）/（mg/L）	15	企业废水处理设施总排放口
悬浮物/（mg/L）	20	企业废水处理设施总排放口
色度（稀释倍数）/倍	40	企业废水处理设施总排放口
氨氮/（mg/L）	10	企业废水处理设施总排放口
总氮/（mg/L）	12	企业废水处理设施总排放口
总磷/（mg/L）	0.5	企业废水处理设施总排放口
二氧化氯/（mg/L）	0.5	企业废水处理设施总排放口
硫化物/（mg/L）	不得检出	生产设施或车间排放口
六价铬/（mg/L）	不得检出	生产设施或车间排放口
苯胺类/（mg/L）	不得检出	生产设施或车间排放口
单位产品基准排水量/（m³/t）	210	排水量计量位置与污染物排放监控位置相同

注：1）《纺织染整工业水污染物排放标准（征求意见稿）》，2008。
2）织物的重量与织物的长度、幅宽、厚度有关，可按照 FZ/T 01002—91 中附录 B 的规定进行折算。

7.3.4.2 制定实施从严的重污染流域污染物排放标准

目前，太湖和山东小清河等流域均已开始实施流域排放标准。2008 年太湖地区就开始实行与发达国家最严排放标准相当的《太湖流域城镇污水处理厂主要水污染物排放标准》。珠三角地区同样作为国内水污染较严重，经济发展水平相对较高的地区，有必要也有能力提高部分重污染流域的污染物排放标准，以需要重点控制和治理的流域单位为控制目标，从严控制。以淡水河作为试点流域，实施严格的流域排放标准。

目前淡水河流域的污染负荷已经远超环境容量，禁止在淡水河流域范围内新建和扩建电镀、线路板、制革、印染、养殖 5 个行业建设项目。对于流域范围内截污管网不完善的区域，暂停审批在该区域内新选址建设餐饮、桑拿等有污水排放的三产项目。

《地表水环境质量标准》（GB 3838—2002）中Ⅰ、Ⅱ类水域和Ⅲ类水域中划定的保护区，禁止新建、扩建向水体排放污染物的建设项目。Ⅰ、Ⅱ类水域中已设置的排污口，当地政府必须进行限期拆除或者限期治理。《地表水环境质量标准》（GB 3838—2002）中Ⅰ、Ⅱ、Ⅲ类水域，禁止医疗污水直接排入。

同时，根据《广东省地表水环境功能区划》将淡水河流域分为重点保护区域和一般保护区域。在《广东省地表水环境功能区划》中目标水质为Ⅱ类的为重点保护区域，目标水质为Ⅲ类的为一般保护区域。重点保护区内执行《城镇污水处理厂污染物排放标准》中Ⅰ级 A 标准，排入水体的化学需氧量、氨氮和总磷的排放限值分别为 50 mg/L、5（8）mg/L、

0.5 mg/L；一般保护区内执行《城镇污水处理厂污染物排放标准》中Ⅰ级B标准，排入水体的化学需氧量、氨氮和总磷的排放限值分别为60 mg/L、8（15）mg/L、1 mg/L。排入城镇污水处理厂的企业废水应满足污水处理厂的进水水质要求（表7-24）。

表7-24　淡水河流域水体主要污染物最高允许排放浓度（日均值）　单位：mg/L

项目	COD	氨氮	总磷
重点保护区域	50	5（8）	0.5
一般保护区域	60	8（15）	1

注：1）引自《城镇污水处理厂污染物排放标准》Ⅰ级A和Ⅰ级B排放标准。
2）括号外数值为水温＞12℃时的控制指标，括号内数值为水温≤12℃时的控制指标。

同时，必须对工业行业的排水量进行限定。太湖流域排放标准中已经明确规定了重点工业行业运行排水量限值，淡水河流域可参照执行（表7-25）。

表7-25　太湖地区重点工业行业允许排水量限值

<table>
<tr><th>序号</th><th colspan="3">工 业 行 业</th><th>限值</th></tr>
<tr><td rowspan="2">1</td><td colspan="2" rowspan="2">纺织染整工业</td><td>百米布最高允许排水量，m³/100 m
（布幅以914 mm计；宽幅按比例折算）</td><td>2.5</td></tr>
<tr><td>吨纤维最高允许排水量，m³/t</td><td>150</td></tr>
<tr><td rowspan="2">2</td><td rowspan="2">造纸工业</td><td>商品浆造纸企业</td><td>吨纸最高允许排水量，m³/t</td><td>12</td></tr>
<tr><td>废纸造纸企业</td><td>吨纸最高允许排水量，m³/t</td><td>15</td></tr>
<tr><td>3</td><td colspan="2">电镀工业</td><td>平方米镀件最高允许排水量，m³/m²</td><td>0.2</td></tr>
<tr><td rowspan="2">4</td><td rowspan="2">食品制造工业</td><td>味精工业</td><td>吨产品最高允许排水量，m³/t</td><td>150</td></tr>
<tr><td>啤酒工业</td><td>废水产生量，m³/kL</td><td>4.5</td></tr>
</table>

注：引自《太湖地区城镇污水处理厂及重点工业行业主要水污染物排放限值》（DB 32/1702—2007）。

7.3.5 以全过程控制为原则，全面施行清洁生产

7.3.5.1 坚持自愿性与强制性相结合的原则，强化清洁生产审核力度

通过财政补贴、税收优惠、信贷扶持等措施，鼓励不属于强制审核和限定审核范围的企业自主实施清洁生产，对通过清洁生产审核验收的企业优先安排专项资金。到2012年，清洁生产企业在2007年基础上翻两番；重点行业规模以上企业实施清洁生产审核数量翻三番；工业园区中80%以上的企业实施清洁生产。到2015年，清洁生产企业数量在2012年基础上翻两番。加快推进区域清洁生产重点工程建设，培育一批“广东省清洁生产企业”，在区域内重点行业培育70家高标准、规范化的清洁生产示范企业，带动重点骨干企业全面实施清洁生产。

加大强制性清洁生产审核的力度，对于污染物排放超标或超总量的污染严重企业、使用或排放有毒有害物质的企业，根据《中华人民共和国清洁生产促进法》，每年依法公布强制性清洁生产审核企业名单。对已公布名单的企业加强指导和监督，促进其加快完成审核工作，并将企业清洁生产方案实施情况纳入日常环境监督管理，对违反《清洁生产促进

法》规定的企业要依法处罚。

对区域内重点行业、重点污染源，进一步加大监管力度。珠江三角洲地区重点对电子及通信设备制造业、电气机械及器材、机电、化工、金属制造、非金属制品业、交通运输、塑料、服装及其他纤维、纺织、电镀、造纸等行业推行清洁生产审核。在一定政策、资金和技术的支持下，限定要求未列入强制性清洁生产审核的重点行业的企业在规定时间内完成清洁生产审核，并通过验收。对享受资源综合利用减免税的企业按照有关要求，进行清洁生产审核，提交清洁生产审核报告。

7.3.5.2 高水平规划和建设工业园，建立清洁生产试验区

2008 年底，珠三角共有国家级、省级的开发区、保税区、出口加工区、工业园等 48 个。但在目前国家验收或批准建设的 33 个国家生态工业示范园区中，只有广州开发区（含广州经济技术开发区、广州高新技术产业开发区）1 个，生态工业园区建设亟待加强。要鼓励和引导广州高新技术产业开发区、南沙经济技术开发区、大亚湾经济技术开发区等国家级开发区和工业园区在发展高新技术产业、节能环保和现代服务业等方面发挥示范和带动作用。以国家级生态工业园区的相关标准和指南对珠三角地区的各类工业园区提供生态化转型和实施清洁生产的具体指导和有力推动。

珠江三角洲各地、市要率先制定本地区清洁生产规划，探索建立珠江三角洲国家级清洁生产示范中心。选择一定数量的区域和园区实施工业园区清洁生产示范工程，重点推进广州经济技术开发区、佛山陶瓷基地、江门银洲湖纸业基地、珠海市高栏港经济区、肇庆市大旺高新开发区等建成清洁生产示范园区，成为全省开展清洁生产的样板。

具体措施包括：

（1）全面评估，规划先行，制订出台科学合理的规划建设方案。各地园区规划要紧密结合当地环境和经济状况，将本地区的经济发展、环境保护、资源节约和产业链的发展等纳入园区建设规划，形成可实施的项目。规划编制完成后，要组织专家进行论证，并由当地政府负责落实，以高标准实施园区的建设。

（2）实施补链，形成网络，优化提升园区的产业结构与产品结构。园区按功能定位和工业生态链框架，进行选择性补链招商，集中吸纳符合生态产业链群的企业，积极推动企业自发配套，促进产业链群形成。将不符合产业导向、易造成环境污染、能耗水耗大、技术水平低的企业拒之门外。在工业园区内外不同产业、企业之间构建生态工业链网，实现产业升级、布局优化、资源有效配置，促进园区提高发展水平，实现产业生态化发展。

（3）园区主动，各方配合，共同促进生态工业园区的建设和发展。各级园区管理单位根据循环经济和清洁生产的要求，大力发展生态工业。申请参加示范的园区，要编制生态工业园区建设规划，通过专家论证后切实按照规划内容进行实施，并定期汇报园区建设进展，及时解决存在的问题。各级政府要鼓励有条件的园区申报国家生态工业示范园区。通过生态工业示范园区的建设，切实提升经济发展质量和环境绩效，提升园区的综合竞争力。

7.3.5.3 先行先试，建立清洁生产激励机制和创新体系

对珠江三角洲地区清洁生产进行立法和管理，出台《珠江三角洲地区清洁生产条例》等法规和制度。建立清洁生产财政补贴制度；财政安排的挖潜改造资金、环保专项资金、节能、循环经济专项资金和科技创新资金应进一步向清洁生产倾斜。建立长效的表彰奖励

制度，对自主开展清洁生产并取得良好成效的企业进行奖励，同时对削减污染和节约资源的清洁生产重点项目进行支持；完善担保机制，促进国内银行对清洁生产项目，特别是对中小企业清洁生产项目的投资；充分发挥政策性银行的作用，选择一定数量的获得“清洁生产企业”称号的企业作为示范试点，国家政策性银行的贷款向清洁生产的领域倾斜；探索多元化融资渠道，在国家政策允许和条件成熟的情况下，引进各类民营资本和风险资本进入清洁生产项目投融资市场；参照合同能源管理模式，建立政府、企业、金融机构三位一体的投融资机制。

建立珠江三角洲地区的清洁生产技术研发体系和推广体系，以现有机构为依托，成立地区清洁生产技术研发中心，在重点行业及产业集群较发达的生产基地、专业镇（区）建设一批清洁生产技术研发中心。大力支持和鼓励生态工业和清洁生产技术体系的创新，将具有普遍性、关键性的技术问题纳入科技计划，集中力量进行攻关。结合高校、科研院所的科技开发优势和企业的生产经营优势，采取有限责任公司的运转模式和政府、产、学、研合作机制，省、市联动提供启动资金，加大投入，大力开展生态工业和清洁生产技术、理论和实践的科研工作，筛选和引进一批具有较好应用前景和经济效益的技术，研究突破关键技术薄弱环节，形成具有自主知识产权的科技成果和产业。

对科研单位、大专院校以及企业开发的清洁生产技术和设备进行收集、整理、鉴定、筛选，定期分批发布清洁生产技术、设备导向目录。对关键的共性技术和设备，通过现场推广会、技术交流会等方式促进生态工业和清洁生产新技术和新设备的推广使用，充分发挥先进理念和管理工具的作用。

7.3.5.4 强化网络建设，建立区域清洁生产信息服务系统

强化清洁生产网络的建设，建立和完善清洁生产信息系统，完善和更新已有栏目的功能，及时宣传更新相关的政策、法规，充分利用信息技术促进清洁生产，建立清洁生产技术网络交流平台，宣传和推广清洁生产企业和成熟的清洁生产先进技术，连接企业和技术市场，为企业发展提供适用性技术支持。建立清洁生产企业审核和信息公示制度，对企业进行监督，鼓励企业、各单位和个人在网站共享资源，加强清洁生产信息交流和清洁生产的远程培训。鼓励清洁生产咨询服务机构参照合同能源管理模式为企业开展清洁生产审核咨询。

与节能目标和减排目标衔接，对企业开展清洁生产绩效评估，建立完整的清洁生产统计体系：根据各个行业的特点，制定清洁生产效益统计方法，规范清洁生产效益统计流程，以适应社会节能减排的统计要求；建立广东省清洁生产企业数据库，将开展清洁生产审核的企业资料进行统计和入库。

建立清洁生产企业网上申报系统，实施清洁生产审核网上申报；建立清洁生产技术服务数据库，包括技术服务单位数据库、清洁生产技术数据库和清洁生产专家数据库，对各清洁生产技术服务单位进行有效管理。

7.3.5.5 推进粤港清洁生产合作，构建清洁生产的国际交流与合作体系

围绕清洁生产管理、清洁生产技术与工艺、资源综合利用等，在资金、技术、人才、管理等方面积极开展国际及“两岸三地”交流与合作。

拓宽利用外资渠道，积极利用世行、亚行、全球环境基金、联合国开发计划署等国际组织以及各国政府的贷款或赠款。制定产业导向和优惠政策，鼓励外资投资清洁生产项目

及引进清洁生产技术和设备，设立清洁生产研发机构，积极开展有关项目的合资合作。积极推进粤港合作的“清洁生产伙伴计划”，创新合作模式，深化合作内容，建立和完善合作保障机制。

以“清洁生产伙伴计划”为契机，建立粤港清洁生产长期合作机制，促进双方技术、人才和信息交流，加强推动企业节能、清洁生产及资源利用方面的合作。参照粤港“清洁生产伙伴”计划模式，由粤港两地政府出资资助珠江三角洲地区企业开展清洁生产审核，在此基础上，深化合作内容，逐步推广到全省企业。成立粤港两地清洁生产支援小组。

7.3.6 以稳定达标排放为基本要求，深化污染源治理

7.3.6.1 加强污染源稳定达标排放的现状评估，并采取相应措施

根据珠三角地区工业污染源稳定达标排放的现状分析，发现尽管在环境统计中，大多数重点污染源污染物排放达标率在 90%以上，但实际上仍有许多行业的企业污染物排放达标率不到 70%，特别是一些火电、造纸、印染、建材、化工、电镀、金属制品等中小企业，达标排放率还很低。

据统计，2008 年，化学原料及化学制品制造业、食品制造业、造纸及纸制品业等行业排放废水较多，但排放达标率却不高，低于 90%，10%的纺织工业废水未经过达标处理即排放。在非金属矿物制造业、石油加工等行业中，排放 SO_2 较多，且 SO_2 排放达标率均低于 90%。NO_x 排放达标率最低的行业为有色金属矿采选业，只有 48%，其次为化学纤维制造业、医药制造业和食品制造业，三者排放达标率仅为 60%、62%和 65%。同时，珠三角工业企业污染排放达标率表现出一定的地域差异性，2008 年珠三角工业废水排放达标率最低为江门市，惠州市 SO_2 排放达标最低，广州市排放达标较低的污染物为烟尘，而工业粉尘排放达标率较低的为江门和肇庆。

表 7-26　进一步提高稳定达标排放水平的工业行业范围

污染物	统计现状	行业范围
废水	排放量较大	纺织业、化学原料及化学制品制造业、食品制造业、造纸及纸制品业
	达标排放率较低	废弃资源和废旧材料回收加工业、木材加工业、文教体育用品制造业和专用设备制造业
	排放量较多而达标率较低	化学原料及化学制品制造业、食品制造业、造纸及纸制品业
SO_2	排放量较大	电力热力的生产和供应业、非金属矿物制造业、纺织业、造纸及纸制品业
	达标排放率较低	废旧资源和废旧材料回收加工业、通用设备制造业
	排放量较多而达标率较低	非金属矿物制造业、石油加工
NO_x	排放量较大	电力热力的生产和供应业
	达标排放率较低	有色金属矿采选业、化学纤维制造业、医药制造业和食品制造业
	排放量较多而达标率较低	石油加工、炼焦及核燃料加工业、非金属矿物制品业
烟尘	排放量较大	电力热力的生产和供应业、非金属矿物制造业、纺织业、造纸业
	达标排放率较低	烟草制造业、石油加工、专用设备制造业、金属制品业
	排放量较多而达标率较低	造纸及纸制品业、黑色金属冶炼及压延加工业
工业粉尘	排放量较大	非金属矿物制品业
	达标排放率较低	纺织业、木材加工业、造纸及纸制品业、橡胶制品业
	排放量较多而达标率较低	纺织业、木材加工业

通过分析评估，未来珠三角地区需要加大深度治理和监管力度的具体行业范围如表 7-26 所示。这些行业涉及三种情况：一是污染物排放量大，二是达标排放率低，深度和稳定性都不够，三是污染物排放量大且达标排放率又低。对于珠三角地区现有的污染物排放量大、不能稳定达标排放的企业，必须进一步加大在线监控力度，强化深度治理，降低污染物排放量；对于污染物排放量大，不能稳定达标排放、地处环境敏感区域，且属于淘汰落后产能行业范围的企业，必须坚决予以关停。

7.3.6.2 强化不能稳定达标排放企业的深度治理

对不能稳定达标排放的企业，要严格稳定达标排放管理，加强深度治理：

（1）对污染源监督提出统一明确要求，督促企业加强污染治理。各地对重点污染源至少每周监督检查两次，对不能稳定达标排放的企业，要提高执法频率，采取罚款、控制水、电供应量等强制措施，对违法排污企业要严加惩处，作出限期整改的要求。

（2）探索重点污染源监督工作机制，着力提高监管的有效性。要在珠三角地区对重点污染源形成统一的监管、监测、监察联动工作链，监测部门监测的数据及时提供给相关职能部门和环境监察大队，执法人员对超标排放企业要加强日常监督执法，职能部门根据监测站、监察大队提供的数据和信息责令企业限期整改，督促其达标排放，最终逐步建立以排污申报为基础、总量控制为主线、排污许可证为重点、在线监控和现场监督检查为手段的污染源监督管理长效机制。

（3）开展环保执法专项行动，严厉打击各类环境违法排污行为。进一步加强对重点区域和重点污染源的现场监察工作，加大对各种环境违法行为的查处力度，促进污染源稳定达标排放，防止污染事故发生，维护人民群众的环境权益。

7.3.6.3 建立和完善在线监控系统，防止偷排漏排

要不断发挥在线监控系统在促进企业稳定达标排放中的作用，到 2010 年底，重点污染源实现在线实时监测；到 2012 年，工业废水稳定排放达标率为 90%以上；到 2020 年工业废水排放全部稳定达标。

（1）要健全重点源的在线监控系统网络平台，建立集在线监控（数据监控、视频监控）以及“12369”环保热线、突发环境事件、办公自动化于一体的监控平台，对企业污染源处理设施的运行状况、排污情况等进行全面扫描，将末端监测转变成全过程监控。

（2）要全面加强日常监测、环境质量监测、执法监测和监测分析等环境监测能力建设，加大污染源在线监测设备运行的监管力度。明确监管责任，大力查处管理不善、在线监测设备运行不稳定的企业，确保在线监测数据准确、稳定、有效，防止在线监测成为摆设，依靠现代化手段提高未稳定达标排放企业的监管效率。

（3）要加强在线监控设施的统一管理。制定污染源在线监控设施管理办法和技术规范，统一规范珠三角地区在线监测设施的设计、设备采购、安装和运营，对其实施统一招标管理，完善环保方监督、设备方维护、第三方运营的管理模式，以保证在线监测系统稳定运行。

7.3.6.4 充分发挥社会舆论监督作用，促进企业稳定达标排放

继续实施企业环保信用管理，定期开展污染源排放情况的评估，并向社会公告，完善公众参与环境监督制度，建立重点项目和环保审批公众咨询制度和听证制度，并建立环境

违法违规事件的举报奖励机制，鼓励群众监督举报。各新闻媒体要广泛开展宣传活动，把环保法律法规以及加强环境保护的意义、任务和要求宣传到基层和广大人民群众中，对污染源稳定达标情况进行全方位的跟踪报道，对企业环境违法行为及时公开曝光。建立企业特征污染物监测报告制度，重金属排放企业等要建立特征污染物日监测制度并每月向环保部门报告，向社会发布年度环境报告书。建立和完善企业环境信息披露制度，定期披露未达标排放企业的环境质量监测数据和污染物排放数据，加强对企业环境污染事件的发生和处理信息的披露，对污染严重的企业形成社会压力，以促进企业提高环保意识，促使企业履行环保责任。

第 8 章　区域环境同治，建设宜居城乡

实行珠江三角洲地区环保一体化，其中一个重要方面就是推动珠三角地区的区域环境同治，缩小城乡差距，实现环境基本公共服务均等化。在实现环境同治的过程中，要突出城市的带动作用，以城带乡、区域统筹，将环境保护的工作重心从城市环境问题转向城市与农村环境保护工作的协调开展，充分利用发展契机，加快环保公共基础设施建设，鼓励基础设施共建共享，加强农村环境保护，逐步实现城乡之间、区域之间环境基本公共服务均等化，深化粤港澳环保合作，促进区域环境同治。

8.1 大力促进环境基本公共服务均等化

珠三角地区环境基本公共服务均等化，是政府为保障公民基本生存权和发展权，按照“基本、平等、普遍、均衡”的要求，与经济社会发展水平相适应，为区域内全体公民提供均等的环境基本公共物品和环境服务，其内涵主要包括区域的环境财政投入政策的完善、污水及垃圾处理等基础设施建设与环境治理服务的整体加强、环境监测与评估服务的完善、环境监管服务的同步、环境资源的统筹分配与资源共享、环境应急体系的公共构建、环境信息知情服务的共享、区域内部各城市及城乡环境制度的对接与均衡等。

大力促进环境基本公共服务均等化，就是要以“政府主导、社会参与、循序渐进、基本均衡”为原则，以扩大环境基本公共服务覆盖面、提高环境基本公共服务质量及均等化程度为目标，着力解决人民群众最关心、最直接、最现实的涉及环境服务的利益问题，加强改善欠发达地区、基层乡镇和农村的环境质量和环境服务水平，加快构建配置合理、功能完善、便捷高效的环境基本公共服务供给体系，努力实现环境基本公共服务覆盖城乡、区域均衡、全民共享。

8.1.1 以城带乡，完善环境基本公共服务投入机制

完善环境基本公共服务投入机制，实现区域内城市之间和城乡之间环境基本公共服务投入制度的对接，调整财政支出结构，建立财政税收横向转移支付及其保障机制。加大财政转移支付力度，缩小城乡之间、区域之间在环境基本公共服务上的投入差距，促进不同地区环境公共基本服务的均衡。

完善公共财政体制，重点突破，逐步推进，加强对环境基本公共服务建设薄弱领域和经济不发达区域的投入力度，在珠三角地区探索建立生态补偿机制和环境基本公共服务补贴机制，开展生态补偿试点，支持欠发达地区加快发展。

8.1.2 重点突破，缩小区域内部环境服务差距

重点加快县、乡（镇）环境公共基础设施建设，逐步实现珠三角地区各城市环境基本公共服务的对接，缩小城市与农村之间、发达地区与欠发达地区之间环境基本公共服务质量与服务水平的差距。

在继续完善城市各项环境公共基础设施建设的同时，各级政府要将城镇及欠发达地区的污水、垃圾处理处置及再生利用设施建设等作为基本公共服务建设的重要领域，加强城市各项环保基础设施、公共设施向农村地区和欠发达地区的辐射和延伸，合理确定服务的内容和配套的标准。不仅要实现覆盖区域的扩大，而且要使不同地区、不同阶层逐步享有基本均等的环境公共服务。

距离城镇较近的村庄，生活污水、垃圾尽可能就近纳入城镇收集、处理网络，加快推进县城、镇级生活垃圾处理设施建设。城镇垃圾处理设施建设要考虑周边农村地区垃圾收集处理的需求，加快垃圾处理设施及收集、转运系统建设，逐步建立和完善农村生活垃圾收集系统，合理确定服务的内容和配套的标准。至 2012 年，珠江三角洲地区实现城镇生活污水处理率达 70%，生活垃圾无害化处理率达 85%，2015 年城镇生活污水处理率达 80%，生活垃圾无害化处理率达 90%，2020 年城镇生活污水处理率达 85%，生活垃圾无害化处理率达 100%。

8.1.3 同步推进，加强环境保护能力建设

珠江三角洲地区统一推进城市、乡（镇）、村环境监管能力建设，积极推动环境保护组织管理体系向农村延伸和辐射。一是要充实镇、村环保机构的力量，积极推动环境保护的组织管理体系向农村延伸，形成“县（区）—镇—村”三级环保管理纵向协调机制。

加强资源和生态环境保护方面执法队伍的建设，完善统筹城乡的环境监测体系和预警系统，实现区域、城乡监测体系的联网对接，建设全面覆盖的生态环境监测网络。推动中心镇和有条件的镇单独设立监测站和执法队伍，构建省、市、县（区）、镇四级的珠江三角洲地区环境监测和执法网络，统一和完善区域环境监测及执法尺度和标准，促进区域内环境基本公共服务质量的统一。

8.1.4 统筹协调，合理分配公共环境资源

针对当前珠江三角洲地区公共环境资源分配不均衡的现状，加快建立珠江三角洲地区统一的环境基本公共服务制度，缩小环境资源分配在城乡之间、区域之间的差距，实现水环境、大气环境、生态屏障、环境信息及环保科技等资源的区域共享，构建公平合理的区域性环境服务市场化平台。

加快推进水资源开发、配置和保护一体化，优化区域水资源开发利用和配置体系，加强水资源统一管理，加快水资源调蓄和配置工程建设，完善珠江三角洲城乡间的供水体系，保障区域饮水安全。逐步推进珠三角地区生态保障体系建设的同步与共享，统筹规划区域生态廊道建设，实现区域生态的同保共育与资源共享。

打破城市、区域之间的行政壁垒，消除城乡之间的差距，保障基本的环境公平，加强

区域之间、城乡之间的环保工作交流和情况通报，构建区域环境科技交流平台，促进区域环境信息互通与环保科技成果的共享，共同推进环保产业的发展，构建公开公平的环境服务市场化运作体系，提升区域环境服务功能。

8.2 统筹区域，推进环境基础设施共建共享

针对珠江三角洲地区环境基础设施共建共享的薄弱环节，统一规划建设区域环境基础设施，逐步打破行政区、管理部门、城乡限制，科学合理布局固体废物、污水处理、污泥处置设施，探索污染治理设施共建共享新模式。

8.2.1 珠三角区域环境基础设施建设存在的问题

8.2.1.1 处置能力与处理需求不平衡

珠三角地区近年经济快速增长和城市化进程加快，“三废”排放总量持续增加，新增污水量、工业固体废物、生活垃圾产生量的增加快于其处理设施能力的增加，使部分地区老账未清又欠新账，而区域内危险废物处置能力大于危险废物产生量，需要调整建设方案，统筹建设。

专栏 8-1　珠三角危险废物处置设施情况

珠三角地区危险废物处置能力集中在广州、深圳、惠州，三个地市处置能力共 191.9 万 t/a，占珠江三角洲地区的 83.3%；而三个地市的危险废物产生量只有 79.3 万 t/a，占 53.5%。而佛山、东莞、中山和肇庆四个地市的危险废物产量共 58 万 t/a，处置能力却只有 20.4 万 t/a，其中肇庆没有危险废物处置能力，所有危险废物均需要外运处理。见图 8-1。

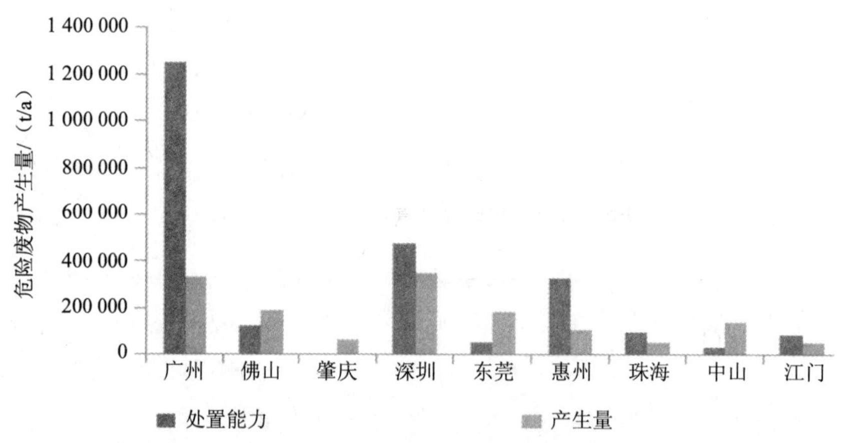

图 8-1　各地市危险废物产生量与处置能力

企业内部危险废物处置设施主要以储存和资源综合利用为主，根据广东省污染源普查数据，如图 8-2 所示为各地市储存场容量分布情况，深圳市企业内部储存场容量和危险废物产生量差距最大，其次是佛山。

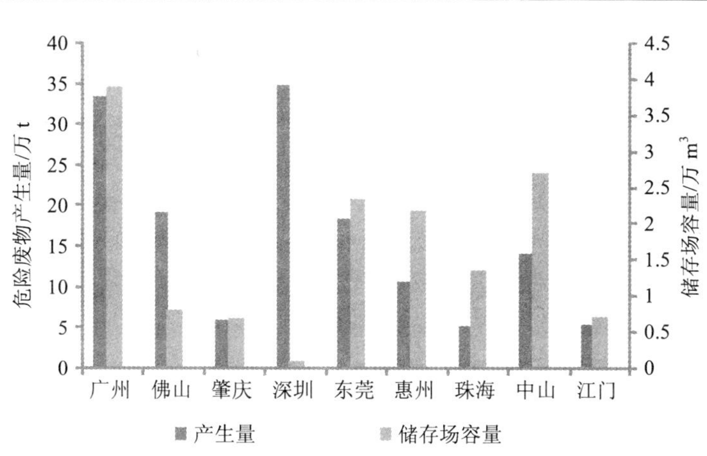

图 8-2　各地市危险废物产生量与储存场容量

如图 8-3 所示为各地市内部处置设施情况。珠三角 9 个地市中，共有 446 台处置设施，设计处理能力 4 482 t/d。其中惠州处置设施数量最多，有 284 台，处理能力 2 080 t/d，分别占 63.7%和 46.4%。其他地市的处置设施数量和处置能力较小。

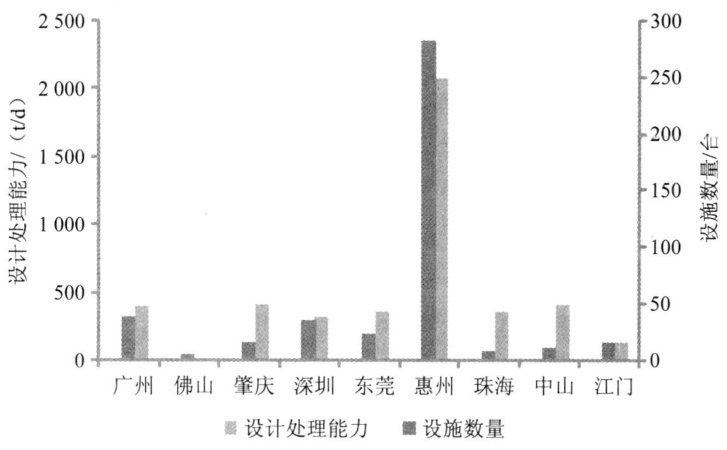

图 8-3　各地市企业内处置设施数量与处置能力

在危险废物处置设施方面，珠三角地区共 72 家获得危险废物经营许可证的危险废物集中式处置单位，处置能力合计 243 万 t/a，而珠三角 9 个地市 2007 年共产生危险废物 148 万 t，需要以珠三角为总体统筹考虑区域内环境基础设施能力的建设。

在污泥处置设施方面，珠三角污泥的综合利用率低于 50%，缺乏专门的经济、技术支撑体系，“重水轻泥”现象严重，污泥处理处置基本处于未受控状态。按照污泥产出系数（1×10^{-4}～1.2×10^{-4}）估算，短期内广东省将新增干污泥约 1 000 t/d，到 2010 年广东省将日产湿污泥约 7 500 t/d（含水率 80%），广州、深圳、东莞等市的日产污泥均超过 1 000 t，但珠三角区域内对污泥处置没有规划建设的污泥处置设施。

8.2.1.2 环境基础设施缺乏统筹布局

一方面，珠江三角洲环境基础设施布局存在边缘化的特点，处置设施很多建在两行政区交界处，或者由于只考虑到满足本区域内的需求，多为规模较小的污水处理厂和垃圾填埋场，在珠三角的总体上呈现零散和重复建设的情况，投资效率低。另一方面，原在规划中建设的处置设施，由于行政区的限制，跨行政区转移存在问题。以危险废物处置为例，珠三角 9 个地市中，处置能力从大到小依次是广州、深圳、惠州、佛山、珠海、江门、东莞和中山，肇庆没有集中式处置设施。其中广州、深圳、惠州、江门和珠海处置能力可以满足辖区内的需要；肇庆、东莞、中山和佛山处置能力较弱。

8.2.1.3 环境基础设施管理各自为政

目前珠三角地区的环境基础设施的建设和管理上仍采取地方化管理，区域范围内的统筹考虑较少，资源的开发利用和服务、经营与管理、建设有时会出现相矛盾的情况。

此外，珠三角环境基础设施建设管理的改革与城市经济社会的发展和社会主义市场经济体制的要求还有较大的差距，特别是在污水处理和垃圾处理等环境基础设施的建设与运营，政府管理部门仍承担建设、运营等责任。

8.2.2 环境基础设施共建共享实施方案

8.2.2.1 建立区域层面的政府协调部门，解决跨行政区共建共享

打破行政区划的限制，强化省的调控作用，在省级行政部门中建立珠三角一体化环境管理机构，主要职责负责规划、管理和协调跨地区、跨部门职能。

以广佛肇、深莞惠、珠中江 3 个组团，统筹珠三角区域九市的污水、固体废物和污泥的处置，使区域资源从规划、建设，到管理、经营采取区域管理、区域共建共享、多城市参与决策的模式。

8.2.2.2 形成区域层面的管理一体化机制，解决跨部门共建共享

形成区域层面跨管理部门的基础设施的管理的一体化，建立不同行政主体之间良好的协调机制，逐步实现不同基础设施管理的一体化。

破除城市基础设施多头管理的局面，逐步实现管理综合化。以推进水务一体化为切入点，建立起城乡之间的源水、供水、用水、节水、排水、污水和回用的统一管理，促进城乡水资源优化配置和合理利用。可推广深圳和珠海的经验，城市设立水务局，统筹管理水资源、防洪、供水和污水处理，建立给排水一体化的经营模式；设立公共事业管理局，建设管理城市道路、地下管线等。由公共事业管理局对暂时不能市场化的基础设施组织建设和管理，主要包括城市道路和地下管线。基础设施社会化后，建议地下管线由政府部门投资建设，由其他企业租用，防止企业对地下设施的行业垄断。

8.2.2.3 统筹城乡基础设施建设，促进城乡处理处置共建共享

统筹规划城乡空间布局，促进城镇环境基础设施集约发展，将基础设施和基本环境公共服务体系由城市延伸到镇村，建设与经济发展水平相适应的现代化城乡环境建设示范。

纵横结合统筹城乡环境基础设施的共建共享。以珠三角 9 个地级市为区域小中心，发挥广州、东莞、深圳、佛山人口多、经济水平高四市的辐射带动作用，统筹广佛肇、深莞惠、珠中江 3 个城市圈内部城乡污水、固废和污泥处置设施的布局、建设和共享，实现每

个地级市和乡镇之间、城市和城市之间、3 个城市圈之间环境基础设施覆盖的“无缝衔接”。

重点加强城乡之间污水处理管网、污水集中处理系统、垃圾收运系统建设，调整两地级市边界地区且位于乡镇的处置设施服务范围，避免重复建设。

8.2.2.4 动员企业和社会资源，增强企业设施共建共享

发挥大型企业内部处置设施作用，统筹企业处理社会废物，实现企业与社会环境基础设施共建共享。

利用大型企业工业固废处置设施消纳、综合利用周边废物。按不同行业不同废物种类为区分，以几个问题突出、工业企业集中的区域为中心，完善其固废处置设施，建立冶金、化工、电镀等废物综合利用区域中心，辐射周边地区。

8.2.3 环境基础设施共建共享的政策实现途径

8.2.3.1 统筹环境基础设施规划布局

统一规划，统筹区域内环境基础设施建设，打破部门管理分界线，保持规划的综合性和统一性。由区域基础设施协调机构牵头组织编制，各项基础设施的专项规划要保证各专业部门都能参与，统筹区域内给排水管网、污水处理设施及配套管网、污泥处置设施布点、危险废物处置设施辐射范围等。

打破行政区限制，调整行政区边界已建污水处理厂配套管网配置，满足周边处理需要；根据区域共享的原则，调整边界区污水处理厂规模，使之辐射周边区域；重点解决危险废物处置设施跨界处置问题，缩减区域内危险废物处置设施数量，解决危废处置能力过剩问题。

8.2.3.2 统一基础设施运营管理，全面实施基础设施运营市场化

实现区域环境基础设施的贡献共享，实现区域基础设施建设与运营的市场化，实现投资主体多元化、运营主体企业化、运行管理市场化，形成开放式、竞争性的建设运营格局。

在加快价格形成机制和财政补贴机制改革的基础上，按照特许经营方式，向社会公开招标，鼓励国内外各类经济组织进行投资建设和经营，在珠三角区域形成几家基础建设和运营企业，主要是污水处理运营企业、垃圾收运企业、污泥回收和利用企业、危险废物处置企业等，对珠三角区域或城市圈的基础设施运营统一调度，扭转珠三角环境基础设施建设落后，解决不了日益加重的环境污染问题局面。

8.2.3.3 设立区域环境基础设施管理基金，转变政府管理职能

设立区域环境设施管理基金，改变政府直接承担污水处理、垃圾处理管理的状况，促进政府职能转变。

设立区域性的环境基础设施管理基金，通过提高污水处理费、垃圾处理费和财政的定向支出，解决污水厂运营、垃圾转运和处理费用等问题，使运营企业至少达到“保本微利”的水平。

在推动基础设施市场化的同时，促进政府的职能由直接管理向宏观管理转变，政府的职能主要体现在规划、监督建设和宏观管理阶段，不直接参与环境基础设施的运营管理。

8.2.3.4 探索创新政策措施

制定《工业固体废物强制回收与再生目录》和建立“强制回收与再生工业固体废物最

低收费制度”，促进大宗工业固体废物的循环利用和固体废物的源头减量。

以珠三角地区为试点，探索实行“固体废物产生者责任制”、“工业固体废物强制回收与再生制度”和“强制回收与再生工业固体废物最低收费制度”。“固体废物产生者责任制”包括工业固体废物的产生者有责任使固体废物再生循环或者合理处置，包括承担开发易于再生的商品、商品中有害物质的标识、废物循环再生和合理处置的责任；有责任保证固体废物在其产生至处置的全过程中处于无害化状态，并对其后可能产生的各种污染负责；生活垃圾的产生者有责任使生活垃圾及其组分再生循环或者合理处置，并承担为其付费的义务。

提高污水处理费、生活垃圾处理费，探索落实污泥处置费用。完善污水处理收费政策，把污泥治理成本纳入污水处理成本中统筹考虑。在污泥处置设施建设初期，通过财政补贴等途径落实污泥处置费用，同时积极推进污泥的有偿处置机制建设，到 2015 年，逐步建立合理化、市场化的污泥处置收费机制，充分吸收利用社会资金进入污泥处置领域。

8.2.4 环境基础设施共建共享的重点任务

按照城乡统筹，区域共建共享的原则，科学合理布设区域性工业固体废弃物、生活垃圾、危险废弃物处理处置设施。建立较为完整的废物全过程控制体系和固体废物资源利用体系，实现区域、城乡环境基础设施共享，危险废物跨区域产业化处置，工业固体废物产业化分类处理和利用。

8.2.4.1 固体废物处置设施共建共享

解决废物跨区域处置问题。加快危废处置设施建设进度，实现危险废物全过程管理和处置设施的稳定运行。当前除深圳危险废物处置中心正常运营外，珠三角区域内全国规划建设的广州、惠州两个危险废物处理中心尚未进入稳定运营，作用未得到充分发挥。加强组织协调，推进项目进度，力争在 2012 年前全部危险废物处置中心正常运行，解决区域内危险废物处置设施覆盖。

全面深化危险废物环境管理制度，加强废物监管，消除危险废物跨行政区域转移中存在的障碍，充分发挥广州、深圳、惠州三大危险废物处理处置中心的区域服务功能。建设危险废物产生、运输、经营、处置单位的危险废物收集、储存、处置、交换的电子平台及物流网络体系，全面建成区域内危险废物数据和信息交换体系以及事故应急网络，全面实现网上环境管理、信息化服务和网上在线实时监控。

加快规划和建设城镇垃圾处理设施，建设标准化、规范化生活垃圾转运系统。按照平均每百户城镇居民设置 1 个符合标准的垃圾箱，自然村 30～50 户设置 1 个符合标准的垃圾箱为基本原则，完善垃圾收运体系。

8.2.4.2 污水处理设施共建共享

统筹污水处理及再生利用规划和建设，加快规划和建设城镇污水处理设施和配套管网，强化对已建成设施的运营监管。引导工业企业进园区，废水集中处理。鼓励相邻区域共同规划，共建共享污水处理设施，实现管网互连互通。

探索污水处理设施共建共享的新模式，分阶段进行区域内污水处理。一是“优化布局，加强建设”，主要进行基于污水处理厂布点基础的设施的布局优化。2007 年珠三角地区共有 187 座污水处理厂，据广东省规划，2008—2010 年珠三角地区将新建集中污水处理厂

89 座，新增污水处理能力 615.3 万 t/d，届时珠三角地区城市污水处理厂将达到 193 座，设计处理能力 1 400 万 t/d。同时"布设管网，提高水量"，主要进行管网的铺设，提高设施的接管水量，在区域一体化协调管理机构的协调下，主要管理部门实施，区域管理基金适当补助，实现区域内管网全覆盖，实现城乡统筹。

8.2.4.3 污泥处理共建共享

采用多元的污泥"减量化、稳定化、无害化、资源化"相补充的处理处置技术；建立可靠、安全、环保的污泥处理处置体系；通过经济控制和市场运作，实现污泥处理处置系统的经济可行。

编制珠三角污泥处置利用设施建设规划，根据污泥产量建设污泥处理处置中心，在各地市结合地区，鼓励联合建立区域性污泥处理处置中心。在有条件的地区，优先结合建筑材料生产进行污泥的综合利用，使污泥变废为宝；其他地区鼓励优先采用干化焚烧的处置方式，加快污泥处置设施建设；在保证安全的前提下，开展污泥的土地利用工作；对于不能资源化利用的污泥和焚烧残渣等，通过卫生填埋达到最终安全处置。规划在广州、佛山、深圳、东莞周边各建设污泥专用卫生填埋场一座，强化其自然稳定过程、实现污泥的中转和临时应急填埋处置，研究后续开采技术；在佛山、惠州等有大型建筑材料生产企业的地市，试点进行污泥建筑材料综合利用；在广州、深圳、珠海辐射区域内各建设污泥干化焚烧厂一座，在东莞建设"消化+干化"污泥稳定化处理厂一座。同时结合现有污水处理厂升级达标改造，同步建成污泥稳定化处理工程，力争出场污泥含水率能缩减到 60%（表 8-1）。

加强污泥利用处置的全过程追踪监督管理。严格遵守《城镇污水处理厂污泥处理处置及污染防治技术政策（试行）》，按照《广东省严控废物处理行政许可实施办法》将城镇集中式生活污水处理厂产生的污泥纳入广东省严控废物名录的做法，对污泥转移、处置实行计划备案和转移联单管理。控制污泥临时堆存场所的环境卫生和恶臭，防止传染疾病。对污泥土地利用全过程进行监督和管理，要求污泥土地利用单位委托具有相关资质的第三方机构，定期对污泥衍生产品土地利用后的环境质量状况变化进行评价。

表 8-1　区域环境基础设施建设工程

项目名称	建设内容	起止年限	总投资/万元	近期投资/万元
城镇污水处理设施建设工程	完善城市污水管网；完成珠江三角洲所有中心镇集中式污水处理设施建设和分散式小型农村污水处理设施建设，总规模为 300 万 t/d	2010—2015	1 500 000	800 000
污泥处理处置设施建设工程	污泥综合利用处置设施（污泥卫生填埋场、干化焚烧厂、污泥稳定化处理和污水厂污泥处理升级改造）建设，总规模为 5000 t/d	2010—2015	112 000	70 000
危险废物处理中心建设工程	广州市废弃物安全处置中心工程建设，处理总规模为 9 万 t/a，一期处理规模为 4.5 万 t/a。广东省危险废物综合处理中心二期工程建设，处理总规模为 5 万 t	2010—2015	110 000	70 000
生活垃圾处理处置设施建设工程	珠江三角洲 9 市市域组团式垃圾处理基地、垃圾焚烧厂及无害化处理设施建设和城镇生活垃圾转运系统标准化建设，新增无害化处理能力 1.3 万 t/d	2010—2015	2 162 900	1 347 900
合计			3 884 900	2 287 900

编制污泥处置技术方案，建立处置设施技术示范设施。重金属含量（或工业废水）比例较高的污水处理厂，污泥稳定化处理工艺采用“脱水后直接焚烧”或“干化+焚烧”技术；小型生活污水处理厂污泥稳定化处理工艺采用“好氧固态发酵”技术；中型生活污水处理厂污泥稳定化处理工艺采用“好氧消化”或“好氧固态发酵”技术；大型生活污水处理厂污泥稳定化处理工艺采用“消化+干化+预留后续处理处置用地”技术。

专栏 8-2　城镇污水处理厂污泥处理处置及污染防治技术政策（试行）

（摘选）

……

4 污泥处理技术路线

4.1 在污泥浓缩、调理和脱水等实现污泥减量化的常规处理工艺基础上，根据污泥处置要求和相应的泥质标准，选择适宜的污泥处理技术路线。

4.2 污泥以园林绿化、农业利用为处置方式时，鼓励采用厌氧消化或高温好氧发酵（堆肥）等方式处理污泥。

4.2.1 厌氧消化处理污泥。鼓励城镇污水处理厂采用污泥厌氧消化工艺，产生的沼气应综合利用；厌氧消化后污泥在园林绿化、农业利用前，还应按要求进行无害化处理。

4.2.2 高温好氧发酵处理污泥。鼓励利用剪枝、落叶等园林废弃物和砻糠、谷壳、秸秆等农业废弃物作为高温好氧发酵添加的辅助填充料，污泥处理过程中要防止臭气污染。

4.3 污泥以填埋为处置方式时，可采用高温好氧发酵、石灰稳定等方式处理污泥，也可添加粉煤灰和陈化垃圾对污泥进行改性。

4.3.1 高温好氧发酵后的污泥含水率应低于 40%。

4.3.2 鼓励采用石灰等无机药剂对污泥进行调理，降低含水率，提高污泥横向剪切力。

4.4 污泥以建筑材料综合利用为处置方式时，可采用污泥热干化、污泥焚烧等处理方式。

4.4.1 污泥热干化。采用污泥热干化工艺应与利用余热相结合，鼓励利用污泥厌氧消化过程中产生的沼气热能、垃圾和污泥焚烧余热、发电厂余热或其他余热作为污泥干化处理的热源；不宜采用优质一次能源作为主要干化热源；要严格防范热干化可能产生的安全事故。

4.4.2 污泥焚烧。经济较为发达的大中城市，可采用污泥焚烧工艺。鼓励采用干化焚烧的联用方式，提高污泥的热能利用效率；鼓励污泥焚烧厂与垃圾焚烧厂合建；在有条件的地区，鼓励污泥作为低质燃料在火力发电厂焚烧炉、水泥窑或砖窑中混合焚烧。

4.4.3 污泥焚烧的烟气应进行处理，并满足《生活垃圾焚烧污染控制标准》（GB 18485）等有关规定。污泥焚烧的炉渣和除尘设备收集的飞灰应分别收集、储存、运输。鼓励对符合要求的炉渣进行综合利用；飞灰需经鉴别后妥善处置。

……

专栏 8-3　广州某公司污泥处置技术

该技术利用水泥窑的废气余热将污泥烘干，之后将干化的污泥送入水泥窑焚烧处理，同时替代部分原料及燃料，燃烧后产生的灰渣可作为生产水泥的原料。全部完成后将成为目前国内最大的水泥窑协同处置污泥项目，设计处置能力达 600 t/d、18.6 万 t/a。污泥通过全密封罐车运输，沿途不会发生泄漏和臭气污染。整个处置过程中产生的污水可循环处理，不会污染附近水体，废弃物则可作为燃烧工具。此外，分解炉内的燃烧温度稳定在 850～900℃之间，可保证污泥中的有害有机物充分燃烧，不会产生二噁英等有毒气体和造成二次污染。

8.3 统筹城乡，加强农村环境保护

农村环境保护是环境保护工作的重要内容，也是着力解决影响人民群众身体健康的突出问题、提高经济发展的稳定性、协调性和可持续性的重要抓手。改革开放 30 年来，珠江三角洲地区实现了经济发展的腾飞，但农村环境保护却相对滞后，农村环保基础设施普遍薄弱，缺乏城乡间、区域间的统筹规划，农村环境保护的政策、法规、标准体系不健全、面源污染严重、土壤污染状况加剧等情况尚未得到根本的改善。

在继续加强城市环境保护的同时，统筹城乡，加强农村环境保护，就是要以保障农民环境权益、改善农村环境质量为目标，以加大投入，完善农村环境保护工作政策为保障，以强化解决农村面源污染等影响农村可持续发展的突出环境问题为抓手，以加强农村土壤污染防治为突破口，坚持统筹兼顾、突出重点，因地制宜、分类指导，依靠科技、创新机制，政府主导、公众参与，构建完善的区域农村环保体系。

8.3.1 按照城乡一体化要求，完善农村环境保护政策

8.3.1.1 结合生态示范建设，完善农村环境保护规划政策

结合生态市、生态县、环境优美乡镇、生态文明村、生态示范区建设，建立和完善农村环境保护规划政策，将环保规划覆盖农村地区，弥补目前环保规划的薄弱环节，引导农村环保健康发展。在珠三角地区制定全面的农村环境保护规划，逐步建立乡镇环保规划协调、评估、考核机制，编制农村环境保护规划指引和技术规范，各地级市在制定（修编）和实施地方环境保护规划过程中，要按照《广东省中心镇规划指引》《小城镇环境规划编制导则（试行）》《广东省村庄整治规划编制指引（试行）》和珠三角农村环保规划指引，做好村镇环境保护规划制定和修编。所有镇必须编制环境保护专项规划，与区县环保规划保持衔接，将环境保护的各项任务纳入区县和乡镇的工作计划，作为社会经济发展和城镇建设的基础和有机组成部分。建立乡镇环保规划组织、协调、评估、考核机制，确立农村环保规划的法律地位。

8.3.1.2 建立农村环境保护投入保障机制

按照城乡一体化、区域一体化要求，建立以城带乡、城乡统筹、全面覆盖城乡的环境保护投入保障机制，逐步实现区域内城乡环境公共服务的均等化。第一，加大投入，保障农村环境保护建设资金，利用珠三角城乡一体化发展的时机，制定更加合理的投入比例，

加大对农业和农村基础设施建设的投入力度。第二，各级环保部门应将典型农村污染防治逐步纳入排污费适用范围，积极协调有关部门，在现有排污费支出科目中增加农村环境保护项目。第三，在环保专项资金中安排一定的专项经费用于农村环境污染防治和生态示范创建工作，逐年增加。积极拓宽资金渠道，引导和鼓励社会资金参与农村环境保护。第四，打好基层监管软件和硬件基础，充分利用珠三角区域经济发达，农村城镇化比率高的优势，按执法重心下移的原则，加大对基层环境监管能力建设的投入力度，强化基层环保执法力量，提升基层环境管理人员素质，增加执法专项编制，增加基层环境监测和监控仪器设备配置。

8.3.1.3 实施以奖促治、以奖代补的农村环境保护激励政策

实施以奖促治、以奖代补政策是加快推进农村环境综合整治、完善农村环保投入机制的有效手段。针对珠三角区域农村具体情况，制定合理的考核评价标准和制度，加强对农村环保目标任务完成情况的评价与考核，在珠三角地区创新农村环保投入机制，通过以奖促治、以奖代补、以奖代投等措施，对经济欠发达和不发达地区严重危害农村居民健康、群众反映强烈的突出环境问题，要通过“以奖促治”，事先给予财政资金补助，采取有力措施进行整治，重在解决突出问题；对已开展生态建设示范、生态环境达标村镇，要通过“以奖代补”，事后给予财政资金奖励，重在巩固和提高治理成效。

强化环保资金使用绩效，建立以环境整治成效为导向的投入机制，提高资金的使用效率和效益。同时，对于农村环保目标任务完成好的地方政府给予奖励，促进地方政府进一步加大农村环境整治力度，带动地方对农村环保的资金投入，调动基层政府和农村群众的积极性，促进农村环境综合治理。

8.3.1.4 尽快试点启动，建立农村环境保护责任制

逐步将农村环境纳入政府考核范围，在珠三角地区试点实行农村环保责任制，制定和完善辖区内的农村环境保护规划，明确各级政府对辖区农村环境保护的责任和工作内容，制定明晰的农村环保年度目标责任，通过逐级签订环保目标任期责任书，加强任期内考核，切实做到责任到位、投入到位和措施到位。建立农村环境保护工作相关政绩考核评价体系，将农村环境质量和农村环境综合整治的目标任务列入各级政府领导干部政绩考核、实行严格的考核、奖罚制度，增强地方政府对农村环保的重视程度和治理力度，促使农村生态环境保护走上规范化、制度化轨道。

8.3.2 强化监管，探索完善农村面源污染防治体系

珠三角农村地区面源污染形势严峻。2007 年珠三角地区施用肥料总量达 85.96 万 t（仅氮、磷肥），农药施用总量达 10.35 万 t，流失比例高，根据农业污染源普查结果显示，2007 年，珠三角地区畜禽养殖粪尿中总氮产生量为 10.8 万 t，总磷产生量为 1.49 万 t，氨氮产生量为 2.59 万 t，均达全省总量的一半以上，对地表水、地下水、土壤和空气造成严重的污染。针对珠三角地区农业面源污染严重的现状，要高起点开展农业农村面源污染防治，重点控制禽畜、水产养殖污染，积极防治农业面源污染。推广节肥节药技术和配方施肥技术，调整优化用肥结构，减少农药用量。以加大养殖污染防治力度为突破口，全面控制养殖业、种植业污染及农药化肥的不规范使用，推进生态养殖和绿色种植的农业发展模式。

8.3.2.1 加强畜禽、水产养殖污染防治，确保达标排放

严格执行对珠三角地区畜禽和水产养殖项目的审批，特别是要加强大中型畜禽场规划管理，严格控制区域单位耕地面积畜禽饲养量，新建的畜禽养殖场要合理选址，严禁在禁养区内发展养殖业，在城镇密集区、主要江河干流两岸每公里范围内、大中型水库汇水区和水源保护区禁止发展规模化畜禽养殖，严格控制水库、湖泊的水产养殖规模，搬迁或关闭位于水源保护区的养殖场，控制珠三角地区的养殖总量。

加强对区域内规模化畜禽养殖场的环境监管。对照《畜禽养殖业污染物排放标准》，开展区域畜禽养殖污染集中整治，通过制定规划、落实措施，在较短时期内解决一些区域畜禽养殖污染突出问题；积极推广畜禽清洁养殖技术，按照不同畜禽养殖种类和规模，选择一批畜禽养殖企业（场）开展畜禽清洁养殖示范，从源头控制污染物的产生量。大力推广应用环保型饲料，提高饲料利用效率；加大畜禽养殖废弃物综合利用技术的推广力度，推广干清粪工艺、节水设施及技术，减少清洗用水，减轻污水治理压力。

在珠三角地区积极开展水产养殖场废水治理示范，推广先进的水产生态养殖模式和清洁生产技术，促进水域生态环境、水生生物资源的修复和保护，减少水产养殖污染排放，实现达标排放。

8.3.2.2 加强种植业污染防治，减少化肥农药面源污染

积极改进耕作方式，在珠三角地区开展精准农业技术体系试验示范与推广，推广节肥节药技术和配方施肥技术，加强农田水肥管理，减少农田营养物流失，提高肥料利用率。

规范化肥农药的使用。调整优化用肥结构，应用高效、低毒、低残留农药新品种，淘汰“跑、冒、滴、漏”的生产器械，减少农药用量。同时加大宣传力度，引导农民科学施用化肥、农药。

加强废弃物管理，在珠三角地区探索建立农药及地膜废弃物回收处置体系，从减量化、资源化、规范化等方面入手，加强地膜回收利用，合理设置农药废弃物集中回收处置点，控制废旧地膜污染和农药废弃物污染。

8.3.2.3 因地制宜，积极推进农村生活污染治理

按照珠三角地区城乡环境保护一体化要求，统筹规划城乡环保基础设施，将农村环保基础设施建设规划布局作为县域总体规划、城镇总体规划等区域发展规划的重要内容，加大农村生活污水和生活垃圾治理力度。

按照分区指导、逐步推进的原则，大力推进村镇环境综合整治，逐步提高珠三角地区农村生活污染的治理水平。广州、深圳、东莞、佛山、中山、珠海等市逐步按市辖区的标准，统一开展农村环境基础设施建设，江门、惠州、肇庆等市因地制宜加强农村垃圾、污水收集处理系统建设，农村生活废水、废弃物和人畜粪便实现无害化处理或统一处理。

8.3.2.4 探索建立面源污染防治抵扣政策

探索建立面源污染防治的抵扣政策，近期以规模化畜禽养殖场控制为主，研究将农村畜禽养殖污染排放纳入减排指标和考核体系，并选择养殖业发展规模大、污染重的典型地区开展试点。对于满足规划条件，环保审批过程规范、手续齐全的规模化畜禽养殖场，在满足稳定达标排放的前提下，通过清洁生产改造、发展循环型养殖场，所削减的可核定的

COD、氨氮排放总量，按照一定比例（20%）抵扣污染物减排任务。在试点地区建立规模化畜禽养殖场清单，制定畜禽污染物减排总量的评估规范，建立核准机制等。

8.3.3 土壤环境保护与污染防治

8.3.3.1 加强科技研发，开展土壤污染修复试点示范

珠江三角洲土壤污染来源种类繁多，污染范围大，土壤重金属的超标严重，重金属含量超过二级标准的占 44.5%，Ni、Cd、Hg 等元素超标率分别达 22.1%、18.5%和 14.5%，在广东省处于突出地位。空间上，五金、化工、电镀等企业的集中分布导致企业周边土壤受污染严重，呈现“点”污染特征，而农业土壤污染则呈现“面”污染、复合污染特征。

针对珠三角地区土壤污染现状及特征，增加科研投入，因地制宜开展治理与修复技术研究，加大对土壤环境污染防治技术研究的支持力度，构建区域性土壤污染防治科研平台，加强控制持久性有机污染物、重金属等对土壤的污染，综合利用物理、化学以及生物学手段，开展典型受污染土壤修复试点示范，积极推动历史遗留问题的解决。探索制定珠三角地区土壤污染防治技术规范，积极引进国外先进治理技术，推广研究成果，推进珠三角地区土壤污染治理环保产业的发展。

8.3.3.2 加大监测力度，建立和完善土壤环境监管政策

增加土壤污染防治资金投入，科学布置土壤污染监测站点并规划构建重金属污染监控网络，在水源地、粮食蔬菜等农产品基地、土壤污染严重地区加大土壤环境监测密度和监测频次，在珠三角地区率先建立完善的土壤重金属污染监控体系。

探索建立土地使用土壤环境质量评估与备案制度，避免出现新的土壤污染责任划分问题。建立污染土壤风险评估和环境现场评估制度，加强城市“退二进三”进程中被污染的工业场地的环境监管，规范受污染土地的管理和利用开发，禁止未经评估和无害化治理的污染场地进行土地流转和二次开发。

8.3.3.3 建立和完善土壤污染防治投资政策

针对土壤环境监测、调查、评估、修复等任务需求，增加土壤污染防治的投入，提高土壤环境监管、治理和修复水平。一方面是多渠道土壤污染防治投入，财政部门组织设立珠三角土壤污染专项基金，重点支持土壤环境监测、污染场地调查评估、土壤污染防治科学研究和技术开发、污染土壤修复与综合治理示范工程建设并保证投入每年有所增长；各级政府应在本级预算中安排一定资金用于土壤污染防治，支持完善县级土壤环境监测网络，配备必要的监测、监察和应急处置设备，重点支持土壤污染监测能力建设。此外，建立国家、地方和企业为主的多元化投入机制，按照“谁污染、谁治理，谁投资、谁受益”的原则，引导和鼓励社会资金参与土壤污染防治，促进企业对污染场地进行综合治理。另一方面是探索设计珠三角土壤污染防治“超级基金”，参照美国污染场地超级基金法案，在珠三角地区探索建立《珠三角土壤环境污染应对、赔偿和责任制》，制定科学合理的基金投入和管理制度，建立管理体系标准，制定污染治理标准，确立赔偿和责任追究制度等。

8.4 深化粤港澳合作，打造绿色优质生活圈

在“一国两制”方针指引下，以解放思想和改革开放为动力，以珠三角环保一体化为契机，坚持互利共赢、平等协商，政府推动、市场主导，先行先试、创新发展的原则，深化粤港澳现有环保领域的各项合作，开辟新的合作领域，创新合作机制，推进粤港澳更紧密合作，率先建立更加开放与完善的区域经济社会体系，共同打造大珠三角绿色优质生活圈，为保持港澳长期繁荣稳定提供有力支撑。

8.4.1 深化现有合作，提升区域整体环境质量水平

继续加强粤港大气污染防治的合作，在原有监测项目基础上，增加 $PM_{2.5}$ 和 O_3 监测项目，同时增加区域空气质量监控网络子站数量，把澳门纳入区域空气监测网络，研究制订并实施第二阶段粤港空气质量联合行动方案。

以水污染防治和保障水资源安全为核心，深化深圳湾水污染控制联合实施方案，加强珠江口污染防治合作，构建区域水污染预警系统，加大在深圳湾、大鹏湾、珠江口水污染防治和水质管理的合作，加快珠海竹银水源调蓄工程建设，开展东江水质保护合作，保障珠三角及港澳地区的供水安全。

加强生态保护领域合作，支持建设跨界生态保育区和生态廊道，优先关注珠江口湿地圈工程、珠江口红树林、海洋（海底污泥）生态保护。联合建立区域性的生态保护地带、构建生态走廊，构建深圳福田红树林自然保护区湿地生态系统，提高粤港澳地区生态保育水平。

8.4.2 开拓合作新领域，稳步推进区域环境保护合作持续深化

强化清洁生产领域的合作，积极推进港资企业在粤实施清洁生产项目，全面推动粤港企业清洁生产方面的合作。加大粤港环保技术和环保产业合作的力度。全面拓宽和深化粤港两地公众参与合作，联合开展粤港澳地区环境宣教，共同举办环保展览等活动。进一步加大环境科研合作力度。

8.4.3 创新合作机制，加强三地互通联动

进一步完善粤港澳合作小组沟通机制，更加有效发挥粤港持续发展与环保合作小组的协调作用，强化与澳门的区域合作，建立粤港澳环保合作协调组织。加强三方的互通和联动机制建设，提高区域联动水平。

第 9 章　强化区域监管联动，提升环境监管水平

9.1 环境监管现状与问题

9.1.1 环境监管能力现状

珠三角区域二级环境监测站（地市级站）9 个，三级站（县区级站）44 个，29 个环境监测站已达到标准化建设要求，其中二级站 7 个，三级站 22 个，建成广州、深圳两个区域性环境监测站。建成省控城市空气自动监测站 51 个，9 个地级市全部实现了城市空气质量自动监测。在惠州大亚湾及广州南沙等重点开发区各建立了一个 VOC 自动监测站。建立水质自动监测站 42 个，基本形成了覆盖珠三角地区主要江河水体和交界断面的水质自动监测网络，并利用世界银行贷款项目建设珠江三角洲水环境信息和决策支持系统，实现主要江河和饮用水水源地水质状况周报。

建成粤港珠江三角洲空气监控系统。粤港珠三角空气监控系统选择珠三角 9 个城市的 10 个监测点纳入区域空气监控网，并建设了 3 个区域站。该网络不但具备对 SO_2、NO_2、可吸收颗粒物三种常规污染物的监测，还可以对臭氧、一氧化碳和颗粒物细粒子等空气污染物进行实时监测。该监控系统是我国建立的第一个覆盖面广、监测仪器完备、监测项目齐全的区域性空气监控网络，总体上达到了国际先进水平，已于 2005 年 11 月 30 日开始每天向公众发布珠江三角洲区域空气质量指数。珠三角区域空气质量监控网络空间分布。

珠三角 9 个地市共有环境监察机构 51 个，其中地市级 9 个，区县级 42 个，编制 1 008 人，实际在职 1 192 人。20 个环境监察机构已完成达标验收工作，其中，地级市 9 个，区县 11 个，达标率分别为 100%、26.2%。

建成污染源在线监控中心并实现联网。深圳、珠海、佛山、惠州、东莞、中山、江门 7 个市已建成在线监控中心并与省监控中心联网。广州、肇庆两个市已建成在线监控平台，可以与省监控中心联网。根据 2006 版国家重点监控企业名单，国控企业共有 238 家，已安装在线监测设备 401 套。到 2008 年 12 月 31 日，国控重点源在线监控系统安装联网工作已基本完成（表 9-1）。

表 9-1　珠三角地区环境监察机构达标情况

珠三角地区监察机构名称	是否完成达标验收
广州市环境监察支队	是
广州市环境监察支队越秀区	
广州市环境监察支队荔湾区	是
广州市环境监察支队天河区	
广州市环境监察支队珠海大队	
广州市环境监察支队白云区	
广州市环境监察支队黄埔大队	
广州市环境监察支队番禺大队	是
广州市环境监察支队萝岗大队	
广州市环境监察支队增城大队	
广州市环境监察支队从化大队	
广州市环境监察支队花都大队	
广州市环境监察支队南沙大队	
深圳市环境监察支队	是
深圳市环境监察支队罗湖区	
深圳市环境监察支队福田区	
深圳市环境监察支队南山区	
深圳市环境监察支队宝安区	
深圳市环境监察支队龙岗区	
深圳市环境监察支队盐田区	
珠海市环境保护局	是
珠海市环境保护局环境监察分局一（机动）大队	
珠海市环境保护局环境监察分局二（香洲）大队	是
珠海市环境保护局环境监察分局三（金湾）大队	
珠海市环境保护局环境监察分局四（斗门）大队	
珠海市环境保护局环境监察分局五（高栏港）大队	
佛山市环境保护局环境监察科	是
佛山市禅城区环境监察分局	是
佛山市南海区环境监察分局	是
佛山市顺德区环境监察分局	是
佛山市三水区环境监察大队	是
佛山市高明区环境监察分局	是
惠州市环境保护局环境监察分局	是
惠州市惠阳区环境监察分局	
博罗县环境监察大队	
惠东县环境监察大队	
龙门县环境保护局环境监察分局	
大亚湾环境保护局环境监察分局	
江门市环境保护局环境监察分局	是
恩平市环境监察分局	
鹤山市环保局环境监察分局	

珠三角地区监察机构名称	是否完成达标验收
台山市环境监察大队	
开平市环境监察大队	
江门市新会区环境保护局	
肇庆市环境监察分局	是
德庆县环境监察大队	
高要市环境监察大队	是
广宁县环境监察大队	
四会市环境监察大队	是
怀集县环境监察分局	是
高新区环境监察大队	
封开县环境监察大队	
东莞市环境保护局环境监察分局	是
中山市环境监察分局	是

9.1.2 主要问题分析

9.1.2.1 环境质量监测网络不完善，区域性特征污染物的监测指标不全面

现有环境质量监测网络覆盖面不全，酸雨监测网络、近海洋环境（包括河口水质）监测网络、土壤监测网络、有害有毒物质等专项环境监测网络急需建立。部分监测点位代表性不足、特征污染物监测能力不强，辐射监测比较薄弱，还未能做到及时、准确、全面、科学地反映和说清环境质量状况及其变化趋势，未能及时掌握和跟踪污染源污染物排放状况和变化情况，与为政府决策、环境管理和社会公众服务的要求相差较远。监测指标有限，监测技术方法不统一，难以全面反映区域环境质量状况，特征性污染因子的监测能力需要加强。

9.1.2.2 环境监测执法缺乏联动和统一协调，难以形成合力

各级站与区域站的定位不清、职责不明，区域站功能尚未充分发挥。各级环境监测、监察力量缺乏统一、联动。环境监测质量管理体系尚未健全，造成质量保证管理和信息发布不统一，部分监测数据存在失真现象，监测数据的权威性、公正性和客观性受到质疑，严重削弱了监测系统的权威性和环境监测为管理服务的能力。环境监察存在执法尺度不一致，标准不统一等问题。

9.1.2.3 环境监测应急预警能力薄弱，应急体系尚未形成

应急监测网络尚未形成，环境监测预警和全面、快速的应急监测能力缺乏，为政府决策和处理重大公共环境污染事故提供及时有效的环境监测能力不强，为社会经济发展提供环境安全状况的能力不足，没有形成有效的环境安全监控和监测预警体系。

9.1.2.4 信息标准化体系尚不完善，环境信息共享机制尚未建立

信息化建设规划与实施分散，各部门各自为政，难以形成合力，环境信息统一发布平台尚未建立。市级及以下的系统内，一般业务应用系统的建设都是由业务管理部门发起并实施，没有充分地与相应的信息部门一起作沟通和整体的规划，缺乏信息标准化体系，数据不能标准化，数据的编码不统一、单位不统一、格式不一致、表达方式不一致，导致各

级环保系统的各部门的数据无法传输、交换和共享。区域环境信息协作与共享机制尚未建立，缺乏相应的考核评估和管理办法，数据的收集存在许多困难，数据收集缺乏快捷、稳定的渠道，如单位上报数据不完整、不及时、不准确，而且不同部门上报的内容不一致，不能关联。

9.1.3 发展需求

随着珠三角区域社会经济的快速持续发展，新的环境问题将不断出现，政府、社会对环境质量的要求逐步提高，公众对环境的知情权诉求也越来越高，对环境监管能力、构建一体化的环境监管体系提出了更高的要求。

随着区域性环境问题的突出，跨区域污染问题日益严重，新的污染不断出现，饮用水源、光化学烟雾、石化区、机动车尾气等污染隐患日益严重，迫切需要进一步加强环境监测、监察的区域联动和信息共享，尽早开展有毒有害和持久性有机污染物监测和特殊污染物监测，强化珠三角区域环境监测、监察网络体系建设，加强珠江三角洲区域环境保护合作，联手控制环境污染。建立数据准确、代表性强、方法科学、传输及时的先进环境监测预警体系，全面反映环境质量状况和变化趋势，及时跟踪污染源污染物排放的变化情况，准确预警和及时响应各类环境突发事件，构建环境安全监控体系。

9.2 思路与目标

9.2.1 规划思路

结合珠三角区域环境保护一体化任务，以全面提升区域环境监管能力为目标，以优化环境质量监测网络、环境预警与应急网络、环境信息网络，完善联合执法机制、同步监测机制、联合监测机制、信息共享机制，统一区域监测技术方法、执法标准、信息标准 3 个方面为重点，以强化区域联合监测、统一区域环境监察执法、完善环境质量监测网络、提升区域环境预警与应急能力、统一区域监测技术与评价体系、实现区域环境信息共享 6 个方面为着力点，系统提升区域环境监测、监察能力与信息共享，为珠三角环境保护一体化管理服务。

强化区域环境监测站建设，实行区域联合监测，建立环保督察片区中心，统一环境监察执法，提升区域环境监管能力，形成监管合力。优化和完善珠三角区域环境质量监测网络，全面反映区域环境质量状况。建立和完善以省站为龙头，广州、深圳两个区域站为骨干，其他二级、三级站为脉络的环境应急监测网络，全面提升环境监测预警应急能力。统一区域环境监测技术与评价体系，强化区域环境监测数据与评价结果的可比性。完善环境信息共享机制，构建环境信息共享与公开平台，推进区域环境信息共享。

9.2.2 规划目标

2012 年，区域环境应急监测网络体系初步形成，区域环境监测站应急能力得到大幅提高。初步建立区域环境监测、执法机制。环境质量监测网络进一步优化。珠江三角洲

100%的地级市、50%的县（市、区）环境监测、监察机构达到环境保护部提出的标准化建设要求。

2015 年，区域环境监测、监察机构能力显著增强，环境质量监测网络得到系统优化，环境监测技术与评价体系逐步完善，基本实现区域环境质量、污染源等信息共享，区域性环境监管能力得到显著增强。

2020 年，区域内所有环境监测、监察机构达到相关标准化建设要求，区域环境质量监测网络和应急监测网络体系基本完善，区域联合监测执法机制、信息共享机制运转顺畅，初步实现环境监测服务社会化，建成覆盖整个珠江三角洲地区的现代化环境监测预警体系。

9.3 任务措施

9.3.1 建立环保督察片区中心，强化区域环境监察执法

9.3.1.1 建立珠三角区域环保督察片区中心

加强珠三角环保督查机构建设，设立广佛肇、珠中江、深莞惠三个环保督察片区中心，作为省环境监察分局的垂直派出执法监督机构，协调地市环境监管，强化区域监察能力，加大区域环境执法力度。

环保督察片区中心主要负责监督检查片区内企业环境保护法律、法规、标准执行情况，对下级环境监管部门履行职责情况开展稽查；承办重大环境污染与生态破坏案件的调查工作；承办跨设区市环境纠纷协调处理工作；督察重点污染源和省审批建设项目“三同时”执行情况；参与片区或流域环境执法稽查工作；督察省级以上自然保护区（风景名胜区、森林公园）、重要生态功能保护区环境执法情况；负责跨区域和流域环境污染与生态破坏案件的投诉、调查及协调处理工作。

9.3.1.2 加强各级环境监察机构标准化建设

加快推进各级环境监察机构标准化建设进程，着重加强基层尤其是镇（街）执法机构及能力建设，构建省、市、县（区）、镇（街）四级环境监察网络。提高环境监察队伍的执法能力，逐步健全环境执法监督体系。

9.3.1.3 统一环境监察执法，形成监管合力

建立环保联合执法机制。规范环境监察执法行为，建立跨行政区域的环保联合执法机制，建立定期联合执法制度，重点打击交接断面周边和交叉区域内的环境违法行为以及非法转移危险废物行为。

统一环境执法标准。规范执法程序、执法文书，统一执法尺度，统一排污量数据核准方法，加强区域环境监察标准培训与交流。

珠三角各级环境监察机构统一环境执法着装。规范着装行为，树立执法形象，加快推进各级环境监察机构标准化建设进程，提高环境监察队伍的执法能力，健全环境执法监督体系。

9.3.2 强化区域环境监测站建设，推进区域联合监测

9.3.2.1 完善区域性环境监测机构，优化区域资源配置

进一步明确区域性监测站的定位、职责与服务范围，配强配精省环境监测中心，重点建设和提升广州、深圳两个区域环境监测站，全面推进珠江三角洲地区二级、三级环境监测站标准化达标建设，在有条件的镇设立环境监测分站，构建珠江三角洲地区一体化环境监测网络。

9.3.2.2 开展区域联合监测，加强区域联动

跨界断面常规监测建立同步监测机制。在淡水河、观澜河、石马河、独水河、前山河、广佛西南涌与佛山水道汾江段等跨界断面建立联合监测机制，确保双方对断面水质监测实现同一时间、同一地点、同样保存条件、同样分析方法的同步监测，保障联合监测双方监测数据的统一性与可比性。

重大环境问题及重点区域制订联合监测方案。在广佛水源地等跨区域调水、重大环境问题发生地区等实行联合监测，由区域环境监测中心及地市环境监测站组成联合监测小组，采取联合采样，联合分析，监测结果各方联合签字，联合信息发布，并确保监测过程的仪器统一、方法统一、标准统一、空白统一、数据处理统一。

9.3.3 完善区域环境质量监测网络，全面反映区域环境质量

以《粤港珠江三角洲空气质素管理计划》和《泛珠三角区域环境保护合作协议》为基础，推进建设珠三角区域水环境监测网络、大气环境监测网络、酸雨监测网络、近海洋环境（包括河口水质）监测网络、有害有毒物质环境监测网络，实现监测点位的全面化与监测领域的全覆盖。

9.3.3.1 完善区域大气、水环境质量自动监测网络

在粤港珠三角空气监控系统的基础上，与国家“863”重大项目“重点城市群大气复合污染综合防治与技术集成示范”成果紧密结合，对粤港空气质量监控网的 13 个子站进行升级改造。在珠三角区域增加 6 个区域空气子监测站，纳入珠江三角洲空气监控系统。建设一个超级观测站，加强对光化学烟雾、酸雨、灰霾现象的监测和研究。选择确定清洁对照点建立 1～2 个空气背景站，纳入珠江三角洲空气监控网络管理。

完善珠江三角洲水质自动监控网络，将珠江三角洲地区现有水质自动站全部实现与省联网。加强饮用水水源地水质全指标分析和流域特征污染物监测，扩大省控断面的覆盖范围，完善跨行政区河流交接断面水质监测站，加强对跨界水环境的实时监控。逐步完善省、市界水域和入海河口水质自动监测站点，实施东江流域水质自动系统的升级改造，建设入海口自动监测网。

9.3.3.2 加强专项监测网络建设

完善酸雨、辐射环境监测网络，推进生态、土壤、地下水监测网络建设，实现监测点位的全面化与监测领域的全覆盖。逐步形成“点线面”与“海陆空”相结合的立体式环境质量监测网络。建立以省环境监测站和广州、深圳两个区域监测站为骨干，其他地市级监测站为基础的区域生态监测网络，率先构建覆盖珠三角地区的生态环境监测网络。完善区

域大气复合污染监测网络的质量控制与质量保证机制，实施城市级（东莞）监控网络建设、城市级（广佛城市圈、深圳）灰霾及细粒子监测系统建设。强化二级站酸雨专项监测能力，组成覆盖区县的酸雨监测网，实现酸雨阴、阳离子的监测。初步建立土壤监测网络，逐步完善辐射环境监测网。

9.3.3.3 优化调整环境质量监测点位

适时优化调整珠三角省控、市控空气、地表水、入海河口、近岸海域、水库等环境监测点位（断面），强化监测点位设置的科学性、代表性和可行性，提高监测点位的代表性和覆盖面，全面、客观地反映区域环境质量状况。

9.3.3.4 重点敏感区域增设自动监测站点

在城市重点交通主干道路建立路边空气质量监测子站，纳入全省空气监控网络，反映机动车尾气对城市空气质量的影响。

增设石化基地空气污染自动监控站点，对挥发性有机污染物等进行连续或在线监测。

在重要环境敏感区域增设监测断面，在事故敏感的省控重点工业污染源（电镀、冶炼、采矿等）、大型化工区、工业集中区和技术开发区等的废水排入江河处下游 1～5 km 河段设置自动监测断面，并纳入水质自动监测网络，强化预警功能。

9.3.3.5 建立农村环境监测点位，统筹城乡环境监测

拓宽环境监测领域，环境监测范围由城市向城镇、农村延伸，建立 3 个典型农村地区空气自动站，对已经列入中央农村环保专项资金“以奖促治”的村庄（乡、镇）开展环境质量监测。基于典型农村环境监测工作经验，明确农村环境监测思路、监测模式与监测重点，制订农村环境质量监测工作方案，拓宽农村环境监测范围，启动农村环境质量调查工作，加快农村环境监测体系建设。

9.3.4 加强区域环境风险防范，提升区域预警与应急能力

9.3.4.1 加强区域环境风险防范

开展区域环境风险区划。开展珠三角区域环境风险区划研究，建立各类环境要素的环境风险评价指标体系，确定环境风险级别划分与评价标准，建立区域性环境风险评价体系，开展珠三角区域环境风险区划工作，制订环境风险管理方案和环境应急监测管理制度。

加大区域重点污染源环境监管力度。狠抓区域敏感企业，将政府监管与企业预防有机结合，对重点企业开展应急预案和应急措施落实情况进行现场检查，加大对环境敏感地区和环境风险源的监管力度，从源头上消除污染事故隐患。

9.3.4.2 强化监测预警功能

建立应急监测、预警移动平台及空气质量预报预警平台。强化区域常规监测断面预警能力，通过对水、气、声等环境质量和污染源的常规监测，综合水文、气象因素，分析污染源和环境质量的超标情况和变化趋势，及早发现环境安全隐患和可能发生的污染事件，提出预警信息。加强重点污染源在线监控预警，以强化减排监测和环境监控预警为目标，大力推进国控、省控、市控重点污染源在线监控和污染源信息管理系统建设，完成珠江三角洲地区 500 家重点污染源在线监测系统安装，实现重点污染源废水及废气

排放总量、主要污染物排放浓度和排放量、重要污染治理设施运转情况的在线监控和预警，为环境管理提供及时、准确的技术支持。加强重要环境敏感区域污染监控预警，在重要流域和重点保护区增加部分特征污染监测项目，建成珠江三角洲地区重金属、危险废物和危险化学品监控系统与应急处理系统。完善辐射环境预警应急监控系统及核应急处理系统。

强化环境监测数据综合预警分析。以污染源在线监控预警、重要环境敏感区域污染监测预警为重点，加强系统的运行维护，保障监测数据实时传输，实现环境监测预警预报功能，加强污染源在线监控、大气与水质自动站监测数据联网和监测数据共享，强化监测数据应用与综合预警分析。结合气象及卫星遥感数据，建立空气污染预报预警系统。完善辐射环境预警应急监控系统及核应急处理系统。

9.3.4.3 重点提升区域环境应急响应能力

建立健全区域应急监测网络。建立和完善以省站为龙头，广州、深圳两个区域站为骨干，二级、三级站为脉络的环境应急监测网络，建成技术梯度合理、便于协同作战的环境应急监测网络。实行“省站统一协调管理、下级站分工协作”的环境监测管理模式，对全省应急监测实行统一指挥协调、资源统一调配、数据统一管理的“三统一”管理，初步建成突发性事故应急监测体系。

重点强化区域环境应急能力建设。落实配备应急车及相关仪器设备将区域站建设成为区域环境监测预警及应急中心，具备全面的环境质量与污染源全部项目、全面的环境应急监测能力和相应的区域环境监测管理能力，充分发挥区域性环境监测站在突发事件应急中的作用。根据辖区内可能发生的环境事件特征污染物的特点，配备专门的应急监测设备。平战结合、专常兼顾，将环境应急监测作为日常工作对待，保持各类应急保障器材始终处于良好的戒备状态，保障应急工作的高效能，一旦发生环境污染事故，随时出动，及时处置。

编制各类区域应急监测预案。区域环境监测站编制应急监测预案，并针对特殊污染物编制专项应急监测预案，以及专项工作实施程序，明确各级监测站环境应急监测任务分工，保证迅速、有序、有效地开展应急监测，降低事故损失。

建设区域应急监测支持系统。进一步完善区域环境应急支持系统，切实提高应对环境污染突发事件处理的能力。开展水与空气模型研究、应急地理信息与数据库建设，建立环境突发事件应急监测程序规范和技术、保障体系。开发污染事故应急监测响应信息管理系统，包括危险品专家信息系统、突发事件应急响应、支持和评估系统，使该系统具备应急监测支持、管理功能。

加强应急演习和人员培训。区域环境监测站制订应急演习计划，定期开展应急监测演练、技术性训练。组织开展突发性污染事故应急监测、监察集中培训，强化应急响应能力，提高环境应急人员的整体素质。

9.3.5 统一区域环境监测技术体系，完善区域环境质量评价体系

9.3.5.1 统一区域环境监测技术方法

统一区域环境监测技术方法与要求，提高监测数据结果的对比性，环境监测实行统一

仪器、统一监测方法、统一标准、统一空白、统一数据采集要求、统一数据处理。

9.3.5.2 将区域性特征污染物纳入监测指标

开展珠三角区域空气环境联动监测，拓展监测指标。率先制订实施符合珠江三角洲空气污染特征的区域空气质量标准，将细颗粒物、O_3、CO 等区域空气质量标准确定的特征污染物指标列为法定监测项目。加强灰霾监测，加强饮用水水源地监测，将反映流域污染特征和生态特征的污染物作为例行监测指标。实现珠三角空气质量监测和重要饮用水水源地的监测范围和监测指标基本全覆盖。

9.3.5.3 统一区域数据质量控制

加强监测数据质量控制。推进所有二级站通过实验室认可，鼓励各级站积极创造条件通过计量认证和实验室认可评审。建立监测质量保证报告制度、数据质量评估制度和监测质量考核制度。建立健全空气自动监测、水质自动监测、污染源在线监测、环境突发事件应急监测等质量保证及质量控制的技术，开展环境质量监督性监测，强化环境质量数据的监督性监测。

9.3.5.4 完善监测、评价、规划目标因子体系

完善环境质量评价体系。创新环境监测技术、方法和手段，加强环境监测数据综合分析应用能力，创新监测数据分析手段，建立区域环境质量评价模型，逐步完善环境质量评价体系，逐步将 O_3、$PM_{2.5}$ 纳入环境空气质量评价指标。

建立污染源监测评价体系，建立规划目标与监测数据关联性评价体系，研究环境质量与污染减排的关系、与规划目标因子的关系，以环境质量变化验证污染减排与规划实施成效。

9.3.6 完善环境信息共享机制，实现区域环境信息公开

9.3.6.1 制订环境信息共享与公开机制，保障数据获取渠道畅通有效

制订和完善环境信息共享与公开机制。建立区域环境质量、重点污染源、危险废物越境转移信息共享、信息互通机制。建立重点污染源信息、水环境信息、重大项目环评审批信息的披露机制。建立环境信息共享的数据获取与信息报送机制，明确数据收集与报送方式，保障信息获取渠道畅通稳定，强化信息共享的制度保障。

9.3.6.2 建立环境信息标准化体系，提高信息共享水平

逐步建立区域环境信息标准化体系，统一数据编码，统一格式要求，统一表达方式，保证数据的规范化和标准化，加强区域环境数据传输、交换和共享，提高信息共享水平，实现城市间、部门间环境信息资源共享。

9.3.6.3 建立区域环境信息共享与公开平台，明确信息共享范围

推进重点污染源综合信息系统、环境监测信息系统的建设，明确主要环境信息共享范围与公开指标。及时向社会发布环境监测数据和报告，公开部分监测点位自动监测数据，确定公开的主要污染物指标，保障人民群众的环境知情权。建立重点污染源自动监测网络，强化自动监测数据的有效性审核及污染源监督性监测，并实现重点污染源自动监测数据的实时共享，信息互通，并确保共享信息的同时更新，实现城市间、部门间网络互联互通。

建立珠江三角洲地区一体化的环境管理业务应用系统、环境决策与应急指挥系统，创新环境信息管理机制，全面实现环境业务管理信息化、网络化。建立突发环境事件预警信息共享平台，依托监控指挥平台，健全应急处置联动运行机制，有效处置跨界突发环境事件。建立环境质量信息和污染源信息共享的信息系统和基础数据库，建设环境监测数据分级存储系统，以先进的数据库、联机分析处理、数据挖掘等技术为依托，更好地为环境管理和决策服务。

9.3.6.4 推进委托性监测服务社会化，实现环境监测政府、社会一体化

推进珠三角区域环境监测服务的社会化发展，鼓励成立专业化社会性环境监测机构，明确环境监测站的责任分工，确定社会化监测机构的服务领域，加强对社会性环境监测机构的管理，构建珠三角区域一般性委托环境监测的社会化服务体系。对监测断面环境质量常规监测、环境质量监督性监测、污染源监督性监测、预警监测、突发环境事故应急监测等考核、监督、预警与应急领域的监测工作由各级环境监测站承担。对排污申报和排污总量复核委托监测、环境影响评价监测和环境影响回顾性评价监测、污染治理设施竣工验收监测、项目年检与抽检监测、环保产品的环保指标检测、环境污染纠纷的仲裁监测、ISO 14000 环境管理体系认证监测、机动车尾气检测、环境科学研究监测等委托性监测由社会化监测机构承担。

表 9-2 环境监管一体化平台建设工程

项目名称	建设内容	起止年限	总投资/万元	近期投资/万元
区域环境监测一体化建设工程	配强配精省监测中心，提升广州、深圳两个区域环境监测站	2010—2015	12 000	6 000
	推进珠江三角洲地区二级、三级环境监测站标准化达标建设，推动中心镇和有条件的镇单独设立环境监测站	2010—2015	50 000	20 000
	粤港空气质量监控子站改造和监控网数据控制中心设备更新，新建 6 个区域空气子监测站和 1 个超级观测站，建立 1～2 个空气背景站；完善县级酸雨监测网点；农村环境监测大气环境监测点 3 个	2010—2015	8 000	5 000
	完善省、市界水域和入海河口水质自动监测站点，实施东江流域水质自动系统的升级改造	2010—2015	6 000	3 000
	推进珠江三角洲地区生态、土壤、地下水、有害有毒物质环境质量监测网络建设，实现监测点位的全面化与监测领域的全覆盖	2010—2015	10 000	4 000
区域监测预警应急响应联动化建设工程	在广州、深圳、佛山、东莞等重点城市交通主干道路边建立空气质量监测子站 50 个、石化基地空气污染自动监控站点与重要环境敏感区域和流域增设特征污染物监测点 20 个	2010—2015	8 000	5 000
	污染源在线监测预警系统建设：完成珠江三角洲地区 500 家重点污染源在线监测系统安装	2010—2015	50 000	30 000
	建立应急监测、预报、预警移动平台及空气质量预报预警平台	2010—2015	10 000	6 000

项目名称	建设内容	起止年限	总投资/万元	近期投资/万元
区域监测预警应急响应联动化建设工程	建成珠江三角洲地区重金属、危险废物和危险化学品监控系统与应急处理系统	2010—2012	5 000	5 000
	配套核与辐射监测设备，建设放射源在线安全监管系统，核与辐射应急监测体系，核与辐射应急指挥决策平台	2010—2020	30 000	15 000
区域环境信息共享与公开平台建设工程	建立珠江三角洲地区一体化的环境管理业务应用系统、环境决策与应急指挥系统，建立突发环境事件预警信息共享平台，建立环境质量信息和污染源信息共享的信息平台和基础数据库	2010—2015	10 000	6 000
合计			199 000	105 000

第 10 章　统筹协调环保体制机制，突破一体化瓶颈

要实行珠江三角洲地区环保一体化，构建一体化的环境管理体制机制最为重要。首先需要建立环境保护部门超前参与重大经济发展决策过程的综合决策机制；其次是理顺环境管理体制，建立高层议事协调机构和区域环境管理机构；再次是重点解决地区执法能力与职能薄弱问题，建立统一的环境执法监察管理模式；最后要建立区域污染联防联控机制，共同解决区域大气复合污染和流域跨界污染问题。

10.1 完善区域环境与经济综合决策机制

综合决策机制是人口、资源、环境与经济协调、持续发展这一基本原则在决策层次上的具体化和制度化。通过对各级政府和有关部门及其领导的决策内容、程序和方式提出具有法律约束力的明确要求，可以确保在决策的“源头”将环境保护的各项要求纳入到有关的发展政策、规划和计划中去，实现发展与环保的一体化。

近年来，珠江三角洲各市的决策层，对环境与经济综合决策的作用有较高的认识，已经在这方面进行了探索并采取了一定措施，并初步形成了以省环境保护行政主管部门为主要协调机构，以“联席会议和重大建设项目联合审批”为主要制度，以跨界河流水质达标交接为主要手段的环境保护区域协调机制，为解决珠江三角洲环境保护的区域协调奠定了良好的基础，珠江三角洲综合决策也取得了明显成效。但是，面对率先实现现代化的要求，珠江三角洲目前所达到的综合决策程度是不够的，还存在着许多问题，如“干部考核重经济，轻环保问题”、“环境保护部门缺乏超前参与重大经济发展决策过程的保障机制”、“地方保护主义，重经济发展，轻环境保护”等，反映出在珠江三角洲地区经济与环境脱节的情况还较为突出。

10.1.1 完善现有的综合决策制度

综合决策机制要求环保部门与经济管理部门在制订、执行有关决策时进行广泛的合作，并采取协调一致的行动。在贯彻执行有关的政策与计划时，各部门通过相互协调、积极配合，严格执行环境法律法规，可以有效防止各部门之间“争权夺利、推诿责任”，堵塞执法漏洞，不致再出现“有权的无力管、该管的没有权”的现象。因此，珠三角地区要建立和完善重大决策部门联合会审制度及综合决策科学咨询制度，确保综合决策的科学性和准确性；督查环境与发展资金保障制度的落实情况，保障环境保护的资金投入；加强综合决策的宣传与教育培训制度，充分利用报纸、广播、电视、网络等媒体，深入开展以生态文明建设和环境保护为主题的各类宣传活动。

10.1.2 优化区域布局，实施限批制度

根据《珠三角地区环境保护规划纲要》中的生态功能区划，对不同的生态功能区采取不同的生态保护政策，改善城市和区域整体生态环境。紧紧围绕“红线调控、蓝线建设、绿线提升”战略和格局，进一步优化区域功能布局，实现可持续发展。要加强重点流域区域的审批管理，对主要河流水体污染严重、达不到改善目标的，暂停该流域内直接或间接向水体排放重点水污染物的建设项目环评审批。对未按期完成污染物总量削减目标的区市，暂停该区市新增排污总量的建设项目环评审批。对区域内排水管网不配套，城市污水集中处理率达不到要求的，暂停该区市新增重点水污染物总量的建设项目环评审批。对未按规定完成开发园区区域环境影响评价的，暂停该开发园区新增排污总量的建设项目环评审批。

10.1.3 推进规划环境影响评价制度

编制土地利用总体规划，城市总体规划，区域、流域和海域开发规划，在规划编制过程中要组织进行环境影响评价，对规划实施后可能造成的环境影响作出分析、预测和评估，提出预防或减轻不良环境影响的对策和措施，否则不予审批。编制工业、农业、畜牧业、林业、能源、水利、交通、城市建设、旅游、自然资源开发等有关专项规划，要在规划草案上报审批前，组织进行环境影响评价；对可能造成不良环境影响并直接涉及公众环境权益的规划，要在该规划草案报送审批前，举行论证会、听证会或者采取其他形式，征求有关单位、专家和公众对环境影响报告书草案的意见。在审批专项规划草案、作出决策前，先召集相关部门代表和专家组成审查小组，审查环境影响报告书。审查小组要提出书面审查意见。在审批专项规划草案时，要将环境影响报告书结论以及审查意见作为决策的重要依据。在审批中未采纳环境影响报告书结论以及审查意见的，要作出说明，并存档备查。对环境有重大影响的规划实施后，规划编制机关要及时组织环境影响的跟踪评价，并将评价结果报告审批机关；发现有明显不良环境影响的，要及时提出改进措施。

10.1.4 推进公众参与综合决策

综合决策机制高度重视公众参与的作用，公众可以通过亲身参与，及时了解掌握环境质量状况，并对政府提出建议和意见，帮助政府作出正确决策。珠三角地区要把握以人为本核心，以人民群众得实惠作为推进综合决策的首要目标，引导公众参与综合决策。对直接涉及群众切身利益的综合决策，要通过召开听证会等形式，广泛听取各方面的意见，自觉接受社会公众监督。充分利用媒体向公众宣传综合决策，使公众客观认识各类综合决策对环境可能产生的重大影响，自觉主动参与对决策的监督，成为推动综合决策的主要力量。珠三角各级政府和有关部门要建立健全环境信息发布协调机制，及时、准确、统一地公开综合决策信息，保障公众对综合决策的知情权、参与权与监督权。

10.2 建立区域环境协调机构或管理机构

为构建珠三角地区一体化的环境管理体制机制，首先应建立高规格的环境管理协调部

门，建立珠三角区域环境统筹治理机制和环境监督管理机构，建立健全区域流域环保联防联治的合作模式，加强对跨区域、跨流域环境污染的协调处理力度。

10.2.1 设立珠三角环境保护高层议事协调机构

（1）成立由省长或常务副省长和各市市长或常务副市长组成的珠三角地区环境与发展委员会，其主要职能是研究审议环境与发展重大方针、政策和措施，协调解决区域内经济发展和环境保护面临的重大问题，协助政府审议对环境有重大影响的经济发展政策、规划和项目，协调各部门、各行政区域关于交叉的环境问题和跨行政区域的环境问题，组织协调有关的环境检查和执法监督工作等，统筹协调环保一体化工作。珠三角地区环境与发展委员会秘书处设在广东省环境保护厅。

（2）在环境与发展委员会下，分别设立若干分委员会。设立由主管副省长牵头的珠江三角洲区域大气污染防治委员会和珠江三角洲流域水污染防治委员会，出台《珠江三角洲大气污染防治管理办法》和《珠江三角洲流域污染防治管理办法》，设立专项资金，建立珠江三角洲大气复合污染和流域污染综合防治体系，协调区域内各方协同开展治理，协调解决区域内大气污染防治或流域内水污染防治问题。

（3）在省级和珠江三角洲各市之间建立环境与发展联席会议制度，就重大环境问题、重大经济政策、重大环保决策、重大规划评估、重大项目环保协商等环境与经济重大问题进行协商对话，综合决策，以强化各市之间、各部门之间的联系和沟通。这个联席会议可以纳入“珠三角环境与发展委员会”的机制之中，重大问题由珠三角环境与发展委员会讨论决定。它可以是少数地市之间的磋商和会审，也可以是珠三角 9 个市之间的综合协商，主要是为了沟通信息和进行决策。联席会议制度应由综合经济部门和环保部门牵头，主管副省长或副市长挂帅，不规定会议周期，有需要就举行。

（4）成立珠三角地区环境管理专家咨询委员会，专家委员会也可以纳入“珠三角环境与发展委员会”的机制之中，主要由相关领域的专家组成，对经济与社会发展的重大决策、规划实施以及重大开发建设活动可能带来的环境影响进行充分的研讨和咨询，为政府环境与发展综合决策建言献策，推进决策的科学化和民主化，促进环保管理水平的提高，切实将环境保护“预防为主”的方针落实到发展规划与决策的阶段（华南督察中心、粤港澳）。

10.2.2 设立珠三角地区环境管理机构

为强化珠三角地区环保一体化管理，迅速、及时、有效地协调和处理跨地区、跨流域的环境问题，提高环境执行力，建议根据设立机构的难易程度和职能大小，按照大、中、小三种方案设立珠三角地区环境管理机构，作为广东省环保厅的派出机构。

方案一：在省环保厅设立珠三角地区环境保护分局。从总体上对珠三角地区环境保护工作进行统筹规划，统一政策、统一标准、统一协调、统一管理，监督各地对环境法律、法规、规划、标准、政策的执行，协调处理跨区域和流域重大环境问题，强化区域环境监察执法。

方案二：在省环保厅设立珠三角地区环境监察分局，主要是监督珠三角各地对环境法律、法规、规划、标准、政策的执行，协调处理跨区域和流域重大环境问题，强化区域环境监察执法。

方案三：在珠江三角洲地区经济一体化领导小组的基础上，在广东省环保厅设立珠三角地区环境保护一体化办公室（珠区办），主要负责组织协调规划的实施，监督落实规划目标、任务和措施，评估和考核规划实施情况。

10.2.3 完善珠三角地区环境执法监察管理模式

为进一步加大对珠江三角洲区域污染的环境监察力度，逐步加强珠江三角洲所有的地市环保局执法能力建设，应建立和完善珠三角地区环境执法监察体制。可率先实行省—市环境执法监察的垂直管理，探索环境执法垂直管理模式，率先构建协同有序、运转高效、执行有力的环境管理体系。

环境执法监察垂直管理应以强化环境执法监管为立足点，以珠三角地区市以下环保执法系统实行垂直管理体制为突破口，突出加大市级环境保护统一执法监管工作力度，重点加强县级（镇级）环保部门行政执法地位和队伍建设，有效克服地方保护主义和行政干预，切实履行市县政府对环境保护工作的责任，促进区域环境质量的整体改善。

实行执法监察垂直管理后，环境执法力度将明显加大，有利于形成统一有效的执法体系，便于统一调度执法力量，统一执法，尤其可以使区县级、镇级环保局打消顾虑，严格执法，集中解决一批热点难点问题，使珠三角区域环境质量明显提高。

具体机构设置为：在珠三角地区环境管理机构（环境保护分局或监察分局）下设珠三角环境执法监察总队，在珠三角地区的 9 个市分别设立环境执法监察分队，在重点镇或区县由市分队再设立执法监察支队，在乡镇一级直接派出环境执法监督人员。执法监察人员的人事、财政经费、业务等方面都划归珠三角地区环境保护分局或监察分局直接管理，不再由相应市、区（县）、镇级环保部门管理，其具体职责由珠三角地区环境保护分局或监察分局制订（报广东省环保厅批准），根据职责定编制和人员，根据人员定财政预算，其财政经费由省财政统一解决。

10.2.4 加强乡镇一级环境保护管理机构和能力

区（县）环保机构以及下属的乡镇环保机构，处于环保工作的前沿，也是目前环保系统最为薄弱的环节。面对依然严峻的环境形势，环保任务更加艰巨，要实现新的环保目标，必须有健全的环保机构和强大的环保队伍作为后盾，如果基层环保机构被削弱，就难以履行职责。

乡镇政府虽然是对本辖区环境质量负责的责任主体，但乡镇环保机构不具有监管执法职能，不能对环保工作实施统一监管和执法；乡镇现行环保管理体制是乡镇管人，县级环保局管事，管人管事脱节，工作关系不顺。为此，实行乡镇环保机构由县级环保局派出，显得尤为重要。这对监督乡镇政府履行环保工作职能，理顺管人管事的关系，加强对乡镇环保工作的统一监管和执法，有着积极的促进作用。

因此，为加强基层环境保护管理，建议在珠三角地区乡镇层次上设立独立建制的环保管理机构，该环保管理机构应该作为其所在市（或区县）的派出机构，受上一级环保部门的垂直领导，以避免地方行政干预和地方保护主义。在环境执法上，仍实行垂直管理，由上一级环境监察执法分队直接派驻环保执法监督员。另外，如果乡镇较小，也可以在 2～3 个乡镇建立一个环境监察支队，负责统一监督执法。

通过上述环境管理机构的建立和调整，珠三角地区的环境管理模式如图 10-1 所示。

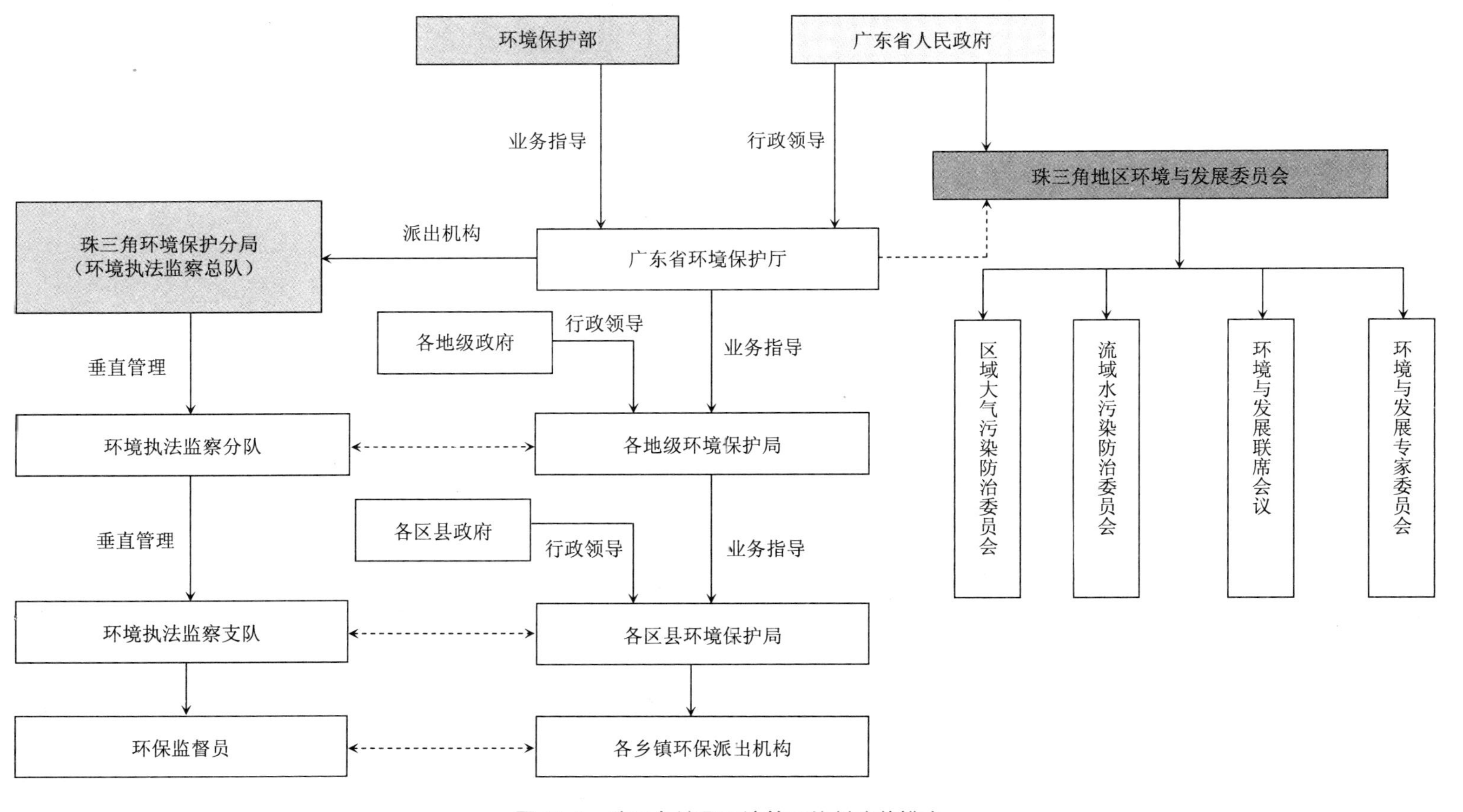

图 10-1　珠三角地区环境管理体制改革模式

10.3 落实政府环境目标责任制

坚持从更高的层面、更广阔的范围，全面系统地落实资源节约和环境保护的政策，坚持环保优先，将环境保护置于当前经济社会建设中的重要战略位置，坚持从宏观战略层面思考环境问题，在生产、流通、消费全过程体现环境保护的要求，把环境保护作为发展的核心价值，提升环境保护部门在政府组成部门中的地位，坚决纠正牺牲环境换取发展的急功近利的决策思想和执行行为，强力推行和落实政府的环境权责。

10.3.1 落实环境保护责任

环境保护是各级人民政府的法定责任。要坚持党政一把手亲自抓、负总责和行政首长环保目标责任制。强化地方政府环境目标责任考核，不断提高环保考核在地方政绩综合考核中的权重，对关键环保目标指标考核实行一票否决制。各级人民政府主要领导和有关部门主要负责人是本行政区和本系统环境保护的第一责任人。各级人民政府、各有关部门要确定 1 名领导分管环境保护工作。各级人民政府主要领导每年要主动向同级人大常委会专题汇报环境保护工作。有关部门负责人每年要向同级人民政府专题汇报各自职责内的环境保护工作。下级人民政府每年要向上一级人民政府专题汇报环境保护工作。各级人民政府要支持环境保护部门依法行政，每年要专门听取环境保护部门工作汇报，解决存在的问题。完善各级政府实施环境保护相关规划和计划的评估机制，定期向同级人大报告各种环境保护相关规划和计划的执行情况。建立和完善地方政府对环境质量负责的制度措施，主动作为，大力调控，建立强势环境政府。

10.3.2 强化环保目标考核

通过预警落实责任和加大考核环保指标比重，不断健全环保约束机制。大幅度强化与考核地方政府环境绩效、评估规划实施成效、反映区域环境质量变化的能力建设考核，增加质量目标的内容。考核结果作为市、县党政领导班子及其成员绩效考核的重要指标。建立环境保护和生态建设责任追究制度，对因决策失误、未正确履行职责、监管工作不到位等问题，造成环境质量明显恶化、生态破坏严重、人民群众利益受到侵害等严重后果的，依法追究有关领导和部门及有关人员的责任。

10.3.3 强力应对环境违法行为

（1）完善环境保护问责制，落实《环境保护违法违纪行为处分暂行规定》（监察部、国家环境保护总局令第 10 号），严肃查处失职、渎职和环境违法行为。重点查处违反环境保护法律法规、包庇或纵容违法行为、损害群众环境权益的案件，着力解决地方政府的环境违法行为和监管不力等问题。

（2）集中开展环保专项行动后督察。对环保专项行动以来查处的环境违法案件和突出环境问题整治措施落实情况、环保重点城市饮用水水源地、已经被取缔关闭企业（生产线）停电、停水、设备拆除等措施的落实情况开展后督察，整改不到位、治理不达标的，一律停产整治。

（3）以促进污染减排为目标，集中开展城镇污水处理厂和垃圾填埋场等重点行业专项检查。严肃查处污水处理厂建成不处理直接排污、超标排污和污泥直排等环境违法行为；彻查已建成的生活垃圾填埋场规模、防渗措施、渗滤液排放等环节。

（4）以让不堪重负的江河湖海休养生息为目标，集中开展重点流域污染企业的专项整治。对重污染流域仍然超标排放水污染物的企业，责令其停产整治或依法关闭；对不符合国家产业政策的造纸、制革、印染、酿造等重污染行业企业进行检查，凡仍未淘汰的落后产能，依法责令其关闭；对 2007 年以来水污染防治设施未建成、未经验收或者验收不合格即投入生产使用的建设项目，责令停止生产使用。

10.4 建立区域环境合作机制

充分发挥综合决策委员会、联席会议制度、城市联盟、产业联盟、区域行业组织、民间组织等协调机构的作用，建立完善区域环境合作机制、区域协调机制、信息共享机制。统一规划、统一管理、统一标准、统一监测、统一评估，实现珠三角地区环境信息互通共享、防治重点协同一致、治理行动同步推进、技术措施吻合匹配、实施效应最大最优，探索有特色的区域环境保护新道路。

在广佛肇、深莞惠、珠中江 3 个经济圈建设合作框架下，深化广佛肇、深莞惠、珠中江的环保合作。签订环保合作协议，建立环保合作联席会议制度，做好城市之间环保规划的衔接，加强城市间环境应急预警联动，加强重大项目环评审批协调，联合开展城市圈的水源保护，集中解决跨界河流污染治理、危险废物集中处理等突出环境问题。

第 11 章　环境政策先行先试，持续综合推进一体化

要不断完善环保法规，充分发挥环境经济政策的驱动作用，拓展环保投融资渠道，建立开放有序的环保产业市场，大胆创新、积极探索、综合推进，构建长效机制，推动珠三角地区环保一体化更上一层楼，为全国区域环境管理模式创造新鲜经验。

11.1 完善区域环境法规标准

11.1.1 加快推进环保立法

11.1.1.1 修订已有地方环保法规

随着社会经济的快速发展，新的环保问题层出不穷，珠三角地区新时期的环境保护工作实际必须随时关注新的环境问题，并采取有效的途径解决这些新的环境问题。目前，虽然在保护环境相关的法律法规方面，无论是国家层次还是广东省地方层次都制定了相应的法律法规，以确保环境保护工作的顺利开展。但目前的这些已有的环境保护相关的各种法律法规面对着种种新的环境问题的时候，却又经常没有适用的对应的法律条文。因此，现有的适用于解决具体环境问题的地方性环保法律法规应该随着外部客观世界的新变化适时做出必要的修订，进一步完善环境保护的法律基础。通过修订《广东省环境保护条例》，进一步明确各级政府在环境保护工作中的责任；通过修订《广东省东江水系水质保护条例》和《广东省珠江三角洲水质保护条例》，以适应新时期水环境保护和水污染防治的需求。

11.1.1.2 制定更具体、更具操作性和可行性的地方性环保法规

一方面，国家层面出台的环境保护相关法规，一般由于作为涉及全国各地保护环境的普遍性法律条文，立法的内容一般更多的是一些抽象概括的情况，一般不会涉及比较具体的实施方法、目标等。另一方面，面对各地方的实际情况，国家也不可能一一出台具有针对性的法律法规，而那些仅仅具有概括性和普遍性的法规，也不能解决各地方的现实问题。针对这样的一种现象，同时针对珠三角地区环境保护的实际情况，广东省必须要不断制定一些现实可行的具有针对性的地方性环境保护和生态保护的相关法规，包括制定区域大气污染综合防治、农村环境保护、土壤污染防治等领域相关的地方性法规。针对目前珠三角地区在环境保护相关法规上的主要空缺，重点加快珠江三角洲大气污染防治条例、广东省生态保护监督管理条例、广东省土壤环境污染防治管理办法、广东省电磁辐射环境管理办法等环境法规的制定工作。

11.1.1.3 建立与环境保护经济政策配套的法规体系

一种制度的建立需要立法来体现和支撑，这是由法律本身的内在调整机制决定的。法律通过对人们的行为的确认和调整，使各种社会关系朝着有利于社会的方向发展，最终形成理想的社会秩序。生态补偿、排污权交易等环境保护相关经济政策制度在广东省作为一项新生制度，迫切需要专门立法来确立它在法律中的地位，以指导和调整广大社会各主体的行为。对环境保护相关经济政策制度进行立法，对于推动区域经济社会和环境协调发展具有重大意义。建立和完善环境保护相关经济政策制度，需要以法规的形式先明确了环境保护相关经济政策的基本内涵和基本原则，以及操作方式、主体责任等，才能更好地推广、实施和操作。针对珠三角地区需尽早建立和完善排污许可证制度和排污权有偿使用和交易制度等，应尽快编制出台广东省排污许可监督管理条例等环境法规。

11.1.1.4 完善环境保护公众参与的相关法规

我国宪法及有关的环境立法虽未对环境权做出明确规定，但我国部分环境法规均已对公民的环境权做出了原则性的规定。针对珠三角地区居民对本地环境保护工作日益关注的现实情况，广东省应该尽快制定环境保护公众参与的相关法规，以明确广大群众参与本地环境保护管理的权利和义务，保障居民参与环境监管的合法权益。通过建立健全环境行政公益诉讼制度，建立环境民事诉讼制度。在环境立法上确立社会个人和社会团体的法律地位、环保功能，增强个人和社团在环境监督、环境纠纷的解决等方面的效能。就重大或热点生态环境问题，通过举行公众听证会等，广泛听取社会各界的意见；开通群众监管参与专线，切实发挥民众监督作用。

11.1.2 强化地方环境标准建设

环境标准是环境保护方针政策的具体体现，是评价环境质量的法定依据，是环境管理的技术基础，是产业结构调整的导向标，对于改善当地环境质量十分重要。为加大污染控制力度，适应新形势下环境管理和执法要求，针对广东省，特别是珠三角地区的主要环境问题和现行国家环境标准的不足，制订并完善广东省的地方环境标准。广东省地方环境标准的制订应该包括地方性环境质量标准、地方性污染物排放标准和产品环保准入标准以及地方性的行业技术规范等。

11.1.2.1 地方性环境质量标准

环境质量标准是以保护人群健康、促进生态良性循环为目标而规定的各类环境中有害物质在一定时间和空间范围内的允许浓度。目前我国环境质量标准中缺乏对一些特殊污染物的限定标准，为此经常出现环境质量监测结果与人们感受不一致的情况。此外，在建设项目环境影响评价、项目竣工环境保护验收和处理环境纠纷中，也只能多引用前苏联、德国的有关标准和美国环保局推荐的“多介质环境目标值”等。因此，必须要通过制订并实施指标更加完善、要求更加严格的大气环境质量标准和饮用水水质标准等新标准，率先建立能更好地反映实际环境质量状况的环境质量评价体系。

11.1.2.2 地方性污染物排放标准

污染物排放标准是对环境中有害物质和因素所作的限制性规定。它是直接管理环境污染源排放的技术依据。珠三角要通过制订更为严格的涉及各个行业的地方性污染物排放标准和产品环保准入标准，全面提高珠三角地区产业的环保准入门槛，并借此来推动珠三角地区产业的升级换代。珠三角地方污染物排放标准的制订主要从以下三方面考虑，①针对珠三角的主要环境问题，结合今后环境保护工作重点，制订严于国家污染物排放标准的地方标准；②对国家污染物排放标准中缺乏，而在珠三角又有较普遍或敏感的指标或行业制订地方标准；③针对标准执行中矛盾较突出的行业制订以最佳实用技术为基本原则的行业标准。

11.1.2.3 地方性行业技术规范

目前，珠江三角洲地区的城市污水、垃圾处理正处于高速发展的阶段，但同时也面临着污水处理厂污泥和电子废弃物无法规范有效处理的问题，针对这一情况，珠三角地区需要通过加快制定污水处理厂污泥处理技术规范等更为严格的行业技术规范，推动重点行业的环保技术升级，使珠三角地区的城市污水和垃圾处理设施等严格走产业化发展的道路。制定相应技术规范不但有利于促进珠三角地区的城市污水、垃圾处理等走上产业化发展的道路，对提高珠三角地区城市污水、垃圾处理水平，改善城市环境质量，实现可持续发展也有着极其重要的指导作用。

11.2 创新区域环境经济政策

11.2.1 建立跨界断面水质管理的补偿与赔偿政策

针对珠三角区域内众多的跨界河流，在统筹考虑区域社会经济发展状况、产业行业结构、水环境质量、水生态自然禀赋、环境敏感目标（饮用水源、水环境功能区划及其调整）以及特征污染类型等各方面因素的基础上，确立跨界断面水质目标，规范考核方式与考核内容，制订上下游（左右岸）达标方案或规划，并以规划方案和跨界水质目标为依据制定区域间的补偿与赔偿政策。

11.2.1.1 合理确定跨界断面目标，完善考核监测制度

根据流域水文脉络与行政区域划分，珠三角区域内跨市界水质控制断面共有 15 个，具体信息见表 11-1。

确定跨界监测断面水质目标

针对珠三角区域内众多的跨界河流，在区域社会经济发展状况、产业行业结构现状的基础上，结合流域水环境质量现状与演变趋势、水生态自然禀赋及其承载力、环境敏感目标（饮用水源、水环境功能区划及其调整）以及特征污染类型等各方面影响因素，由省级环保部门与各市人民政府联合制订跨界断面水质目标。具体原则如下：

（1）根据《广东省碧水工程计划》《广东省跨地级以上市河流交接断面水质达标管理方案》以及广东省水环境功能区划及其调整方案确定 2020 年跨界断面水质目标。

（2）对于现状水质为Ⅲ类以上的跨界断面，以不低于Ⅲ类水质为跨界断面水质目标；对于现状水质为Ⅴ类标准以上的跨界断面，由相邻区域各方以不降低水质现状并力求改善为原则确定跨界断面水质目标；对于现状水质为劣Ⅴ类的跨界断面，跨界断面水质目标不得低于Ⅴ类（对于确有困难的个别指标可稍微放宽标准）。

（3）对于目前污染严重的劣Ⅴ类跨界水体，应重点考虑区域社会经济发展状况、产业行业结构现状、水体环境容量以及相邻区域的合理要求，在此基础上科学制订阶段性的跨界水质考核目标。

（4）对于目前污染严重的劣Ⅴ类跨界水体，近期（2012 年）跨界断面水质目标最低要求为消除水体黑臭、水质基本达到Ⅴ类标准。

（5）中期（2015 年底前）跨界断面水质目标最低要求为基本满足景观用水需求，水质基本达到Ⅳ类标准。

（6）对于目前污染轻微的Ⅳ类跨界水体，应尊重考虑相邻区域联合协商结果，在保证水质级别不变的基础上，确定跨界水质改善目标。

表 11-1　珠三角跨地级市断面水质目标

所属流域	交接断面	所处河段	交接关系	阶段目标		
				2012	2015	2020
东江流域	东岸	东江	惠州→东莞	Ⅱ	Ⅱ	Ⅱ
	石龙桥	东江	惠州→东莞共河	Ⅱ	Ⅱ	Ⅱ
	九龙潭	增江	惠州→广州	Ⅱ	Ⅱ	Ⅱ
	西湖村	龙岗河	深圳→惠州	Ⅴ（氨氮＜4 mg/L）	Ⅳ（氨氮Ⅴ类）	Ⅲ
	上垟	坪山河	深圳→惠州	Ⅴ（氨氮＜4 mg/L）	Ⅳ（氨氮Ⅴ类）	Ⅲ
	企坪	观澜河	深圳→东莞	Ⅴ（氨氮＜10 mg/L）	Ⅳ（氨氮Ⅴ类）	Ⅲ
西江流域	永安	西江干流	肇庆→佛山	Ⅱ	Ⅱ	Ⅱ
	古劳	西江干流	佛山→江门	Ⅱ	Ⅱ	Ⅱ
	六沙	磨刀门水道	江门、中山共河	Ⅱ	Ⅱ	Ⅱ
	布洲	磨刀门水道	江门、中山、珠海	Ⅱ	Ⅱ	Ⅱ
	下东	西江干流	佛山、江门共河	Ⅱ	Ⅱ	Ⅱ
	南沙湾	前山河	中山→珠海	Ⅳ	Ⅳ	Ⅳ
北江流域	乌洲	顺德水道	佛山≈广州	Ⅱ	Ⅱ	Ⅱ
	平洲	平洲水道	佛山≈广州	Ⅲ	Ⅲ	Ⅲ
	海陵	东海水道	佛山≈中山	Ⅱ	Ⅱ	Ⅱ

注：“→”表示有明确上下游的交接关系；“≈”表示潮汐明显影响的关系。

规范跨界断面监测标准

跨界断面的监测应根据水文的上下游、左右岸与往复流（退涨潮）关系，合理设置监测断面，确定监测计划，确定跨界断面监测项目，严格遵守《广东省跨行政区域河流交接断面水质保护管理条例》，保证监测结果的真实性，根据监测结果计算跨界断面水质达标率。

跨界断面的监测项目为《地表水环境质量标准》（GB 3838—2002）规定的基本项目。考核项目为 pH 值、溶解氧、化学需氧量、生化需氧量、氨氮、总磷、氟化物、砷、汞、六价铬、铅、镉、氰化物、挥发酚、石油类和硫化物等，共 16 项。分析方法按《地表水环境质量标准》（GB 3838—2002）执行。

跨界河流交接断面水质达标率，指地级以上市交接水域认证断面按规范监测达标的频次占各认证断面监测总频次的百分比。某次监测所有指标均达标即表示该次监测结果达标，有 1 项以上（含 1 项）不达标，即本次不达标。计算公式为：跨市河流交接断面水质达标率＝（各认证断面监测达标频率加和/各认证断面监测总频次）×100%。

11.2.1.2 制订跨界断面达标规划方案，完善断面考核制度

根据跨界断面目标水质目标，流域各方应积极制订跨界断面达标规划方案，具体来说，流域上游行政单元单一方面责任造成跨界污染的，由上游行政单元制订跨界污染整治方案，整治方案应与相邻相关行政单元协商达成一致，上级政府及有关部门或流域管理机构要对方案制订进行指导和督促。跨界污染双方或多方行政单元均有责任的，由各方通过组成解决跨界污染问题联席会议等形式，协商共同组织制订整治方案，协商不成的，由共同的上一级政府或流域管理机构负责制订。方案应明确整治目标、任务、计划、措施、投资及时限，以便进行评估考核。

跨界断面水质考核制度体系，应在分清落实各方责任的基础上，以年度评估、规划阶段考核、规划总考核为手段，督促流域各方积极实施规划方案，确保目标达成，具体而言，规划方案年度评估重点应放在方案的重点工程的进度、重点监督管理办法的执行、治理投资的额度等方面，根据评估结果，各方可修定调整下一年度规划实施方案，对于年度评估不合格的地市采取社会公布、通报批评等措施给予督促；规划阶段考核应在年度评估的基础上，重点考察规划阶段期限内跨界断面水质达标情况，对未能达成阶段水质目标的，除社会公布、通报批评外，还应将其纳入行政干部考核体系，以强化政府责任，督促其加强管理，限期完成阶段目标，并运用经济激励手段，激励各方积极达成水质控制目标；规划总考核应采取跨界断面水质目标一票否决制，通过断面考核制度强化地方政府环保责任。

11.2.1.3 应用经济激励手段，完善跨界补偿与赔偿政策

针对珠三角区域 5 个跨界断面污染严重的相关地市，积极尝试应用经济手段，完善跨界补偿与赔偿政策，激励各地市达成跨界断面水质目标。

对跨界目标断面水质未达成阶段目标或最终目标的，考虑到区域内经济发展水平，按照“类别差距越大赔偿额度越大，污染越重赔偿额度越大”和“地表水有使用功能”原则，对于规划阶段水质目标未能达成或后续年份不能稳定达成前一阶段水质目标的，污染方向受污染方支付赔偿金，具体赔偿方案按以下分为 3 类：跨界断面目标为Ⅲ类以上的，跨界断面目标为Ⅳ类的（或基本为Ⅳ类的），跨界断面目标为Ⅴ类的（或基本为Ⅴ类的），制订赔偿标准见表 11-2。

此外，对赔偿金额超过 100 万元的地市可考虑增加处罚力度，按照赔偿金额按比例另外上交省财政，作为对超额完成跨界断面水质达标任务地市的奖励。

对跨界目标断面水质稳定达成阶段目标或最终目标的，由广东省政府给予奖励，具体奖励标准，可分为两种类别制订奖励标准：

（1）水质现状未达标，经过环境治理，两年以上连续达到跨界Ⅴ类目标的地市一次性奖励 100 万元，两年以上连续达到跨界Ⅳ类目标的地市一次性奖励 200 万元，两年以上连续达到跨界Ⅲ类目标的地市一次性奖励 400 万元，以此形成奖励与处罚的“剪刀差”，激励地市完成跨界断面水质目标达标任务。此外，对阶段性目标和最终目标超额完成目标的，除广东省政府给予奖励外，相关地市间也可就生态补偿达成相关协议。

表 11-2　跨界断面补偿、赔偿参考标准

阶段目标值	水质监测超标情况	补偿金
III类以上	不超过III类与IV类标准差值 1/2	20 万元
	超过III类与IV类标准差值 1/2，但水质级别为IV类	40 万元
	水质级别为V类	800 万元×（1+超III类标准倍数）
	水质级别为劣V类	1 600 万元×（1+超III类标准倍数）
IV类	不超过IV类与V类标准差值 1/2	60 万元
	超过IV类与V类标准差值 1/2，水质级别为V类	120 万元
	水质级别为劣V类	1 600 万元×（1+超IV类标准倍数）
V类	不超出V类标准 0.25 倍	500 万元
	不超出V类标准 0.5 倍	1 200 万元
	不超出V类标准 0.5 倍	1 600 万元×（1+超V类标准倍数）

（2）水质现状达标，经过环境保护，两年以上连续达到跨界V类目标的地市一次性奖励 50 万元，两年以上连续达到跨界IV类目标的地市一次性奖励 100 万元，两年以上连续达到跨界III类目标的地市一次性奖励 200 万元。

专栏 11-1　河南省沙颍河流域水环境生态补偿

沙颍河流域水环境生态补偿制度涉及的地区包括郑州、开封、许昌、漯河、平顶山、周口 6 市共 13 个地表水责任目标考核监测断面。河南省政府对各地市跨界水环境断面水质出现超出于省政府签订的目标值的，按照“污染重扣缴额度大，污染轻扣缴额度小”和“地表水有使用功能”原则，扣缴生态补偿金，分为两类：V类水以内（化学需氧量质量浓度≤40 mg/L，氨氮质量浓度≤2.0 mg/L）扣缴基准为 5 万元，劣V类水（化学需氧量质量浓度＞40 mg/L，氨氮质量浓度＞2.0 mg/L）扣缴基准为 10 万元，具体补偿见附表。

附表　扣缴补偿金额度表

目标值	超标倍数	补偿金
V类水以内	0.1～1.0（含）	5 万元×（1+超标倍数）
	1.0～2.0（含）	10 万元×（1+超标倍数）
	＞2.0	50 万元×（1+超标倍数）
劣V类水	0.1～0.5（含）	10 万元×（1+超标倍数）
	0.5～1.0（含）	25 万元×（1+超标倍数）
	1.0～1.5（含）	50 万元×（1+超标倍数）
	1.5～2.0（含）	100 万元×（1+超标倍数）
	＞2.0	200 万元×（1+超标倍数）

11.2.2 积极推行排污权有偿取得与交易制度

11.2.2.1 完善排污许可证制度，为排污权交易建立基础

从 2009 年 12 月 1 日起开始实施《广东省排污许可证实施细则》，六类排污单位应申领排污许可证：①向大气排放 SO_2、NO_x、烟（粉）尘等主要大气污染物的；②直接或间接向水体排放工业废水、医疗废水以及含重金属、低放射性物质、病原体等有毒有害物质的其他废水和污水的；③在城镇、工业园区或开发区等运营污水集中处理设施的；④规模化畜禽养殖排放污染物的；⑤在城市市区内建筑施工使用机械设备，可能产生环境噪声污染的；⑥其他依法应当取得排污许可证的。

11.2.2.2 积极开展排污权交易试点工作

在 2010 年底之前率先在火电行业开展 SO_2、NO_x 等污染因子的排污权有偿使用与交易制度，在淡水河等重污染流域试行 COD 排污权有偿使用与交易试点，并出台具体的实施方案与规则。在试点流域（或地区）的试点企业采用排污许可证与排污指标配额分配相结合的办法，试行排污许可证与排污配额权证两证合一，探索“配额有偿分配+排污收费+超配额加倍收费”的新模式。

11.2.2.3 加强组织领导

积极筹备成立交易组织，设立区域环境权益交易机构，筹建“珠三角排污权有偿使用与交易管理中心”，完善在线自动监测系统和排污交易管理平台。制定排污权有偿使用与交易法规，明确污染物排放初始权分配方式及分配价格，由省物价局、省环保厅会同省财政部门共同制定，并配套排污监测与监管能力建设。筹建和成立排污权有偿使用和交易试点工作开展的支撑实体组织和机构。成立试点工作领导小组及办公室，领导小组由省环保厅牵头，成员由省财政厅、物价局和试点流域省辖市环保局组成。领导小组办公室可设在省环保厅政策法规处。

11.2.3 理顺资源环境价格体系

在珠三角地区，坚持高起点谋划、全方位推进，逐步建立合理完善的资源环境定价机制，最终形成资源使用价格、环境恢复价格、污染物处置价格和环境服务价格“四位一体”的资源环境价格体系，为市场经济条件下的环境保护探索新路径。

11.2.3.1 推进资源环境价格体系改革

加快推进矿产、电、油、气、水等资源性产品价格体系改革，建立能够反映能源稀缺程度和环境成本等完全成本的价格形成机制。完善水资源使用价格政策。根据珠三角地区水资源的紧缺程度和开发利用情况，进一步完善水资源价格政策，分别建立地表水和地下水资源收费制度，逐步提高水资源费标准。加快推行居民用水阶梯式计量水价，完善非居民用水超定额加价制度。

11.2.3.2 推进排污收费制度改革，进一步提高排污费征收标准

（1）全面开征污水处理费，实行统一的最低收费标准，确立污水处理费优先调整原则。根据广东省《关于制定实施污水处理费指导标准的通知》规定，从 2009 年 10 月 1 日起，珠三角地区地级以上市城区按经营性质收费的每立方米 1.3 元，按行政事业性质收费的每

立方米 1 元，县城和建制镇分别为 1.2 元、0.9 元，经济实力雄厚的地市可在此基础上再上浮 10%左右。

（2）提高 SO_2、NO_x 等大气污染物排污收费标准，在 2015 年之前，分两次或三次逐步将 SO_2、NO_x 的排污收费标准从每当量 0.6 元提高到每当量 1.2 元左右。

（3）逐步落实《广东省城市生活垃圾处理收费管理办法》和《广东省危险废物处置收费管理办法》，在珠三角地区，率先实施城镇生活垃圾处理收费制度和危险废物处置收费制度。

11.2.3.3 深化差别电价政策

继续深化差别电价政策，加大钢铁、水泥等重污染行业的差别电价实施力度。完善脱硫电价政策，鼓励燃煤机组脱硫改造。认真贯彻国家的脱硫加价政策，鼓励燃煤机组脱硫改造，加强脱硫设施运行和电价管理，对脱硫效率未达到规定标准的，严格按要求扣减脱硫电价；同时，在珠三角地区，率先出台脱硝电价政策。

11.2.3.4 完善收费政策，规范市场秩序

在环境服务价格方面，进一步完善环境监测专业服务收费和建设项目环境影响咨询收费政策，规范市场秩序。

11.2.4 加快实施其他环境经济政策

在珠三角地区，要加快出台和实施绿色保险、绿色信贷、绿色贸易等环境经济政策，开展污染责任保险试点，建立环境损害赔偿政策机制，逐步建立完善水泥、造纸、漂染等行业的落后产能的退出机制，开展工商注册登记环保前置审批。

11.3 增强区域治污投入的机制措施

环境保护资金是落实区域环境保护任务的重要保障。在各地市原有治污投入的基础上，创新区域治污投入政策，设立珠三角区域共同环保专项资金，用于区域普遍性环境问题治理的资金投入。以年度预算超收收入为突破口，进一步拓宽地市环保财政资金投入渠道。制订鼓励企业和社会治污资金投入的政策措施，加大企业与社会环保投入力度。

11.3.1 设立珠三角区域环保专项资金

11.3.1.1 资金筹措模式与使用方向

借鉴深莞惠三地环保专项资金筹措经验，突破行政区划界限，在省级财政中（如省级环保专项资金中切块）建立引导资金，同时在珠三角区域 9 个地市按上年度 GDP 的一定比例或者财政收入的一定比例提取财政资金，共同建立珠三角区域环境保护专项资金，用于区域性环境管理机构运行、解决跨区域的突发性环境事件、重点污染源达标管理、水和大气环境功能区达标管理、跨界河流交接断面水质达标管理、区域性重大环境污染问题、区域性环境基础设施建设、对水源地保护和区域内的生态屏障地区进行经济补偿、区域环境监管能力建设、科研、规划编制、政策法规等方面。珠三角区域环保专项资金的管理和使用由联席会议制度下设相关领导机构和专门工作小组负责。

专栏 11-2　深莞惠三地共建环保专项资金治污

深、惠、莞三市将推进环保一体化，重点解决淡水河、石马河等跨区域河流污染治理难题。《惠州市落实〈推进珠江口东岸地区紧密合作框架协议〉加快推进深莞惠三市环境保护对接实施方案》（以下简称《方案》）日前出台，惠州方面提出要优先治理跨界河流污染，设置环境保护专职机构，筹备环保专项资金，建立环保信息共享平台，编制深莞惠环境保护规划。

《方案》提出，要按三市上年度 GDP 的一定比例提取资金建立区域环境保护专项资金，用于解决跨区域的突发性环境事件、重点污染源达标管理、水和大气环境功能区达标管理、跨界河流交接断面水质达标管理。研究试行排污权交易制度。通过完善和规范排污许可证制度，推进建立主要污染物排放指标有偿使用和交易制度。

资料来源：南方都市报 2009-04-22。

11.3.1.2 建立资金筹集的奖惩机制

在珠三角区域环境保护专项资金筹集中制订奖惩机制。在专项资金中设立奖励资金，对解决区域环境污染问题贡献较大的地市实施一定的奖励，给予一定的资金返还。对区域环境污染治理落后的地市，实行资金惩罚，适当提高来年资金提取比例。

11.3.1.3 创新区域环保专项资金使用方式

改变目前基于项目前期审查的资金支出方式，改革现有的“购买许诺”的事前支持机制，建立基于绩效的事后补贴模式。在资金使用方式上，可采用以下三种模式：

（1）对于已建成污染治理项目，基于已建成污染治理项目的环境绩效，采用直接拨款的方式，对企业予以补助，重点强化对污染治理设施运行费的补贴，提升区域环保专项资金使用效率和污染治理效果。

（2）对于在建污染治理项目，建立珠三角区域环境保护专项资金与金融信贷等资金的捆绑使用模式。在珠三角区域环境保护专项资金中，安排一定资金用于企业环境污染治理设施建设贷款贴息，鼓励企业筹集环境保护资金的积极性。

（3）对于未建项目，尤其是对于资金筹措难度大、难以争取到金融贷款的中小企业，利用珠三角区域环境保护专项资金，由政府出资设立企业环境污染治理贷款担保专户，降低金融机构资金信贷风险，鼓励金融机构对中小企业环境污染治理贷款的积极性。

专栏 11-3　小企业贷款　政府专项资金担保

中国经营报

三机构：联手扶植微小企业

不久前，在闸北区召开的促进非公经济发展的会议上，区委书记姚海同宣布：为解决民营中小企业融资难的问题，区委、区政府决定由财政拿出 1 000 万元，设立本市首家民营企业贷款信用投融资担保专户。

为了避免政府直接贷款给企业，让不法分子有寻租机会，同时也为了提高资金使用效率。政府通过财政局，联手中国经济技术投资担保有限公司上海分公司（以下简称“中投保”）为运作载体，并在国家有关商业银行设立贷款信用专户，由区财政负责管理运作。专家对记者说："这样运作的好处是，既发挥了政府的主导作用，达到扶植微小企业的作用，同时也发挥了中投保、银行的积极作用，让这两个机构参与，可以有效地避免市场风险，三方共赢的同时，也让企业得到实惠。"

据了解，这一贷款信用专户具有门槛低、成本低、手续简便、风险共担等特点。规定生产型企业连续经营半年以上、非生产型企业连续经营一年以上即可申请；另外，不需要企业交纳保险基金，资产抵押是以市场价作为协议价足额抵押。每家企业最高担保金 100 万元，按照 1∶5 的担保贷款比例，每家企业最多拿到期限 1 年的 500 万元流动资金；对守信用、按时归还贷款的企业，区财政将按比例将担保费返回企业；专户的风险责任由银行、中投保公司上海分公司、区财政共同承担，而不是由企业独家承担。周晓对记者说："这个专户确实是针对企业流动资金贷款难、担保难的问题，门槛也很低，操作性也很强。对我们这样的刚起步的小企业来说，还是很有用处的。"

这也是今年上海首个具有实质性和有可操作性的用于扶植微小企业发展的方案。

11.3.2 拓宽地市环保财政资金投入渠道

在各地市原有环保资金渠道的基础上，进一步拓宽各地市环保自己投入渠道。考虑到年度预算超收收入的支出方向并未划定，应以此为突破口，借鉴陕西、江苏等省份的经验，规定年度财政预算超收部分的一定数量用于环境保护。用于环境保护的资金数量可以通过两种方式确定：

（1）规定年度财政预算超收部分的一定比例用丁环境保护。

（2）以某一年度为基准年，确定基准年财政支持环保的基数，每年按照一定的比例增长。

11.3.3 制定鼓励企业和社会投入的优惠政策

发挥政府创建市场、规范市场和扶持市场的作用，强调政府对区域环境基础设施建设的主导作用，运营全面实行市场化。明确城市环境基础设施建设与运营市场化的监管服务职责，对实施市场化运营的污水和垃圾处理企业，由环保部门实施统一监管。设立中小企业贷款融资平台，鼓励企业治污投入。借鉴国外对企业污染发防治实行的延长企业还款期、降低贷款利率和实行税收优惠等政策，完善我国的企业污染防治优惠政策。全面提高城市生活污水和垃圾处理的收费标准，达到"保本微利"，统一珠江三角洲地区各城市的收费标准。

11.4 建立区域生态保护的配额交易政策

11.4.1 森林保护配额交易

11.4.1.1 基本思路

在珠三角地区，由于 9 个地市生态环境的基础状况不同，各市森林覆盖率具有较大的差异（表 11-3）。9 个地市中，佛山、中山、珠海、东莞等市的森林覆盖率远远低于区域平均覆盖率。在经济发展过程中，由于对开发空间的渴求，致使各个市都在压缩生态用地。为了实现区域环境与经济发展的平衡，提出在珠三角地区推行“生态环境区域配额政策”。以珠三角平均森林覆盖率为交易标准，低于平均覆盖率的地区可以通过购买高于平均覆盖率地区的森林配额，实现经济与环境保护的互补。

表 11-3　珠三角各市森林覆盖率与交易配额面积

城市	面积	试点阶段配额基准	森林覆盖率/%	需要购买的面积/km^2
广州	142.3	3 159.45	44.40	—
深圳	583.84	828.325	44.60	—
珠海	985.5	692.75	29.20	153.21
佛山	9.2	1 620.95	20.60	702.52
江门	53.74	4 054.925	43.00	—
肇庆	155.5	6313.8	65.00	—
惠州	42.4	4 742.15	58.60	—
东莞	80.7	1 047.625	33.15	143.75
中山	484.88	765	12.95	449.53

11.4.1.2 生态环境区域配额政策实施的方案与标准

（1）根据不同地市的森林覆盖率，确定需要进行配额交易的地市

在珠三角 9 个地市中，广州、肇庆、江门、深圳、惠州的森林覆盖率高于整个区域平均水平；佛山、江门、深圳 3 个地市的森林覆盖率低于区域平均水平。因此，需要配额交易的地市就在这两个群组中产生。

（2）根据经济发展速度，确定单位土地的经济增加值，以此作为配额交易的基础

在珠三角 9 个地市中，肇庆、江门、惠州 3 个地市内具有较大的森林覆盖率，为整个区域生态安全提供了重要的支持，但同时，也阻碍了这几个地市的经济发展速度。为了促进整个珠三角地区经济发展与环境保护，促进区域可持续发展，以土地的单位增加值为标准，实施地市间的经济互补，提升生态功能重要区域所在地市的环境保护积极性。

11.4.2 自然保护区配额交易

11.4.2.1 基本思路

目前珠江三角洲地区自然保护区建设机制主要包括以下方面：①是设立专门保护机构和专业人员编制，如国家级自然保护区一般设立 20 人左右的处级专职管理机构，省级自然保护区建立 20 人左右的副处级专职管理机构；②工资与办公经费纳入财政预算，国家级自然保护区安排 200 万元左右的建设启动经费，省级自然保护区安排 100 万元左右的建设启动经费等。

当前珠江三角洲地区自然保护区建设的主要问题：①保护区建设经费紧张，仅能最低限度地满足保护区工作的日常运行，对保护区而言非常重要的监测与研究则由于经费限制无法开展；②保护区的设立是依靠行政手段将相当面积的经营性土地纳入严格保护范围，对区域内原居民缺乏必要的补偿与安置，给当地人们生活带来很大的影响，而当地人们的

生产生活也影响到保护区的保护效果；③保护区空间分布不平衡，在江门、肇庆、惠州等外围县市保护区占国土面积比例都超过了 10%，这部分国土资源经济产出很少甚至没有任何经济产出，而在珠江口的部分自然保护区面积比例在 2%以下，没有体现公平承担生物多样性保护责任原则，而强制提高城镇化高度发达地区的自然保护区面积也达不到保护生态的效果。因此可以通过自然保护区配的交易的方式，分担自然保护区建设的责任，促进生态公平。

自然保护区配额制交易制度的目的是鼓励各地市加强生态建设的措施，省政府制订强制性的具有法律效力的数量标准，根据各地区经济发展和自然资源的状况，规定一定数量的自然保护区面积，达不到规定数额的地区必须从其他地区购买，实现横向财政转移支付，以解决地区间生态资源及保护状况的鸿沟。

11.4.2.2 配额分配

现阶段，以珠江三角洲地区自然保护区平均的面积比例为基准，未达到平均水平的城市，需要向超过平均水平的城市进行购买。试点取得经验后，将基准标准提高到 2020 年珠三角自然保护建设的面积比例，占陆域国土面积的 6.8%（表 11-4）。

表 11-4　各地市自然保护区配额分配方案　　单位：km^2

地市	国土面积	2008 年保护区面积	试点阶段配额	需要购买的配额	2020 年自然保护区配额
广州	7 434	142.3	354.60	212.30	504
深圳	1 949	9.2	92.97	83.77	132
珠海	1 630	155.5	77.75	富余 77.75	111
佛山	3 814	53.74	181.93	128.19	259
江门	9 541	484.88	455.11	富余 29.77	647
肇庆	14 856	985.5	708.63	富余 276.87	1 007
惠州	11 158	583.84	532.24	富余 51.60	757
东莞	2 465	80.7	117.58	36.88	167
中山	1 800	42.4	85.86	43.46	122

在具体实施过程中，需要考虑不同级别的保护区设置不同的面积系数，如国家级和省级的面积系数大于 1，而地市级和县级的面积系数小于 1，从而鼓励高级别的自然保护区建设。

11.4.2.3 交易方式

第一方案：以地市为单位，对于面积不够的地市，通过对其他富余地市进行购买或直接建设的方式，实施配额交易，签订长期的购买合同。交易的基本定价依据为自然保护区建设的直接投入以及因建设自然保护区受影响的地方政府、企业、个人的损失补贴等。当然也鼓励对自然保护区的认购进行拍卖或经双方协商的价格。

第二方案：由省政府牵头成立统一的管理委员会，协调各地方政府和林业、国土、税利、环保等部门，将各地市富余且愿意出售的保护区配额集中起来进行拍卖，将拍卖所得返还保护区所在地市。

11.4.2.4 完善自然保护区建设补偿机制的其他办法

（1）将自然保护区的监测和科研工作纳入保护区工作经费预算，从财政资金中予以保障，提高自然保护区的管护能力。

（2）对保护区内原居民进行补偿。筹集经费对原居民的集体林场、山野、园地、农田等进行租赁或收购，用经济手段改变保护区内原住民的生产生活方式，使之适应保护区工作的需要。

（3）自然保护区大多具有优质的生态旅游资源，是当前旅游开发的热点。鼓励和旅游部门或公司合作，将旅游收入的一部分用于自然保护区的建设补偿等。

11.5 构建区域环境科研平台

11.5.1 推动环保人才区域合作

充分利用大珠三角以及国家有关机构环境科研力量，建立珠三角地区一体化环境科研合作、交流平台，进一步强化科技支撑。统一区域环保人才政策，建立和完善环保人才的合作对话机制、交流考察机制、挂职锻炼与学习培训机制，切实推进区域环保人才合作培养与开发，以环保人才区域合作推动珠三角环保一体化进程。

11.5.2 加大环保科研财政支持力度

首先，要加大环保系统内部对环保科技的投入。广东省以及珠江三角洲各个地市要建立较为稳定的环保科技资金来源，在排污费或部门预算中安排环保科技专项经费，并且每年将环保科技经费在财政预算中给予落实。其次，要积极争取科技部门对环保科技工作的投入。环保部门要根据国家及省委省政府关于增加科技投入的相关政策措施和精神，加强与各级科技部门的沟通协调，努力把环保科技项目纳入到大科技中去安排、去落实。

11.5.3 大力推广环保实用技术

针对在珠江三角洲环境保护工作中遇到的难点、热点问题，要广泛发动各级环保科技部门及时了解、及时总结、及时组织相关科研力量进行科技攻关。要充分发挥科技先导的作用，推动环境科研自主创新能力建设，坚持自主科技创新，大力提高原始创新、集成创新和引进消化吸收再创新能力，把推广区域污染控制技术和示范工程作为各级环保科技部门工作的重点。通过成立区域环境质量专家委员会，加强区域污染防治基础性和综合决策研究，举办区域科技合作论坛，开展珠三角地区区域性大气环境污染控制、跨界水污染防治、湿地生态恢复、重金属污染防治、持久性有机污染物问题、低碳经济发展以及相关环境政策研究。加快环境科技成果应用转化，要积极推广经济、技术可行的，适合于珠三角实际的区域污染防控技术，加大对区域新型环境问题的防控。

11.6 培育一体化的环保产业市场

11.6.1 搭建一体化的环保技术服务市场

珠三角地区 9 个城市在地理空间上距离相近，在资源利用、产业结构方面也存在着同质化、趋同化问题，容易形成污染叠加效应。由于几个城市共享一片天，同饮一江水，这就决定了在环境问题上谁都不可能独善其身。同时，多年来的治污实践也表明，靠哪一个城市的努力也难以解决区域性的环境问题。因此，只有突破现有的行政分割体制，深入开展合作，才能实现根治污染的目标，实现整体利益的最大化。

随着环保深入开展，一些体制性障碍影响着区域性环境问题的根本解决，行政分割体制就是其中之一。珠三角地区城市群在经济一体化进程中加强合作解决污染叠加问题，尝试突破行政区划的制约，建立区域环保合作机制，探索区域环境与经济协调发展之路。要打破环评、环保工程设计和运营、环保咨询等领域的地方保护壁垒，废除有悖于市场化、社会化的制度和做法，创造条件让建设单位自主选择环保技术服务和咨询单位。在环境服务价格方面，进一步完善环境监测专业服务收费和建设项目环境影响咨询收费政策，规范市场秩序。建立“统一、开放、公平、有序”的环保技术服务市场，促进环保产业的健康发展。

11.6.2 推进环境服务社会化

环境服务是环保产业的一个重要市场。要大力发展环保产业服务体系，坚持社会化、专业化、市场化原则，引入竞争机制，促进环保服务企业优化组合。大力推动环境影响评价、环境监测、环境投资及风险评估等咨询服务的社会化。重点推进珠三角区域环境监测服务的社会化发展，鼓励成立专业化社会性环境监测机构，明确环境监测站的责任分工，确定社会化监测机构的服务领域，加强对社会性环境监测机构的管理，构建珠三角区域一般性委托环境监测的社会化服务体系，增强服务功能，提高服务质量。

11.6.3 实施治污设施建设运营社会化

近年来，珠三角地区在城市环境基础设施建设的投资尽管与以往相比有了很大的提高，但城市环境基础设施建设总体还滞后，主要是因为这些建设的投资渠道比较单一，大部分是靠政府举债、银行贷款所建，而且建成后也是由政府运营，使政府背上了沉重的财政负担。因此，当务之急是要实行机制创新，用更加灵活的市场手段来推进城市环境建设的步伐。珠三角地区要以城市生活污水和垃圾处理的市场化运作和社会化服务为重点，大力鼓励企业以参股、承包、托管等多种方式参与城市垃圾、污水处理等环保基础设施的建设与运营管理。逐步实现环保设施建、管、养三者分离，建立健全“治污集约化、产权股份化、运行市场化、管理企业化、队伍专业化”的治污设施运行机制。

今后珠三角地区在环保基础设施的建设与运营管理过程中可以更多地考虑采取以下两种模式：

（1）各级政府可以将建好的污水处理厂或垃圾处置场作价卖给企业，由企业独立经营；也可以以参股的方式参与企业经营。这样政府可以源源不断地得到新的资金，以“滚雪球”的方式兴建新的环境基础设施，形成一个良性循环。但要使这一方式行得通，企业有参与经营的积极性，必须要先改革现有的污染治理收费制度，使治污收费可以足额偿付城市污水处理费和垃圾处置费，使运营的企业能够实现“保本微利”。

（2）通常所说的BOT模式，其思路是“建设—运营—移交”，各级政府通过出让建设项目一定的经营权、收益权，来吸收民间资本投资建设，而项目的投资者在规定的经营期限结束后，将该项目的产权和经营权无偿地移交当地政府。

专栏 11-4　广州以 BOT 方式处理城市生活垃圾难题

来源：中国校媒网　2009-12-02

11月29日上午，广州市政府副秘书长吕志毅在新闻通报会上证实，目前广州市确实已经把生活垃圾终端处理特许经营权给予广日集团。吕志毅没有透露有关特许经营权转让的具体内容。但有知情人士透露，广州市政府通过BOT的形式，将广州市未来25年的生活垃圾处理终端特许经营权给予了广日集团，作为回报，广日集团将帮助承担广州市政府的18亿元债务。

所谓BOT，实际上是英文单词BUILD–OPERATE–TRANSFER的简写，是指政府通过契约授予私营企业（包括外国企业）以一定期限的特许专营权，许可其融资建设和经营特定的公用基础设施，并准许其通过向用户收取费用或出售产品以清偿贷款，回收投资并赚取利润；特许权期限届满时，该基础设施无偿移交给政府。这意味着，广日集团今后将全面负责广州生活垃圾焚烧发电厂的投资建设、运营管理和维护。直到合约期满，再将垃圾焚烧发电厂交付广州市政府管理运营。